中国国家标准化管理委员会统一宣贯教材
中国国家认证认可监督管理委员会推荐培训教材

GB/T 27476.1—2014

《检测实验室安全 第1部分：总则》

理解与实施

全国认证认可标准化技术委员会
中国合格评定国家认可中心 编著
中国电器科学研究院有限公司

中国质检出版社
中国标准出版社

北 京

图书在版编目（CIP）数据

GB/T 27476.1—2014《检测实验室安全 第1部分：总则》理解与实施/全国认证认可标准化技术委员会编著. —北京：中国标准出版社，2015.7

ISBN 978-7-5066-7365-5

Ⅰ.①G… Ⅱ.①全… Ⅲ.①实验室管理—安全管理—质量管理体系—国家标准—中国 Ⅳ.①N33-65

中国版本图书馆 CIP 数据核字（2013）第 238481 号

中国质检出版社
中国标准出版社　出版发行

北京市朝阳区和平里西街甲 2 号（100029）

北京市西城区三里河北街 16 号（100045）

网址：www.spc.net.cn

总编室：（010）68533533　发行中心：（010）51780238

读者服务部：（010）68523946

中国标准出版社秦皇岛印刷厂印刷

各地新华书店经销

*

开本 787×1092　1/16　印张 14.75　字数 360 千字

2015 年 7 月第一版　2015 年 7 月第一次印刷

*

定价：52.00 元

前　言

　　安全是国民经济生产的基础和基本条件，也是实验室管理的原则。实验室安全关系到员工的健康、财产安全、环境以及社会安全。每个人都应在实验室安全地工作。

　　检测实验室是提供检测服务的高新技术科技中介机构，为了充分检测真实的检测产品的安全和性能，检测实验室常常需要使用特定标准物质或施加特定条件，以模拟产品在实际使用过程中可能遇到和发生的最恶劣条件，同时，被检测产品的安全和性能都是未经证实的，在实验条件下如何反应是未知的，因此，检测工作带有一定的科研性、试验性和不确定性，存在较大的触电、机械伤害、火灾、爆炸、辐射、有毒有害物质泄漏等的危险和事故隐患。检测实验室应建立健全的安全管理体系，使员工能获得安全的工作场所，使其在风险管理原则的基础上有能力作出合理的决定。同时，实验室安全也受到实验室的设施和结构所影响。

　　GB/T 27476.1—2014《检测实验室安全 第1部分：总则》于2014年12月5日发布，2014年12月15日实施。为了帮助读者更好地理解和使用GB/T 27476.1—2014《检测实验室安全 第1部分：总则》，全国认证认可标准化技术委员会、中国电器科学研究院有限公司与中国合格评定国家认可中心联合组织部分标准起草专家编写了本书。本书是中国国家标准化管理委员会统一宣贯教材，同时，也是国家认证认可监督管理委员会推荐的培训教材。本书为检测实验室的安全运行提供技术依据和指引，帮助实验室降低整体运行的安全风险，促进安全技术进步，帮助实验室提高安全绩效，提升检测实验室的安全管理水平。

　　本书共分五章。第一章介绍了标准制定的背景和过程、标准的结构和特点、标准实施的作用和意义；第二章介绍了标准的范围、规范性引用文件、术语和定义；第三章和第四章对照标准条款详细介绍了对GB/T 27476.1—2014的相关理解要点，并给出了大量的应用实例；第五章是对标准两个附录的解释与说明。为方便读者参考使用，本书在附录列出了国内目前与实验室安全相关的主要法律法规和标准。

本书的第三章和第四章按照标准条款分为相应的节，每节均按标准条款、理解与实施的结构进行阐述，需要时辅以检测实验室安全建设、运行和管理方面的典型案例，以帮助读者理解标准的要求。

本书适用于质检部门、高等院校、科研机构、卫生部门、农业部门、部队、企业等与实验室工作相关的研究人员、管理人员、工作人员、设计人员、建设人员、评审人员等，其他感兴趣的读者也可参考使用。此外，本书也可作为高等院校相关专业的辅助教材。

本书在编写过程中，征求和听取了各相关方的意见，力求在全面、准确理解标准的基础上提高本书的实用性。由于编写时间仓促和编者水平有限，纰漏和欠缺在所难免，敬请同行和读者批评指正，并及时向有关方面反馈。

编著者
2015 年 5 月

目　　录

第一章 概 述

第一节 标准制定的背景和过程

一、检测实验室安全标准的发展和实践

（一）检测实验室安全标准的发展

随着我国经济快速发展，检测实验室进入高速发展期。由于检测实验室的检测工作带有一定的研究性、试验性和不确定性，所以它和其他类型实验室或工矿企业一样存在触电、机械伤害、火灾、爆炸、有毒有害物质泄漏、生物感染的危险和事故隐患。特别是2003 年 SARS 流行期间，国内外连续发生了几起高等级生物安全实验室人员被 SARS 病毒感染事故，引发社会各界对检测实验室安全的关注和重视。在安全生产方面，我国以《中国人民共和国安全生产法》为基础建立了较完善的安全生产法律体系，并制定保障安全生产的国家标准和行业标准，涵盖了生产作业场所、生产作业、施工工艺方法、安全设施设备、器材产品、个体防护装备和安全技术管理等多方面的安全要求和技术规范。但在检测实验室专业领域，目前只有几项特定专业领域安全的国家标准，尚未形成系统的安全标准体系和安全标准。

在国际层面，国际标准化组织合格评定委员会（ISO/CASCO）标准体系中不包含检测实验室安全标准或规范文件。全球检测实验室应用最广泛的 ISO/IEC 17025《检测和校准实验室能力的通用要求》标准也未包含实验室运作中应符合的法规和安全要求。国际标准化组织（ISO）目前与检测实验室安全相关的标准只有 ISO 15190《医学实验室 安全要求》，为临床实验室专用的安全标准，与 ISO 15189《医学实验室 质量和能力的特殊要求》标准配套使用。

在国际/区域机构和认证组织层面，国际和区域认可合作组织未建立与检测实验室安全相关的程序或指导文件，如国际认可合作组织（ILAC）、亚太认可合作组织（APLAC）和欧洲认可合作组织（EA）等。国际电工委员会电工产品合格与认证组织检测实验室委员会（IECEE/CTL）在 1999 年 5 月召开的第 36 届会议上，要求所有的 CB 检测实验室应执行《检测实验室人员安全》（IECEE/CTL/092/CD）决议文件。该文件识别了电工产品部分检测项目的危险源案例，提出相应的预防措施。但是该文件未系统地识别危险源，也不是完整的实验室安全标准。世界卫生组织（WHO）的《实验室生物安全手册》，用以指导各国的生物实验室，只适用于生物安全实验室。

在国家层面，澳大利亚和新西兰 AS/NZS 2243《实验室安全》系列标准是专门针对实验室制定的安全标准，适用于各个领域、各种类型的实验室。该系列标准共分 10 个部分，包括策划、化学、微生物、电离辐射、非电离辐射、机械、电气、通风柜、循环烟柜和化

学品存储等因素。AS/NZS 2243 系列标准提出实验室安全运行的具体要求、通用程序、预防措施、建议和信息，是具有普遍适用性和系统性的安全标准，对检测实验室具有很强的指导性和影响力，如中国香港实验所认可计划（HOKLAS）就推荐实验室使用 AS/NZS 2243 系列标准。但由于涉及实验室的安全法规、标准各国之间存在较大的差异，我国不能直接采用。

鉴于我国检测行业已形成年收入近 800 亿、实验室总数超过十万家、从业人员数百万人规模的行政监管和市场需求，因此急需建立系统的、涵盖各专业领域、适用于各种类型实验室的安全标准体系，以满足我国检测实验室快速发展的需要。

（二）检测实验室安全实践

1. 检测实验室认可对安全的要求

鉴于安全的重要性，中国合格评定国家认可委员会（CNAS）在实验室认可实践中，将实验室安全作为认可的通用要求。CNAS 认可规则规定实验室获得认可的条件之一是"符合有关法律法规规定"，即包括实验室应该遵守相关的安全法律法规。在实验室认可现场评审过程中，实验室安全是必查的内容之一。

CNAS 还牵头组织开展国家"十五"和"十一五"生物安全实验室相关科研课题，努力推进检测实验室安全标准制定工作。2003 年主持制定 GB 19489—2004《实验室 生物安全通用要求》，2005 年完成 GB 19781—2005《医学实验室 安全要求》标准制定工作。在实验室安全标准基础上，CNAS 开始特定领域检测实验室的安全认可工作。CNAS 的生物实验室和医学实验室认可准则等同采用国家标准，将标准安全要求转换为实验室认可的强制性要求，并在生物和医学实验室认可中具体实施。对其他未建立安全标准的检测实验室认可领域，则在认可准则应用说明中规定某些特定安全要求。

2. 电气领域实验室安全研究和实践

CNAS 实验室技术委员会电气专业委员会从 2004 年开始筹建专门工作组，系统地开展检测实验室安全研究工作。2008 年 CNAS 组织电气专委会启动国家质检总局"检测实验室安全运行认可评价技术研究与示范"科技计划项目（以下简称项目），参加单位有中国电器科学研究院有限公司（威凯检测技术有限公司）、广东产品质量监督检验研究院、福建省产品质量检验研究院、上海出入境检验检疫局和浙江检验检疫科学技术研究院所属的 5 家实验室。经过项目组三年的努力，完成了法规标准适用性、检测实验室危险源识别和风险评价、安全标准预研、电气检测实验室安全指南编制等研究工作，并进行实验室安全运行示范。通过科研项目的实施，积累了实验室安全运行的实践经验，为制定检测实验室系列安全标准提供了必要的技术基础和保障。

（1）研究对象

项目选取与实验室认可关联度大、认可实验室数量多、认可基础较好、应用面广和参与国际互认的电气检测领域作为研究对象，该领域涉及设备、器具、部件、元件和材料的电气特性、安全、环境和可靠性及电磁兼容（EMC）试验。项目研究覆盖了 IECEE－CB 体系 20 大类产品中的 16 大类，包括电器附件、自动控制器、电池、电容器、安全变压器、低压电器、安装保护设备、电动工具、电机、电线电缆、家用电器、照明器具、信息和办公设备、音视频设备等产品及电磁兼容、有毒有害物质（ROHS）相关检测项目。项目研究范围可覆盖电气检测领域 95% 以上的检测活动。

项目系统地研究了电气检测活动中可能涉及的各类危险因素，包括电气因素、机械因素、化学因素和非电离辐射因素。项目也研究了电气检测实验室涉及的化学检测活动，包括电气产品六项有毒有害物质（ROHS）检测和电气产品检测中使用化学品相关的管理。

项目研究对象还包括了检测实验室固定设施内的所有活动场所和公共基础设施，如实验区、办公区、基础设施的发电房、配电房、压缩空气站、空气调节设备及化学品仓库等。

（2）检测实验室适用的安全法规标准要求研究

项目针对安全管理体系、危险源识别和风险评价方法、安全标准、职业安全卫生要求、职业接触限值、安全标志、个体防护装备、化学品管理、非电离辐射、电离辐射、电气、防雷、机械、实验室结构和布局、消防等十多个主题，结合实验室安全实践需求，全面、系统地识别、分析研究现有安全法律法规和标准在检测实验室的应用要求。从法规深入到底层的支持标准，并落实到具体产品检测活动，归纳出检测实验室适用、可操作和系统的安全要求，以此作为后续危险源识别、风险评价和风险控制、实验室安全指南和安全标准研究的基础和依据。

（3）检测实验室危险源识别和风险评价方法研究

项目研究并归纳电气检测实验室的专业分工、实验室设立、区域划分管理等特点和运作惯例，比较分析现有几种危险源识别和风险评价方法的适用性和局限性。根据检测实验室特点，提出基于"5M"原理（人、机、料、法、环）的危险源识别方法，采用风险矩阵进行风险评价，应用"3E"原则（技术、管理和教育）控制风险，并确定风险控制的优先顺序（消除、替代、隔离、管理控制、个体防护装备）。该方法经项目研究过程使用、项目示范建设得到验证，并在安全指南和标准研究中得到应用，证实是科学、合理、普遍、适用性强的危险源识别和风险评价方法。

（4）检测实验室安全标准和电气检测实验室安全指南研究

项目在深入研究消化 AS/NZS 2243 系列标准和 AS/NZS 2982《实验室设计和结构》等国外标准的基础上，结合危险源识别和风险评价结果，提出我国检测实验室安全标准体系框架、标准草案（通则、电气因素、机械因素、化学因素及非电离辐射因素）和电气检测实验室安全指南（以下简称指南）。标准体系以检测活动为主线，采用 ISO/IEC 17025 标准的框架结构，将标准主体内容分为安全管理要求和安全技术要求两部分。标准要素安排充分考虑了与现行实验室认可标准和认可准则的衔接，应用方便并有利于推广。标准应用范围考虑了不同专业领域和不同类型检测实验室的特点和风险，具有适应面宽、实用性强的特点，可以填补当前国内实验室安全标准的缺项。

（5）实验室安全运行示范

项目将研究结果应用于上述 5 家实验室的 16 类产品、47 个检测项目、17 个基础设施和区域、36 台（套）化学仪器设备、42 种化学品的安全运行示范建设，识别出危险源 262 个，其中高风险等级的 60 个，形成 46 个案例，采取风险控制措施 69 项。通过安全示范运行，评价前期实验室相应活动危险源识别的科学性、充分性，风险等级评价的适宜性和合理性以及风险控制措施的适宜性；通过示范运行，改进实施示范运行的试验室的安全绩效；通过风险评价和安全示范运行，识别出需要转化为指南或标准规定的相关要求，为指南及标准的制定提供依据。通过示范运行验证安全标准和指南草案的有效性、适宜性。

3. 标准推广应用实践

在标准研制过程中，除了各参加单位的运行示范外，标准起草组还联系了包括国家检测中心、政府实验室、企业实验室和外资实验室等四种类型的 7 家检测实验室进行标准应用实践，取得了较好的效果。标准还被应用于指导在建、新建和规划设计中的实验室。

二、检测实验室安全标准制定简要过程

《检测实验室安全》系列标准制定任务由国家标准化管理委员会 2010 年 12 月下达（计划编号为 20100246－T－469～20100250－T－469），包括 GB/T 27476.1—2014《检测实验室安全　第 1 部分：总则》、GB/T 27476.2—2014《检测实验室安全　第 2 部分：电气因素》、GB/T 27476.3—2014《检测实验室安全　第 3 部分：机械因素》、GB/T 27476.4—2014《检测实验室安全　第 4 部分：非电离辐射因素》和 GB/T 27476.5—2014《检测实验室安全　第 5 部分：化学因素》五项标准。

标准预研阶段。标准的预研工作已在国家质检总局"检测实验室安全运行认可评价技术研究与示范"科技计划项目实施过程完成。项目组起草的标准草案，于 2010 年 5 月在 CNAS 网站公开征求意见，经过意见汇总处理形成标准初稿。

标准征求意见阶段。2011 年成立标准起草工作组正式启动标准制定工作。标准工作组以国家质检总局实验室安全科技项目参加单位为基础，适当增加国内有经验的实验室设计单位和实验室。2011 年 3 月 16 日，标准起草工作组在北京召开标准启动会，确定标准起草的工作规则、框架、目标、任务、方法、计划，确定起草组和分工。会议确定了各标准的主体内容，以及各标准之间的协调要求。根据北京启动会议精神，各起草单位按分工对标准初稿内容进行修改，后经 2011 年 6 月上海会议和 10 月北京会议审核形成标准征求意见稿。经全国认证认可标准化技术委员会（TC 261）审核同意，GB/T 27476.1—2014《检测实验室安全　第 1 部分：总则》等五项标准于 2012 年 3 月 15 日由 TC 261 发文，并在国家认监委网站公开向广大实验室及有关单位征求意见。

标准送审阶段。2012 年 5 月 14～15 日，总则标准起草组在武汉召开工作会议，对收到的意见进行汇总处理，并根据征求的意见对标准进行修改。CNAS 在 8 月 30～31 日在北京召开系列标准工作组会议，审议五项标准送审文本，协调标准之间的关系，提出了标准送审稿。

标准报批阶段。2012 年 10 月 22 日，TC 261 组织全国相关专家按程序对 GB/T 27476.1《检测实验室安全　第 1 部分：总则》（送审稿）及系列标准进行了审定，审定专家认为，该系列标准基于科学研究和应用实践，总结分析了大量检测实验室安全运行经验和国内外现有法规和标准的内容，参考澳大利亚/新西兰 AS/NZS 2243 实验室安全系列标准，应用 GB/T 28001—2011（OHSAS 18001—2007）标准的理念，识别检测实验室的安全管理要素，结合检测实验室的活动特点和风险特征，针对电气、机械、非电离辐射和化学等危险因素，从人员、设备、物料、方法、环境和设施等五方面，系统性提出了检测实验室安全技术要求，具有创新性。

该系列标准以检测活动为主线，创新性地运用 GB/T 27025—2008（ISO/IEC 17025—2005）标准的框架结构，使系列标准管理要求和技术要求的相关内容与现行的管理体系达到有机兼容，同时兼顾生物、医学等标准的特殊要求，可操作性强，有利于推广应用。

经近 20 家检测实验室验证和应用，证实该系列标准可满足相关领域、相关类型检测实验室安全运行需求，有效解决了当前国内检测实验室安全管理标准系统性不强的问题，对排除安全隐患，保障实验室的安全运行，具有重要作用，属检测实验室急需的基础标准，填补了国内空白。该系列标准达到国际先进水平。

标准起草组根据审定委员会专家的意见，对标准送审稿进行修改形成 GB/T 27476.1《检测实验室安全 第 1 部分：总则》报批稿，按程序报送国家标准化管理委员会审批。GB/T 27476.1—2014《检测实验室安全 第 1 部分：总则》等五项系列标准于 2014 年 12 月 5 日由国家质量监督检验检疫总局和国家标准化管理委员会发布，2014 年 12 月 15 日实施。

第二节 标准的结构和特点

一、GB/T 27476《检测实验室安全》系列标准之间关系

检测实验室存在的各种危险源，如：
——物理危害，如运动中的机械设备、受压下的部件、噪声、振动、真空或压力等；
——可燃或爆炸物质；
——起燃源；
——高温危险，如高温材料、低温液体等；
——电击，如高压、带电设备、静电放电等；
——化学，如窒息、氧化、致癌、毒素、敏感介质、刺激性等；
——生物，如感染介质、过敏等；
——辐射，如非电离辐射、电离辐射等；
——人体工学危险，如重复性动作、固定姿势、往返移动等。

不同专业领域实验室的检测对象、检测活动、检测设备和手段等存在差别，但危险因素一般都可以归纳为电气、机械、化学、电离辐射、非电离辐射和微生物等因素，危险源识别、风险评价和风险控制原理和方法也是通用的，因此本系列标准按照危险因素分类编制，形成的系列标准框架见图 1-1。GB/T 27476.1—2014《检测实验室安全 第 1 部分：总则》是检测实验室安全的通用要求，提出实验室安全运作的管理要求、危险源识别和风险评价方法、通用程序、预防措施、建议和信息等。GB/T 27476.2～GB/T 27476.5 则分别针对特定危险因素，提出安全操作要求、程序、预防措施和相关的信息等。

检测实验室安全系列标准框架设计参考了澳大利亚和新西兰 AS/NZS 2243 系列标准体系，危险因素分类基本对应（参见表 1-1）。为了方便使用，GB/T 27476.5 所述化学因素包括化学因素和化学品储存的内容。图 1-1 的标准框架也为后续标准的制定留下发展空间。

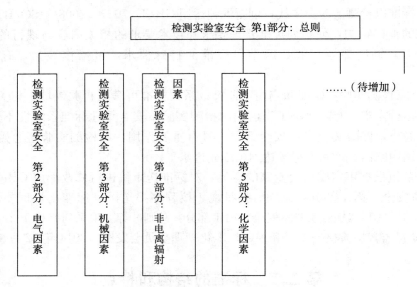

图1-1 检测实验室安全系列标准框架

表1-1 系列标准对照表

序号	GB/T 27476系列国家标准	澳大利亚/新西兰联合标准
1	GB/T 27476.1 检测实验室安全 第1部分：总则	AS/NZS 2243.1：2005 实验室安全 第1部分：策划和运行因素
2	GB/T 27476.2 检测实验室安全 第2部分：电气因素	AS/NZS 2243.7：1991 实验室安全 第7部分：电气因素
3	GB/T 27476.3 检测实验室安全 第3部分：机械因素	AS/NZS 2243.6：2010 实验室安全 第6部分：机械设备因素
4	GB/T 27476.4 检测实验室安全 第4部分：非电离辐射因素	AS/NZS 2243.5：2004 实验室安全 第5部分：非电离辐射—电磁波、噪声和超声波
5	GB/T 27476.5 检测实验室安全 第5部分：化学因素	AS/NZS 2243.2：2006 实验室安全 第2部分：化学因素、AS/NZS 2243.10：2004 实验室安全 第10部分：化学品储存
6	—	AS/NZS 2243.3：2010 实验室安全 第3部分：微生物安全和防护
7	—	AS 2243.4：1998 实验室安全 第4部分：电离辐射
8	—	AS/NZS 2243.8：2006 实验室安全 第8部分：通风柜
9	—	AS/NZS 2243.9：2009 实验室安全 第9部分：循环烟柜

二、标准的结构和特点

(一) 标准的结构和主要内容

为了便于实验室使用和现有实验室管理体系整合，标准结构参照了 GB/T 27025 标准，将标准主体内容分为安全管理要求和安全技术要求两大部分。

第 4 章的安全管理要求要素安排基本采用了 GB/T 27025 标准第 4 章的管理要求要素，包含组织结构和职责、安全管理体系、文件控制、要求、标书和合同的评审、分包、采购、服务客户、投诉、安全检查和不符合的控制、应急准备和响应、改进、纠正措施和预防措施、记录的控制、内部审核、管理评审等 14 个要素。

第 5 章的安全技术要求，对应着 GB/T 27025 标准的第 5 章要素安排，包括危险源辨识和风险评价、人员、设施和环境、设备、检测方法、物料等 6 个要素。

(二) 标准的特点

1. 与 GB/T 27025 标准结构兼容

GB/T 27025 是检测实验室质量管理和技术能力管理活动最基础和最重要的标准，它等同采用 ISO/IEC 17025 国际标准，是国际检测实验室认可结果相互承认的依据标准。GB/T 27025 标准在我国检测实验室建设运行和认可使用已有近三十年的历史，为提高我国检测实验室技术能力和管理水平，促进我国实验室认可事业发挥了巨大作用，也为政府进行质量监督和市场管理提供了重要的技术手段。GB/T 27025 标准包括管理要求和技术要求两部分，其中管理要求 15 个要素，技术要求 10 个要素。实验室的质量管理体系和技术体系都围绕标准的 25 个要素建立和实施。

本标准采用了 GB/T 27025 的框架结构，主要原因是该标准已经得到实验室的广泛使用，安全管理体系与质量管理体系可快速集成，有利于推广。同时在实验室国家认可层面，也有利于与现有的认可准则衔接。

本标准管理体系 14 个要素与 GB/T 27025 管理要求要素基本对应见表 1 - 2，其中 4.9、4.10、4.11 要素根据安全体系需要作了调整。安全技术要求的 5.2～5.6 安排体现"人""机""料""法"和"环"等五要素的原则，相应对 GB/T 27025 的技术要求要素进行归类调整，而 5.1 危险源辨识和风险评价与 GB/T 27025 的 5.1 对应。

表 1 - 2　GB/T 27476.1 与 GB/T 27025 标准要素对照表

序号	GB/T 27476.1 标准要素	GB/T 27025 标准要素
1	4.1 组织结构和职责	4.1 组织
2	4.2 安全管理体系	4.2 管理体系
3	4.3 文件控制	4.3 文件控制
4	4.4 要求、标书和合同的评审	4.4 要求、标书和合同的评审
5	4.5 分包	4.5 检测和校准的分包

表1-2（续）

序号	GB/T 27476.1 标准要素	GB/T 27025 标准要素
6	4.6 采购	4.6 服务和供应品的采购
7	4.7 服务客户	4.7 服务客户
8	4.8 投诉	4.8 投诉
9	4.9 安全检查和不符合的控制	4.9 不符合检测和/或校准工作的控制、5.9 检测和校准结果质量的保证
10	4.10 应急准备和响应	
11	4.11 改进、纠正措施和预防措施	4.10 改进、4.11 纠正措施、4.12 预防措施
12	4.12 记录的控制	4.13 记录的控制
13	4.13 内部审核	4.14 内部审核
14	4.14 管理评审	4.15 管理评审
15	5.1 危险源辨识和风险评价	5.1 总则
16	5.2 人员	5.2 人员
17	5.3 设施和环境	5.3 设施和环境条件
18	5.4 设备	5.5 设备、5.6 测量溯源性
19	5.5 检测方法	5.4 检测和校准方法及方法的确认
20	5.6 物料	5.7 抽样、5.8 检测和校准（样品）的处置

2. 满足职业健康安全管理体系标准的原则

GB/T 28001《职业健康安全管理体系 要求》是广泛应用的职业健康安全管理体系标准，提出组织建立、实施和保持有效的职业健康安全管理体系要素。这些要素可以与其他管理要求相结合，帮助组织实现安全和经济目标。

检测实验室安全涉及到安全管理体系的建立、实施和保持，因此如何将 GB/T 28001标准的原则和要求，结合实验室的运作特点推广应用，是我们研究的重点。标准采取了以GB/T 27025架构为基础，将 GB/T 28001 要素与 GB/T 27025 要求进行对照分析，将职业健康安全要求分解到实验室管理要求的对应要素中，构成本标准的第4章安全管理要求的主体内容，实现了满足了 GB/T 28001 的原则的目标。

3. 支持现有的检测实验室安全标准

本标准注意了与现有检测实验室安全标准（见表1-3）的相关性。GB/T 27476.1 及系列安全标准与现有的 GB 19489 等实验室安全标准没有冲突，是相互支持的关系。GB/T 27476.1 及其系列标准将为这些标准的实施提供基础技术支持，如系统的安全管理体系、特定危险因素识别等。

GB/T 27476.1 与 GB 19489 等标准共同构成合格评定领域检测实验室安全标准体系的组成部分。

表 1 - 3 专业领域实验室安全标准

序号	标准	特点及应用说明
1	GB 19489—2008 《实验室生物安全通用要求》	2003 年在 SARS 的背景下,为具体实施国务院《病原微生物实验室生物安全管理条例》而制定。标准规定不同生物安全防护级别实验室的设计原则、设施、设备和安全管理的基本要求,适用于涉及生物因子操作的病原微生物实验室。该标准满足了生物实验室建设、使用、管理和认可的需求,CNAS 已将该标准要求转换成实验室生物安全认可准则
2	GB 19781—2005 《医学实验室 安全要求》	等同采用国际 ISO 15190:2003 标准,规定医学实验室建立并维持安全工作环境的要求,适用于医学实验室服务领域。标准全面规定了医学实验室管理要求和技术能力要求,在技术能力方面,覆盖了人员、设施和环境、设备、方法(工作行为)和样品等方面的要求。标准已被 CNAS 作为医学实验室认可的依据,在医学实验室认可活动中得到广泛应用
3	GB/T 24777—2009 《化学品理化及其危险性检测实验室安全要求》	是为应对欧盟《化学品注册、评估、授权和限制法规》(REACH) 实施而制定,等同采用了 REACH 法规相关的技术内容,适用于化学品理化分析实验室。标准规定化学品理化实验室的安全管理要求,包括一般要求、危险化学品和废弃物的管理

第三节 标准实施的作用和意义

一、落实《质量发展纲要》,支持检测技术保障体系建设

检测实验室安全标准的实施将为具体落实国务院《质量发展纲要》,加快检验检测技术保障体系建设提供技术支持。标准实施以保护实验室员工和授权进入实验室的外来人员人身健康安全为首要任务,有助于实验室贯彻以人为本方针,建设和谐社会。通过标准的实施,落实安全责任、安全监管和风险管理措施,提高实验室安全保障、应急准备和响应能力,降低安全风险,体现安全为先的方针。通过标准的实施,推动国家安全法律法规和规范落实,有助于实验室的诚信和守法。通过标准的实施,实验室加强了安全管理体系建设和技术能力建设,有助于实验室夯实基础。通过实施标准,实验室开展安全研究,促进安全技术进步,优化安全资源配置,有助于创新驱动。通过实施标准,坚持安全第一,预防为主,安全优先,安全和质量同步提升,有助于实验室以质取胜和可持续发展。

二、提高检测实验室安全管理水平,降低安全风险

标准提供了系统、全面的的安全管理和安全技术要求,实验室在建立安全管理体系和技术能力建设过程中有了一套可依据的规范,可在原质量管理体系基础上,通过增加安全的相关要求,快速整合管理体系资源,促进安全的规范化管理。

实验室通过全面的危险源辨识、风险评价和风险控制措施实施,将实验室安全由被动转为主动,变事后处理为事先预防,通过全面系统的方法降低实验室运行的安全风险。

实验室通过安全法律法规标准的落实，形成自我发现、自我监督、自我完善有效的控制机制，安全责任到位，降低管理风险。

三、提高员工安全意识，激励员工的积极性

实验室通过标准实施，改进安全技术能力建设，改善作业条件，保障员工身心健康和提升其安全卫生技能，提高员工对实验室的满意度，可大幅度降低成本和提高工作效率，产生直接和间接的经济效益。通过实施标准，提高员工的安全意识和安全责任，以人为主，预防为先，安全第一，预防为主。提高员工安全技能和自我保护能力，降低受伤害的可能性。通过全员参与，发挥员工的主观能动性，可将事故发生消灭在萌芽状态。

检测行业属于高新技术服务业，加强安全管理，提高员工安全意识，有助于可持续稳定发展高新技术服务业，体现完善的新型服务业态。

四、为检测实验室评价提供技术手段

该系列标准的实施为检测实验室安全运行评价提供技术依据。对实验室本身，可依据标准建立和完善安全管理体系，进行安全技术能力建设，通过自我评价持续改进实现安全运行的目标。

实验室认可机构，可以以该系列标准实施为基础，通过总结实践经验，逐步将实验室安全引入认可体系中，将我国的实验室国家认可事业推向新的高度。

第二章　范围、规范性引用文件、术语和定义

第一节　范　围

【标准条款】

> **1　范围**
>
> 　　GB/T 27476 的本部分规定了检测实验室（以下简称实验室）安全的通用要求。
>
> 　　本部分适用于检测实验室，校准和科研实验室可参照使用。本部分适用于固定场所内的实验室，其他场所的实验室可参照使用，但可能需要附加要求。

【理解与实施】

一、标准适用范围

标准适用于检测实验室，包括各个专业领域、各种类型的检测实验室。已建成的实验室可依据本标准建立或完善安全管理体系和安全技术能力，满足实验室特定安全管理需求。改建、扩建或新建实验室规划设计阶段应用本标准，可从源头控制安全风险，提升安全水平。

对已有专业领域安全标准要求的生物和医学实验室，可以将本标准作为建立安全管理体系和有效运行的基础。其他如动植物检疫、法医、兽医等实验室在参考使用本标准时，还应考虑符合其专业领域的其他安全标准。

校准实验室活动性质与检测实验室基本相同，所以校准实验室可以直接使用本标准。对科研实验室，可根据科研特点、风险、业务量、人员等特点灵活使用，也可能需要增加要求。

标准要求主要针对建筑物内的固定实验室，对于非固定实验室，如移动实验室或现场检测活动，需要根据危险源识别和风险评价结果适当增加要求。标准覆盖实验室内的场所，除测试区域外，也包括办公区域、接待区、公共区域、仓库、供电区域等场所。

标准关注进入和使用实验室的各类人员，特别是非实验室员工的外来人员，实验室可能需要对其进行识别，分类管理，保障他们的人身安全和避免其行为对他人的伤害。

本标准不包括在建筑法规和有关标准中已包含的实验室设计和结构的要求。

二、标准的使用

GB/T 27476.1 是检测实验室安全系列标准的第 1 部分，是实验室安全的通用要求，对所有检测实验室都适用。实验室可在危险源识别和风险评价基础上，确定实验室涉及的危险因素，GB/T 27476.1 选用与 GB/T 27476.2～GB/T 27476.5 相对应的一项或几项特

殊要求标准组合使用。

三、实验室结构、设计和布局

实验室的结构和设计属于建筑专业，本标准未包含这部分内容。对新建实验室，可以在规划阶段由设计单位和实验室紧密合作，达到既符合安全规范标准要求，又满足实验室使用要求的目标。对实验室进行改建、扩建或变更时，实验室可能更多的关注使用功能。标准的附录 A 给出了实验室结构和布局一些建议和信息，见第五章第一节。

【应用实例 2 – 1】 电气实验室安全标准组合应用

某电气检测实验室为实施欧盟《电气电子设备中限制使用某些有害物质指令》和中国《电子信息产品污染控制管理办法》法规，开展铅、汞、镉、六价铬、聚溴二苯醚和聚溴联苯等六项法规管制物质的检测业务。实验室进行一些工作：

——选择适用的检测方法（表 2 – 1）；

——针对所选用的检测方法，识别检测活动使用的检测设备和设施（见表 2 – 2）；

——针对所选用的检测方法，识别检测过程使用的化学品（见表 2 – 3）；

——针对识别出的检测流程活动、检测设备设施和化学品，进行危险源识别和风险评价。识别出检测活动涉及的化学因素（表 2 – 4）、电气因素（表 2 – 5）、电离和非电离辐射危险因素（表 2 – 6）和机械因素（表 2 – 7）；

——根据危险源识别结果，确定实验室将组合使用本系列的 5 项安全标准。

表 2 – 1　六项物质检测方法标准

序号	检测方法标准
1	SN/T 2004.1—2005 电子电气产品中汞的测定　第 1 部分：原子荧光光谱法
2	SN/T 2004.2—2005 电子电气产品中铅、镉、铬的测定　第 2 部分：火焰原子吸收光谱法
3	SN/T 2004.3—2005 电子电气产品中六价铬的测定　第 3 部分：二苯碳酰二肼分光光度法
4	SN/T 2005.1—2005 电子电气产品中多溴联苯和多溴联苯醚的测定　第 1 部分：高效液相色谱法
5	SN/T 2005.2—2005 电子电气产品中多溴联苯和多溴联苯醚的测定　第 2 部分：气相色谱—质谱法
6	IEC62321 电子电气产品中限用的六种物质（铅、镉、汞、六价铬、多溴联苯、多溴二苯醚）浓度的测定程序
7	US EPA 3052：1996 含硅材料和有机化合物材料的微波辅助酸消解法
8	US EPA 3050B：1996 沉积物、淤泥和土壤的酸消解法
9	US EPA3060A：1996 六价铬的碱式消解法
10	US EPA3540C：1996 索氏抽提/索氏萃取法
11	EN 1122：2001 塑料中镉检测的前处理方法　湿法消解
12	BS EN 13346：2000 污泥的特性　痕量元素和含磷化合物的测定　王水萃取法

表 2－2　有害物质检测仪器设备

ROHS规定的有害物质	样品处理仪器设备	含量测定仪器设备和方法
铅、镉、汞、总铬	粉碎机、微波消解仪、马弗炉、烘箱	X射线荧光波谱仪、电感耦合等离子原子发射光谱仪、电感耦合等离子体发射光谱－质谱仪、火焰原子吸收光谱仪、石墨炉吸收光谱仪、原子荧光光谱仪、冷原子测汞仪
六价铬		紫外－可见光分光光度计、化学分析测试技术、电化学分析技术、滴定分析法
聚溴二苯醚、聚溴联苯	粉碎机、索氏提取装置、旋转蒸发器	气相色谱仪、气相色谱－质谱联用以、高效液相色谱仪

表 2－3　有害物质检测过程使用的化学品

标准物质	样品制备	显色剂	色谱流动相	气体
铅、汞、镉、六价铬、聚溴二苯醚、聚溴联苯	浓硝酸、过氧化氢、氢氟酸、盐酸、正磷酸、浓硫酸	二苯碳酰二肼显色剂、二苯卡巴肼溶液	甲苯、甲醇、乙二醇、正己烷	氮气、氢气、氩气、氦气、乙炔

表 2－4　化学因素

危险类别		危险源识别	备注
化学物质本身特性	1	铅、汞、镉、六价铬、聚溴二苯醚、聚溴联苯等标准溶液对人体的毒性	固有危险源
	2	浓硝酸、氢氟酸、盐酸、正磷酸、浓硫酸的浓酸性，对人体具有腐蚀和灼伤伤害	固有危险源
	3	过氧化氢的强氧化性	固有危险源
	4	二苯碳酰二肼显色剂、二苯卡巴肼溶液等显色剂对人体的毒性	固有危险源
	5	甲苯、甲醇、己二醇、正己烷的挥发性对人体的毒性	固有危险源
	6	氢气、乙炔泄漏等可能发生的爆炸等	
样品粉碎过程化学反应	1	样品粉碎过程产生高温导致样品气化发生燃爆或逸出	样品的不可预见性
	2	样品粉碎过程中形成高黏度流体产生高温使样品糊化或烧焦	样品的不可预见性
样品消解过程化学反应	1	加入消解液时，发生剧烈反应造成爆炸	样品的不可预见性
	2	预加热液时，发生剧烈反应造成爆炸	样品的不可预见性

表2-4（续）

危险类别		危险源识别	备注
样品消解过程化学反应	3	微波消解时，发生剧烈反应造成爆炸	样品的不可预见性
仪器分析废弃物	1	原子吸收分光光度计、电感耦合等离子发射光谱仪产生的高温废气	
	2	气相色谱、液相色谱、气质联用仪产生的废气或废液	
其他化学品	1	在本测试程序中，每种溶剂的毒性没有准确定义。所有化学品必须按潜在危险物质处理	

表2-5 电气因素

危险类别		危险源识别	备注
测试设备电气安全	1	电炉、微波消解仪、索氏提取仪、旋转蒸发器、马弗炉、烘箱等电热设备电气安全	
	2	粉碎机、电钻、切割机等电动设备电气安全	
	3	原子吸收分光光度计、电感耦合等离子发射光谱仪、气相色谱、液相色谱、气质联用仪等大型化学分析测试设备电气安全	
	4	气体报警器和通风排气系统设备电气安全	
测试设备控制失效的影响	1	微波消解仪远程线控/遥控的失效或误操作	
	2	粉碎机因样品产生的抱死导致过热	
	3	加热/旋转蒸发过程中，容器炸裂导致加热设备的损坏	
试样对电气安全的影响	1	样品中含特定物质导致检测设备电气安全的降低	

表2-6 电离和非电离辐射因素

危险类别		危险源识别	备注
测试设备含辐射源	1	X射线荧光光谱仪和X射线荧光波谱仪含辐射源	固有危险源
	2	气质联用仪和液质联用仪含辐射	固有危险源
	3	火焰原子吸收分光光度计和石墨炉原子吸收分光光度计含氘灯辐射源	固有危险源
	4	电感耦合等离子原子发射光谱仪和电感耦合等离子体发射光谱—质谱仪含辐射源	固有危险源
	5	气相色谱仪的NPD检测器和液相色谱仪的二极管阵列检测器含辐射源	固有危险源
	6	原子荧光光谱仪含辐射源	固有危险源
	7	紫外-可见光分光光度计含紫外区辐射	固有危险源
	8	微波消解仪工作时的微波辐射	固有危险源

表 2-6（续）

危险类别		危险源识别	备注
样品中含辐射源	1	LED 灯具样品材料中含有辐射源	
	2	其他特定含有辐射源的待测样品	

表 2-7 机械因素

危险类别		危险源识别	备注
机械危险源	1	拆解样品采用剪切、切割、钻取等产生的伤害	
	2	粉碎样品的旋转伤害	
	3	玻璃容器爆裂产生的伤害	
	4	安装和切割毛细色谱柱产生的伤害	
	5	切割玻璃柱产生的伤害	
	6	震荡离心玻璃管产生的伤害	
	7	气相色谱、液相色谱、气质联用仪进样针进样产生的刺伤	
	8	其他制样过程产生的机械伤害	
高温危险源	1	电炉、微波消解仪、索氏提取仪、旋转蒸发器、马弗炉、烘箱等电热设备的高温伤害	固有危险源
	2	火焰原子吸收分光光度计和石墨炉原子吸收分光光度计的高温伤害	固有危险源
	3	气相色谱、气质联用仪柱温箱的高温伤害	固有危险源
	4	在粉碎、微波消解、灰化时取出试样时的高温伤害	
高压危险源	1	压缩气瓶（氮气、氢气、氩气、氦气、乙炔）	固有危险源
	2	气相色谱仪配置的氢气发生器	固有危险源
	3	火焰原子吸收分光光度计配置的空气压缩机	固有危险源
	4	气相色谱、气质联用仪色谱柱中高压气体	固有危险源
爆裂危险源	1	气相色谱仪配置的氢气发生器	有多次发生的实例
	2	微波消解过程消解罐	
	3	旋转蒸发过程旋转蒸发瓶	
	4	预加热过程玻璃烧杯	

第二节 规范性引用文件

【标准条款】

2 规范性引用文件

　　下列文件对于本文件的应用是必不可少的。凡是注日期的引用文件，仅注日期的版本适用于本文件。凡是不注日期的引用文件，其最新版本（包括所有的修改单）适用于本文件。

GB 2626　呼吸防护用品　自吸过滤式防颗粒物呼吸器

GB 2811　安全帽

GB 2890　呼吸防护　自吸过滤式防毒面具

GB 2894　安全标志及其使用导则

GB/T 3609.1　职业眼面部防护　焊接防护　第1部分：焊接防护具

GB/T 3609.2　职业眼面部防护　焊接防护　第2部分：自动变光焊接滤光镜

GB 3836.14　爆炸性气体环境用电气设备　第14部分：危险场所分类

GB 6220　呼吸防护　长管呼吸器

GB 6944—2012　危险货物分类和品名编号

GB 7144　气瓶颜色标志

GB 7231　工业管道的基本识别色、识别符号和安全标识

GB 8965.1　防护服装　阻燃防护　第1部分：阻燃服

GB 8965.2　防护服装　阻燃防护　第2部分：焊接服

GB/T 11651—2008　个体防护装备选用规范

GB 12011　足部防护　电绝缘鞋

GB 12014　防静电服

GB/T 12624　手部防护　通用技术条件及测试方法

GB/T 12801—2008　生产过程安全卫生要求总则

GB 13495　消防安全标志

GB 13690　化学品分类和危险性公示　通则

GB 14866　个人用眼护具技术要求

GB 15258　化学品安全标签编写规定

GB 15603　常用化学危险品贮存通则

GB 15630　消防安全标志设置要求

GB/T 16483　化学品安全技术说明书　内容和项目顺序

GB/T 16556　自给开路式压缩空气呼吸器

GB/T 17622　带电作业用绝缘手套

GB/T 18664　呼吸防护用品的选择、使用和维护

GB/T 18843　浸塑手套

GB/T 18883　室内空气质量标准

GB 20581—2006　化学品分类、警示标签和警示性说明安全规范　易燃液体

GB 21146　个体防护装备　职业鞋

GB 21147　个体防护装备　防护鞋

GB 21148　个体防护装备　安全鞋

GB/T 22845　防静电手套

GB/T 23466　护听器的选择指南

GB/T 27476.2　检测实验室安全　第2部分：电气因素

GB/T 27476.3　检测实验室安全　第3部分：机械因素

GB/T 27476.5　检测实验室安全　第5部分：化学因素

GB/T 28001—2011　职业健康安全管理体系　要求

GB 50009—2012　建筑结构荷载规范

GB 50016—2006　建筑设计防火规范

> GB 50034　工业企业照明设计标准
>
> GB 50057　建筑物防雷设计规范
>
> GB 50140　建筑灭火器配置设计规范
>
> GB 50736　民用建筑供暖通风与空气调节设计规范
>
> GBZ 1　工业企业设计卫生标准
>
> GBZ 2.1—2007　工作场所有害因素职业接触限值　第 1 部分：化学有害因素
>
> GBZ 2.2　工作场所有害因素职业接触限值　第 2 部分：物理因素

【理解与实施】

规范性引用文件是标准内容的组成部分之一。本标准与国家现行安全相关的法律、法规及相关标准保持协调一致，对涉及检测实验室安全要求，凡是我国有相应标准的，采用直接引用的原则，不展开、不重复，如建筑标准和消防标准等，对检测实验室专用的特定要求进行展开。同时，对标准的使用，不超越现有适用标准边界。标准引用文件 49 个标准。

本标准研究和参考了 AS/NZS 2243.1 澳大利亚/新西兰实验室安全标准。本标准中，凡引用了被引用文件中的具体章或条、附录、图或表的编号，均注明日期。不注明日期的，指引用文件的最新版本（包括修改单）。本标准共引用文件 49 个，为方便起见，以下介绍相关标准目前的最新版本。GB/T 27476 系列其他标准解释详见相应标准宣贯教材。

由于本书中涉及的法规、标准较多，为方便读者理解，本书中所有提及的法规、标准等文件为编写时的最新版本。针对今后可能存在文件换版更新情况，读者使用时应关注相关文件的更新版本。

一、职业健康安全标准

GB/T 28001—2011《职业健康安全管理体系 要求》等同采用 BS OHSAS 18001：2007《职业健康安全管理体系　要求》，是广泛应用的职业健康安全管理体系标准。标准提出组织建立、实施和保持有效的职业健康安全管理体系要素，包括：总要求、职业健康安全方针、策划、实施和运行、检查、管理评审等六个要素。这些要素可以与其他管理要求相结合，帮助组织实现安全和经济目标。标准旨在使组织在制定和实施其方针和目标时能够考虑法律法规要求和职业健康安全风险信息。GB/T 28001 可用于组织职业健康安全管理体系的认证、注册和（或）自我声明，适用于任何类型和规模的组织。

GBZ 2.1—2007《工作场所有害因素职业接触限值　第 1 部分：化学有害因素》规定了工作场所化学因素的接触限值，包括化学物质、粉尘和生物因素。化学有害因素的职业接触限值包括时间加权平均允许浓度（PC－TWA）、短时间接触允许浓度（PC－STEL）和最高允许浓度（MAC）三类。标准规定了工作场所空气中的包括 339 种化学物质，47 种粉尘的容许浓度。以及化学因素的监测方法。

GBZ 2.2—2007《工作场所有害因素职业接触限值　第 2 部分：物理因素》规定了工作场所物理因素的接触限值。物理因素主要包括：超高频辐射、高频电磁场、工频电场、激光辐射（包括紫外线、可见光、红外线、远红外线）、微波辐射、紫外辐射、高温作业、噪声和手传振动等。标准对各种类型的物理因素给出了具体的限值，以及监测方法。

GB/T 12801—2008《生产过程安全卫生要求总则》规定了生产过程安全卫生的基本要求、控制生产过程安全卫生影响因素的一般要求、安全卫生防护技术措施、安全卫生管理措施等。

二、安全标志相关标准

GB 2894—2008《安全标志及其使用导则》规定了传递安全信息的标志及其设置、使用的原则。具体规定了禁止标志、警告标志、指令标志、提示标志、文字辅助标志、激光辐射窗口标志和说明标志、颜色、安全标志牌的要求、型号选用、设置高度、使用要求以及检查与维修等内容。

实验室设置的安全标志还应符合以下标准：GB 13495—1992《消防安全标志》规定了与消防有关的安全标志及其标志牌的制作、设置位置；GB 15630—1995《消防安全标志设置要求》规定了消防安全标志的设置场所、原则、要求和方法、检查与维护等要求；GB 7144—1999《气瓶颜色标志》规定了作为充装气体识别标志的气瓶外表面涂色和字样；GB 7231—2003《工业管道的基本识别色、识别符号和安全标识》规定了工业管道的基本识别色、识别符号和安全标识。

三、化学品相关标准

GB 6944—2012《危险货物分类和品名编号》规定了危险货物分类、危险货物危险性的先后顺序和危险货物编号；GB 13690—2009《化学品分类和危险性公示　通则》，规定了有关 GHS 的化学品分类及其危险公示；GB 15258—2009《化学品安全标签编写规定》规定了化学品安全标签的要求、内容、样式、制作、使用要求；GB 15603—1995《常用化学危险品贮存通则》规定了常用化学危险品贮存的基本要求、贮存场所的要求、贮存安排及贮存量限制、化学危险品的养护、化学危险品的出入库管理、消防措施、废弃物处理等要求；GB/T 16483—2008《化学品安全技术说明书　内容和项目顺序》，规定了化学品安全技术说明说（SDS）的结构、内容和通用形式，适用于化学品安全技术说明书的编制。GB 30000.7—2013《化学品分类和标签规范　第 7 部分：易燃液体》（代替 GB 20581—2006）规定了易燃液体的术语和定义、分类标准、判定逻辑和指导、标签。

四、个体防护装备相关标准

GB/T 11651—2008《个体防护装备选用规范》规定了个体防护装备选用的原则和要求。标准规定 39 种作业类别及主要危险特征举例、72 种个体防护装备的防护性能、39 种作业可以使用或建议佩戴的个体防护装备、判废规定、个体防护装备选用程序和判废程序、个体防护装备使用期限等要求。

其他个体防护装备相关标准如：GB/T 12624—2009《手部防护　通用技术条件及测试方法》，规定了防护手套的技术要求及相应的测试方法、标志标识和使用说明；GB 14866—2006《个人用眼护具技术要求》，规定了个人用眼护具的技术性能要求及相应的试验方法，规定眼护具分类、技术要求、技术性能试验方法、包装、标志、储运等要求；GB/T 18664—2002《呼吸防护用品的选择、使用和维护》与 GB/T 11651—2008 对呼吸防护用品选用原则与要求的规定相符合，具体规定了选择、使用和维护呼吸防护用品的方法；GB/T 23466—2009《护听器的选择指南》，规定了护听器的选择原则、方法和培训要求等。

以下标准规定具体个体防护装备的检验方法等要求：GB 2626—2006《呼吸防护用品 自吸过滤式防颗粒物呼吸器》、GB 2811—2007《安全帽》、GB 2890—2009《呼吸防护 自吸过滤式防毒面具》、GB/T 3609.1—2008《职业眼面部防护 焊接防护 第1部分：焊接防护具》、GB/T 3609.2—2009《职业眼面部防护 焊接防护 第2部分：自动变光焊接滤光镜》、GB 6220—2009《呼吸防护 长管呼吸器》、GB 8965.1—2009《防护服装 阻燃防护 第1部分：阻燃服》、GB 8965.2—2009《防护服装 阻燃防护 第2部分：焊接服》、GB 12011—2009《足部防护 电绝缘鞋》、GB 12014—2009《防静电服》、GB/T 16556—2007《自给开路式压缩空气呼吸器》、GB/T 17622—2008《带电作业用绝缘手套》、GB/T 18843—2002《浸塑手套》、GB 21146—2007《个体防护装备 职业鞋》、GB 21147—2007《个体防护装备 防护鞋》、GB 21148—2007《个体防护装备 安全鞋》、GB/T 22845—2009《防静电手套》。

五、建筑设计标准

本标准未包含建筑设计的全面要求，涉及安全的相关标准为：GB 50016—2014《建筑设计防火规范》（代替 GB 50016—2006）是综合性的防火技术标准；GB 50057—2010《建筑物防雷设计规范》规定了建筑物的防雷分类、建筑物的防雷措施、防雷装置、接闪器的选择和布置、防雷击电磁脉冲等内容；GB 50140—2005《建筑灭火器配置设计规范》规定了灭火器配置场所的火灾种类和危险等级、灭火器的选择、灭火器的设置、灭火器的配置、灭火器配置设计计算等；GB 50736—2012《民用建筑供暖通风与空气调节设计规范》适用于新建、改建和扩建的民用建筑的供暖、通风与空气调节设计，规定了室内空气设计参数、室外空气、夏季太阳辐射照度设计计算参数、供暖、通风、空气调节、冷源与热源、检测与监控、消声与隔振、绝热与防腐等要求。

GB 50009—2012《建筑结构荷载规范》规定了建筑设计中荷载分类和荷载组合、永久荷载、楼面和屋面活荷载、吊车荷载、雪荷载、风荷载、温度作用、偶然荷载等；GB 50034—2013《建筑照明设计标准》适用于新建、改建和扩建以及二次装修的居住、公共和工业建筑的照明设计。规定了照明方式和照明种类、照明光源选择、照明装置及其附属装置选择、照明数量和质量、照明标准值、照明节能、照明配电及控制、照明管理与监督等；GBZ 1—2010《工业企业设计卫生标准》适用于所有新建、扩建、改建建设项目和技术改造、技术引进项目的职业卫生设计及评价。标准规定了工业企业的选址于整体布局、防尘与防毒、防暑与防寒、防噪声与振动、防非电离辐射及电离辐射、辅助用室等方面的内容。

六、其他标准

GB 3836.14—2014《爆炸性环境 第14部分：场所分类 爆炸性气体环境》（代替 GB 3836.14—2000）规定了可能出现可燃性气体或蒸汽的危险场所分类，以便正确选择和安装这些危险场所用电气设备；GB/T 18883—2002《室内空气质量标准》规定了室内空气质量参数及检验方法。

除第二章的规范性引用标准之外，其他一些与标准内容相关的标准，也希望引起关注。

七、相关标准简要说明

AS/NZS 2243系列标准和AS/NZS 2982是澳大利亚/新西兰关于实验室安全的系列标准，组成完整的实验室安全标准体系。AS/NZS 2243系列标准共分为10个部分，包括：运行与策划因素、化学因素、微生物因素和防护设施、电离辐射因素、非电离辐射因素、机械因素、电气因素、通风柜、循环烟柜、化学品储存等。标准第1部分给出了实验室运作过程中人身和财产安全要求、通用程序、预防措施、建议及信息。第1部分规定了有关安全策划、安全和应急管理、安全程序等的相关要求。第8部分和第9部分规定专门用于化学实验的通风柜和循环烟柜的安全要求，以及确定其性能的试验方法。AS/NZS 2982：2010提出实验室设计和结构与工作人员安全相关的要求，规定实验室设计的采光、地面、墙壁、通风柜、警告、标识等要求、实验室设施要求、危险物质储存要求、及对特殊实验室的特殊要求。

GB/T 5169.1—2007《电工电子产品着火危险试验 第1部分：着火试验术语》是适用于电工电子产品着火危险试验的术语标准。GB/T 21615—2008《危险品 易燃液体闭杯闪点试验方法》规定了危险品易燃液体闭环闪点试验的试验仪器、试验步骤及试验报告。GB/T 22233—2008《化学品潜在危险性相关标准术语》规定了化学品潜在危险性领域的61个术语。JGJ 91—1993《科学实验建筑设计规范》规定了新建、改建和扩建科学实验建筑设计时的基地选择和总平面设计、建筑设计、安全和防护、采暖、通风、空气调节和制冷、气体管道、给水排水和污水处理、电气等方面的要求。

ANSI Z358.1：2004《应急洗眼和淋浴设备》规定了应急用洗眼和淋浴设备的最低性能和使用要求，包括：应急淋浴设备、洗眼设备、洗眼/脸设备、及其组合设备。

第三节　术语和定义

【标准条款】

> **3　术语和定义**
>
> 　GB 6944—2012、GB/T 11651—2008、GB/T 12801—2008、GB 20581—2006、GB/T 28001—2011和GBZ 2.1—2007界定的以及下列术语和定义适用于本文件。为了便于使用，以下重复列出了GB 6944—2012、GB/T 11651—2008、GB/T 12801—2008、GB 20581—2006、GB/T 28001—2011和GBZ 2.1—2007的一些术语和定义。

【理解与实施】

本节是本标准采用的术语及其定义，以及补充的4个术语和定义，共24个。所定义的术语为本标准中使用的并且是属于本标准范围所覆盖的概念，以及有助于理解这些定义的附加概念。

通常，在特定的标准中一些词语的内涵与范围是被限制的，准确理解标准中规定的术语和定义是理解与实施标准的基础。本标准中术语按照概念层次分类和编排，标准共规定了 20 个术语和定义，涉及风险管理的 11 个（条款 3.1、3.2、3.3、3.4、3.5、3.6、3.7、3.8、3.9、3.14、3.19）、涉及设备的 3 个（条款 3.10、3.11、3.12）、涉及物质的 5 个（条款 3.13、3.15、3.17、3.18、3.20）、涉及特性的 1 个（条款 3.16）。

本标准尽量采用国内标准已定义的名词术语定义，与国家标准保持一致，定义有重复的根据标准重要程度选择，并标明定义出自的标准。其他为本标准所定义的术语。由于 GB/T 28001—2011 是广泛应用的职业健康安全管理体系标准，实验室安全问题属于职业健康安全范畴，术语（条款 3.2、3.3、3.4、3.5、3.6、3.7）采用 GB/T 28001—2011 的定义。

【标准条款】

> **3.1　安全 safety**
> 免除了不可接受的损害风险的状态。

【理解与实施】

标准对安全给出了定义，安全是一种状态，其风险处于可接受的水平。当风险的程度是合理的，在经济、身体、心理上是可承受的，即认为处在安全状态。不可接受的损害风险指：超出了法律法规的要求；超出了方针、目标和组织规定的其他要求；超出了人们普遍接受程度（通常是隐含的）要求等。安全是一个相对性的概念，安全与否要对照风险的接受程度来判定。随着时间、空间的变化，可接受的程度也会发生变化，从而使安全状态也产生变化。

本术语参考 GB/T 28001—2001 中的定义。

【标准条款】

> **3.2　健康损害 ill health**
> 可确认的、由工作活动和（或）工作相关状况引起或加重的身体或精神的不良状态。
> ［GB/T 28001—2011，定义 3.8］

【理解与实施】

健康损害是一种事实状态。指由工作活动和（或）工作相关状况导致人员的生理机能损害和健康状况恶化，包括身体和精神两个方面，并且是可以确认的。比如视力下降、听力损伤等。本术语采用 GB/T 28001—2011 中的定义。

【标准条款】

> **3.3　事件 incident**
> 发生或可能发生与工作相关的健康损害（3.2）或人身伤害（无论严重程度），或者死亡的情况。
> **注 1**：事故是一种发生人身伤害、健康损害或死亡的事件。
> **注 2**：未发生人身伤害、健康损害或死亡的事件通常称为"未遂事件"，在英文中也可称为 "near‐miss" "near‐hit" "close call" 或 "dangerous occurrence"。
> **注 3**：紧急情况（参见 4.10.1）是一种特殊类型的事件。
> ［GB/T 28001—2011，定义 3.9］

【理解与实施】

事件指发生或可能发生与工作相关的不良结果的非预期的情况，主要指活动、过程本身的情况，结果不确定。形成事件的两个要素，一是造成（或可能造成）人员健康损害、人身伤害或者死亡的非预期的不良结果，二是引发不良结果的根源与工作相关。事件可分为事故、未遂事件、紧急情况等。事故是已经造成健康损害、人身伤害或者死亡的不良结果的非预期事件。侥幸而未造成不良结果的事件称为未遂事件，英文称为"near‒miss""near‒hit""close call"或"dangerous occurrence"。未遂事件也应引起关注。紧急情况建议考虑正常运行期间可能发生的紧急情况，以及异常状况下可能发生的紧急情况。紧急情况如火灾、爆炸、台风、化学品泄漏、安全设施失灵、传染病流行等突发性事件。本术语采用 GB/T 28001—2011 的定义，将事故和事件统称为事件。从标准的内容来说，形成事件的不良结果也包括对物质财产造成损毁、破坏或其他形式的价值损失。

【标准条款】

> **3.4　危险源 hazard**
> 可能导致人身伤害和（或）健康损害（3.2）的根源、状态或行为，或其组合。
> ［GB/T 28001—2011，定义 3.6］

【理解与实施】

危险源是一种根源、状态或行为，由于其潜在危险性，如未采取控制措施，可能引发人身伤害和（或）健康损害的不良后果。根据 GB/T 13861—2009《生产过程危险和有害因素分类与代码》，危险和有害因素分为四大类：人的因素、物的因素、环境因素、管理因素。危险源还有其他多种分类方法，比如根据危险源在事件发生过程中的作用，分为第一类危险源、第二类危险源。本术语采用 GB/T 28001—2011 的定义，从标准的内容来说，也包括促进财产安全的要求。其他一些定义，如 GB/T 16483—2008 和 ISO 11014 中用伤害 harm 定义危险（源）hazard，指潜在的伤害源。伤害指对人体健康的物理伤害或损害，以及对财产或环境造成的损害。

【标准条款】

> **3.5　危险源辨识 hazard identification**
> 识别危险源的存在并确定其特性的过程。
> ［GB/T 28001—2011，定义 3.7］

【理解与实施】

危险源辨识指一个过程，包括两方面：一是识别危险源的存在，即采用一些特定的方法和手段找出所有与组织的运行活动有关的危险源。二是确定危险源的特性，即对所识别的危险源进行分析并确定其类别和特点。根据 GB/T 16856.2—2008《机械安全　风险评价　第 2 部分：实施指南和方法举例》，危险源辨识的方法常见有两种：自上而下法、自下而上法。识别工具有：工作危害分析法（JHA）、安全检查表（SCL）、危险与可操作性研究（HAZOP）、事件树分析（ETA）、故障树分析（FTA）等。危险源辨识是职业健康安全管理活动的最基本的活动。本术语采用 GB/T 28001—2011 中的定义。

【标准条款】

> **3.6　风险 risk**
>
> 发生危险事件或有害暴露的可能性，与随之引发的人身伤害或健康损害（3.2）的严重性的组合。
>
> ［GB/T 28001—2011，定义 3.21］

【理解与实施】

　　风险是对危险事件或有害暴露发生的概率及后果严重程度这两项指标的综合描述，危险事件或有害暴露可能导致人身伤害或健康损害。对危险情况的描述和控制主要通过两个特性来实现，即可能性和严重性。可能性指危险情况发生的难易程度，通常使用概率来描述。严重性指危险事件或有害暴露发生后，引发的人员伤害/健康损害的严重程度。两个特性中任意一个过高都会使风险变大。本术语采用 GB/T 28001—2011 中的定义。

【标准条款】

> **3.7　风险评价 risk assessment**
>
> 对危险源导致的风险（3.6）进行评估，对现有控制措施的充分性加以考虑以及对风险是否可接受予以确定的过程。
>
> ［GB/T 28001—2011，定义 3.22］

【理解与实施】

　　风险评价有时也称风险评估，主要包括三个阶段，一是对危险源导致的风险进行评估，确定其大小和严重程度；二是对现有控制措施加以考虑和分析，评价其充分性；三是将风险与安全要求进行比较，判定其是否可接受。安全要求是判定风险是否可接受的依据，需要根据法律法规要求、组织方针目标等要求和社会、大众的普遍要求综合确定。在某些文献中，术语"风险评价"指代"危险源辨识、风险确定和适当的风险降低或控制措施的选择"这一全过程。本术语采用 GB/T 28001—2011 中的定义。

【标准条款】

> **3.8　安全绩效 safety performance**
>
> 组织对其安全风险进行管理所取得的可测量的结果。

【理解与实施】

　　安全绩效指组织安全管理体系在安全风险控制方面表现出的实际业绩和效果的综合性描述。安全管理体系的结果指安全管理体系的符合性、有效性和适宜性。对其测量应依据组织的安全方针和目标进行。安全绩效可以用组织的安全目标的满足程度来表示，具体体现在某一或某类安全风险控制效果上。

【标准条款】

> **3.9　职业接触限值 occupational exposure limits；OELs**
>
> 职业性有害因素的接触限制量值。指劳动者在职业活动过程中长期反复接触，对绝大多数接触者的健康不引起有害作用的容许接触水平。化学有害因素的职业接触限值包括时间加权平均允许浓度、短时间接触允许浓度和最高允许浓度三类：

a) 时间加权平均容许浓度 PC-TWA：

以时间为权数规定的 8h 工作日、40h 工作周的平均容许接触浓度。

b) 短时间接触容许浓度 PC-STEL：

在遵守 PC-TWA 前提下容许短时间（15min）接触的浓度。

c) 最高容许浓度 MAC：

工作地点、在一个工作日内、任何时间有毒化学物质均不应超过的浓度。

［GBZ 2.1—2007，定义 3.1］

【理解与实施】

指劳动者在职业活动过程中，通过暴露、接触、吸入等长期接触物理性有害因素或化学性有害因素，为避免对劳动者的人身健康引起损害或损伤而制定的可量化的限值，提出限制劳动者接触有害因素的职业卫生要求。GBZ 2.1 规定了化学物质、粉尘、生物因素等化学有害因素的工作场所职业接触容许浓度。GBZ 2.2 规定了超高频辐射、高频电磁场、工频电场、激光辐射、微波辐射、紫外辐射、高温、噪声、手传振动等物理因素的职业接触限值。职业接触限值基于科学性和可行性制定，不能简单理解为安全与危险程度的精确界限。

化学有害因素的职业接触限值包括时间加权平均允许浓度 PC-TWA、短时间接触允许浓度 PC-STEL 和最高允许浓度 MAC 三类。PC-TWA 指以时间为权数规定的 8h 工作日、40h 工作周的平均容许接触浓度，平均容许接触浓度指一天或一周内多次采用测定，不得超过的平均浓度，PC-TWA 是平均的主要指标和主体性限值；PC-STEL 是 PC-TWA 配套的短时间接触限值，是对 PC-TWA 的补充，只用于短时接触用，并且对接触时间和次数有限制：当接触浓度超过 PC-TWA，达到 PC-STEL 水平时，一次持续接触时间不应超过 15min，每个工作日接触次数不应超过 4 次，相继接触间隔时间不应短于 60min。GBZ 2.1—2007 中表 1 给出了工作场所空气中的化学物质容许浓度。

本术语采用 GBZ 2.1—2007 的定义。

【标准条款】

3.10 设备 equipment

与检测有直接关联的任何机械、仪器仪表、器具、用具或工具，及其部件、配件或附件。

【理解与实施】

设备是为实现测量过程所必需的测量仪器/设备、测量标准、参考物质、辅助设备等，包括系统（含软件）、器具、元件、材料等。基础设施、公共服务设施、为生产和生活提供服务的工程设施，一般是永久性的、不可移动。设备属于设施的一种。基础设施包括建筑物、工作场所和相关的设施；过程设备（硬件和软件）；支持性服务（如运输、通讯或信息系统）。设施是为某种需要而建立的机构、组织、建筑等。

【标准条款】

3.11 安全设备 safety equipment

保障人类生产、生活活动中的人身或设施免于各种自然、人为侵害的设备。

【理解与实施】

安全设备是设备的一种，具有安全保障和安全防护的作用，用于保障人类生产、生活活动中的人身或设施免于各种自然、人为侵害。常见的安全设备如消防设备（灭火器等）、急救设施、紧急事故处理设备、个体防护装备等，以及保障设备或设施安全的如隔离开关、安全隔离变压器、触电保护装置、漏电保护装置等。

【标准条款】

> **3.12　个体防护装备 personal protective equipment；PPE**
>
> 从业人员为防御物理、化学、生物等外界因素伤害所穿戴、配备和使用的各种护品的总称。
>
> 注：在生产作业场所穿戴、配备和使用的劳动防护用品也称个体防护装备。
>
> ［GB/T 11651—2008，定义3.1］

【理解与实施】

个体防护装备是各类防护器材和防护用品的总称，其作用是保护从业人员防止其受到物理、化学、生物等外界因素伤害。根据《劳动防护用品管理规定》，个体防护装备分为特种劳动保护用品和一般劳动保护用品。《特种劳动防护用品目录》规定了特种劳动保护用品包括六大类：第1类头部护具类，第2类呼吸护具类，第3类眼（面）护具类，第4类防护服类，第5类防护鞋类，第6类防坠落护具类。国家对特种劳动保护用品实行安全标志管理。未列入目录的产品属于一般劳动保护用品。根据其防护性能，个体防护装备可分为72种。个体防护装备有时也称个体防护用品。本术语采用GB/T 11651—2008中的定义。

【标准条款】

> **3.13　有害物质 harmful substances**
>
> 化学的、物理的、生物的等能危害职工健康的所有物质的总称。
>
> ［GB/T 12801—2008，定义3.7］

【理解与实施】

有害物质指化学的、物理的、生物的等能危害职工健康的所有物质的总称。有害物质是某类物质的总称，该类物质指对被暴露或接触的人的健康有严重和长期影响的化学物质、物理性物质、生物物质等。本术语采用GB/T 12801—2008中的定义。

【标准条款】

> **3.14　有害过程 harmful processes**
>
> 产生能量或使用有害物质或产生有害物质的过程，并且一旦泄漏或不受控制排放，会导致人员伤害或人员疾病或财产损失。

【理解与实施】

有害过程是包含能量或有害物质的产生和使用的过程，能量或有害物质可能发生意外释放，必须采取措施约束、限制能量或有害物质的使用，一旦这些约束或限制能量或有害物质的措施受到破坏或失效（故障），将导致伤亡事件的发生，引起人员伤害或人员疾病或财产损失。

【标准条款】

> **3.15　危险货物 dangerous goods**
> 　　具有爆炸、易燃、毒害、感染、腐蚀、放射性等危险特性，在运输、储存、生产、经营、使用和处置中，容易造成人身伤亡、财产损毁或环境污染而需要特别防护的物质和物品。
> 　　[GB 6944—2012，定义 3.1]

【理解与实施】

　　危险货物指某类物质和物品，这类物质和物品具有一定的危险特性，比如爆炸、易燃、毒害、感染、腐蚀、放射性等，这类物质和物品因其危险特性在运输、储存、生产、经营、使用和处置中应特别加以注意，并采取适当的防护措施，以避免发生人身伤亡、财产损毁和环境污染等非预期的不良结果。GB 6944—2012《危险货物分类和品名编号》根据危险货物具有的危险性将其分为 9 个类别：第 1 类爆炸品，第 2 类气体，第 3 类易燃液体，第 4 类易燃固体、易于自燃的物质、遇水放出易燃气体的物质，第 5 类氧化性物质和有机过氧化物，第 6 类毒性物质和感染性物质第 7 类放射性物质，第 8 类腐蚀性物质，第 9 类杂项危险物质和物品，包括危害环境物质。本术语采用 GB 6944—2012 中的定义。

　　与危险货物相关的名词有危险化学品、剧毒化学品、高毒化学品、致癌物质等。

　　危险化学品：具有毒害、腐蚀、爆炸、燃烧、助燃等性质，对人体、设施、环境具有危害的剧毒化学品和其他化学品。《危险化学品目录》给出了管制的危险化学品的名称、别名和 CAS 号，收录危险化学品 2828 条 148 种剧毒化学品。

　　剧毒化学品是指：具有剧烈急性毒性危害的化学品，包括人工合成的化学品及其混合物和天然毒素，还包括具有急性毒性易造成公共安全危害的化学品。剧烈急性毒性判定界限：急性毒性类别 1，即满足下列条件之一：大鼠实验，经口 $LD_{50} \leqslant 5mg/kg$，经皮 $LD_{50} \leqslant 50mg/kg$，吸入（4h）$LC_{50} \leqslant 100mL/m^3$（气体）或 0.5mg/L（蒸气）或 0.05mg/L（尘、雾）。实验室常用化学品如硝酸汞（1625）、氰化钾（1680）和碘化汞（1638）等都属于剧毒化学品。

　　实验室除危险化学品和剧毒化学品外，纳入国家高毒物品目录的物品使用将影响人员健康安全，应在规定的接触限值下使用。卫生部 2003 年公告了《高毒物品目录（2003年）》，规定了 54 种毒物的 MAC（工作场所空气中有毒物质最高容许浓度）、PC - TWA（工作场所空气中有毒物质时间加权平均容许浓度）和 PC - STEL（工作场所空气中有毒物质短时间接触容许浓度），检索使用 CAS 号。

　　致癌物质指任何会直接导致生物体产生癌症的物质、辐射或放射性同位素，这些物质于生态环境中会造成动物细胞基因组内的脱氧核糖核酸受到损害、突变从而使细胞内的生化反应不能正常工作，例如讯息传递及代谢失常等。国际癌症组织（IARC）对致癌物质的分级按危险程度分为 4 类：1 类（G1）为确认人类致癌物；2A 类（G2A）为可能人类致癌物；2B 类（G2B）为可疑人类致癌物；3 类为对人和动物致癌性证据不足；4 类为未列为人类致癌物。致癌物质种类包括放射性物质和磁电反应，如 X 射线、手机辐射等；化学物质；病毒。实验室可能用到的致癌物质有甲醛（G1）、三氧化铬（G1）、二氯甲烷（G2B）、三氯甲烷（G2B）、铅（G2B）、炭黑（G2B）、四氯化碳（G2B）、萘（G2B）、二甲基联苯胺（G2B）、石棉（G1）等[①]。

对于检测实验室使用到的危险化学品，应加以识别，并从采购、储存、分发、使用、废弃物处理各阶段识别危险因素，对照法规、标准要求，找出需要控制的环节，提出改进措施。化学品的安全管理应满足 GB/T 27476.5 对化学因素的要求。

【标准条款】

> **3.16 易燃 flammable**
> 在空气中能被点燃或燃烧的特性。

【理解与实施】

易燃是物质的一种特性，为某些气体、液体或固体所具有，具有该特性的物质在空气中能被点燃或燃烧。特性是某一物质所特有的性质，在不同的环境条件下可能存在变数。燃烧指可燃物温度达到着火点，与助燃物接触，快速氧化，产生光和热的过程。

【标准条款】

> **3.17 易燃液体 flammable liquids**
> 指闪点不大于 93℃ 的液体。
> ［GB 20581—2006，定义 3.1］

【理解与实施】

本术语采用了 GB 30000.7—2013（代替 GB 20581—2006）中的定义。

易燃液体常温下通常以液体状态存在，极易挥发和燃烧，其闪点不大于 93℃。所谓闪点，指在规定试验条件下，施用某种点火源造成液体汽化而着火的最低温度（校正至标准大气压 101.3kPa）。闪点是表示易燃液体燃爆危险性的一个重要指标，闪点越低，燃爆危险性越大。闪点应通过闭环试验测定。

GB 30000.7—2013 将易燃液体可分为 4 类：第 1 类易燃液体，指闪点小于 23℃ 且初沸点不大于 35℃；第 2 类易燃液体，指闪点小于 23℃ 且初沸点大于 35℃；第 3 类易燃液体，指闪点不小于 23℃ 且闪点不大于 60℃；第 4 类易燃液体，指闪点大于 60℃ 且不大于 93℃。初始沸点指一种液体的蒸气压力等于标准压力（101.3kPa），第一个气泡出现时的温度。

易燃液体的标志见图 2-1。实验室常见的易燃液体如乙醚 1155（31026）、苯 1114（32050）、甲苯 1294（32052）、甲醇 1230（32058）、乙醇［无水］1170（32061）、乙酸乙酯 1173（32127）等。

【标准条款】

> **3.18 腐蚀性物质 corrosive substances**
> 通过化学作用使生物组织接触时会造成严重损伤、或在渗漏时会严重损害甚至毁坏其他货物或运输工具的物质。

---

① G1 为确认人类致癌物；G2A 为可能人类致癌物；G2B 为可疑人类致癌物。

图 2 - 1

【理解与实施】

腐蚀性物质是一种物质，其具有的特性是，当被生物组织接触时会与其发生化学作用造成生物组织严重损伤的后果，或因为泄漏造成其他货物或运输工具的严重损害甚至毁坏。腐蚀性指"通过直接化学反应具有损坏或破坏特性，包括腐蚀性物质的影响"。腐蚀性物质在危险货物分类和品名编号中为第8类危险货物，其标志标签见图2-2。

图 2 - 2

实验室使用到的腐蚀性物质如：

——酸性腐蚀品：硝酸 2031（81002）、硫酸 1830（81007）、盐酸 1789（81013）、氢氟酸 1790（81016）、磷酸 1805（81501）、乙酸 2790（81601）等。

——碱性和其他腐蚀品：氢氧化钠 1823（82001）、氨水 2672（82503）、甲醛 1198/2209（83012）等。

【标准条款】

3.19 化学品安全技术说明书 safety data sheet for chemical products；SDS

化学品的供应商向下游用户、公共机构、服务机构和其他涉及该化学品的相关方传递化学品基本危害信息（包括运输、操作处置、储存和应急行动信息）的一种载体。

注： 在一些国家，化学品安全技术说明书又被称为物质安全技术说明书（material safety data sheet，MSDS）。

【理解与实施】

化学品安全技术说明书（SDS）是一种载体，用以公示某种化学品的危险性，包含化学品（物质或混合物）的基本危害信息，提供安全、健康和环境保护等方面的信息，及推荐防护措施和紧急情况下的应对措施，包括运输、操作处置、储存和应急行动信息。SDS 由化学品的供应商提供，化学品的使用者、公共机构、服务机构和其他涉及该化学品的相关方有责任从其供应商处获得此类信息，并通过合适途径传递给不同作业场所的使用者，确保正确使用。SDS 应包含化学品十六个方面的信息，编制 SDS 应遵循 GB 13690—2009《化学品分类和危险性公示 通则》的要求。本术语采用 GB/T 16483—2008 引言中的定义。

【标准条款】

> **3.20　实验室废弃物 laboratory waste**
> 实验室运作过程中产生并需要处理的任何液体、固体或气态物质或物品。

【理解与实施】

实验室废弃物指在实验室运作过程中产生，并需要处理的任何液体、固体或气态物质或物品。一般可分为放射性废弃物、感染性废弃物、实验室废液（包括有机废液类、无机废液类）、空化学药瓶。实验室废弃物又可分为有害实验室废弃物和一般实验室废弃物。实验室废弃物应根据国家和地方相关规定妥善分类、储存、清除、处理。

本教材补充的术语和定义：

【标准条款】

> **3.21　隔离状态下工作 working in isolation**
> 这个场所工作的人与其他员工不能通过普通的方式（如言语、视觉）接触，因此应警惕已存在的危险源所导致的潜在风险。包括工作时间以内或工作时间以外在隔离区域或远场所工作。

【理解与实施】

隔离状态下工作是一种特殊的工作状态。该场所的工作人员因为被隔离，与其他员工不能通过普通的方式，比如言语、视觉接触，因此应考虑为该状态下工作的人员配备与外界交流的特殊工具，以预备紧急情况发生时呼救、报警等。隔离状态下工作包括在隔离区域或远场所工作，评价隔离状态下工作的风险时，应考虑工作时间内以及工作时间以外。

【标准条款】

> **3.22　具备资格人员 competent person**
> 通过培训、资格考试和工作经验，或几种方式的组合获得知识和技能，使之能完成特定任务的人。
> 注：某些情况下，按法规要求应拿到资格证。

【理解与实施】

具备资格人员指具备相应的知识和技能，能完成特定任务的人，其知识和技能可通过培训获得、资格考试确认、从工作经验中得来，或几种方式的组合。根据劳动法规定，从事特种作业的劳动者必须经过专门培训并取得特种作业资格。特种作业分为11类：1类为电工作业；2类为焊接与热切割作业；3类为高处作业；4类为制冷与空调作业；5类为煤矿安全作业；6类为金属非金属矿山安全作业；7类为石油天然气安全作业；8类为冶金（有色）生产安全作业；9类为危险化学品安全作业；10类为烟花爆竹安全作业；11类为安全监管总局认定的其他作业。

【标准条款】

> **3.23　安全责任人 safety responsible person**
> 　　实验室最高管理者，或经授权对实验室安全全面负责的个人或一组人。
> 　　注：有时也称安全主管、安全负责人或管理者代表。

【理解与实施】

　　安全责任人可以是一个人或一组人，可以是实验室最高管理者，或其他经过授权的人，不管是一个人还是一组人，也不管这一个人或一组人的其他职责为何，其职责应包含对实验室安全全面负责。在各种场合，安全责任人有不同的称谓，如在 GB/T 28001 中一般称为管理者代表。一些材料中称为安全主管、或安全负责人。

【标准条款】

> **3.24　安全监督人员 safety supervisor**
> 　　经授权、且具备所需的经历和能力，对实验室安全实施监督的个人或一组人。

【理解与实施】

　　安全监督人员可以是一个人或一组人，他们必须是经过授权的，并且具备所需的经历和能力，安全监督人员须既熟悉实验室的各项活动，又熟悉对实验室的安全要求。不管这一个人或一组人的其他职责为何，其职责应包含对实验室安全实施监督，履行包括评估和报告活动风险、制定和实施安全保障及应急措施、阻止不安全行为或活动。

第三章　安全管理要求

本章主要介绍实验室安全管理的体系要求。

管理体系是"建立方针和目标并实现这些目标的体系"，是由组织结构（含职责、权限及相互关系）、程序、过程和资源诸要素组成的，其目的是为了实施管理。

一个组织的管理体系可包括若干个不同的管理体系，如质量管理体系、财务管理体系或环境管理体系，当然也可包括安全管理体系。

应该说实验室的"安全管理体系"与"职业健康安全管理体系"并无本质的区别，两者都是以影响或可能影响工作场所内的员工或其他工作人员（包括临时工和承包方员工）、访问者或任何其他人员的健康安全的条件和因素为主要的管理对象。但"安全"的概念比"职业健康安全"的概念外延更广。比如，标准的一些条款直接涉及了对设备安全和环境影响的考虑。而实际上，一个组织的若干不同的管理体系，比如质量、财务、环境、安全管理体系，是密不可分的有机整体。

本章对于一些共性要求，如文件控制、要求、标书和合同的评审、分包、采购、服务客户、投诉、记录的控制、内部审核和管理评审等内容力求简练，而重点突出涉及安全方面的要求。

第一节　组织结构和职责

【标准条款】

> **4.1　组织结构和职责**
> **4.1.1**　实验室应确保所从事检测及相关活动符合适用的安全法律法规和标准的要求。

【理解与实施】

一、标准中涉及法规和标准的条款

条款4.1.1"实验室应确保所从事检测及相关活动符合适用的安全法律法规和标准的要求。"是一原则性的要求。

在标准中还有其他条款提到法律法规和标准的要求，它们是：

——条款4.2.2要求安全方针包含遵守安全有关的适用法规要求和实验室接受的其他要求的承诺；

——条款4.2.3要求建立和评审目标时，应考虑法规要求；

——条款4.2.6最高管理者应将满足安全法定要求的重要性传达到本实验室；

——条款4.14要求管理评审的输入应包括对有关安全法律法规的适用性和遵守情况的定期评价结果；

——条款5.1.1要求应定期评价适用法律法规和其他要求的遵守情况；

——条款5.1.3.2要求在适用的法律法规和标准等发生改变时，应重新进行风险评价；

——条款5.2.2要求培训和指导的内容包括相关法规知识；

——条款5.3.10要求在隔离状态下工作时，按照法律规定，某些任务无论何时都不允许单独执行；

——条款5.4.2.4要求当噪音会损伤或削弱听力或有法规规定的情况下，应佩戴护听器；

——条款5.6.3.1要求所有实验废弃物的收集、标识、储存和处置应按国家及地方法规进行；

——条款5.6.3.5要求实验废弃物的处理应遵守国家有关法律法规和适用的国家标准要求。

还有很多条款直接引用了有关标准。

因此，识别和获得适用的法律、法规、标准和其他要求是建立和实施实验室安全管理的基础。

二、与安全相关的主要的法律法规和标准体系介绍

（一）法律

法律由全国人大及其常务委员会制定，其法律地位和法律效力仅次于宪法。

与安全有关的法律主要有：安全生产法、职业病防治法、消防法、劳动法等。其中安全生产法是实验室建立安全管理体系时应重点关注的法律依据。

（二）行政法规、规章和安全标准

行政法规由国务院制定，主要包括条例、办法、规定、实施细则、决定等，如国务院第591号令《危险化学品安全管理条例》。

规章是指由国务院所属部委以及有权的地方政府在法律规定的范围内，依职权制定、颁布的有关行政管理的规范文件，如国家安全生产监督管理总局第53号令《危险化学品登记管理办法》。

（三）地方法规

地方性法规是指省、自治区、直辖市的人民代表大会及其常务委员会，为执行和实施宪法、法律、行政法规，根据本行政区域的具体情况和实际需要，在法定权限内制定、发布的规范性文件。经常以"条例""办法"等形式出现，如《广东省特种设备安全监察规定》。

本书未过多介绍涉及具体地方法规，但各地的实验室要关注适用的地方法规的收集，并把适用的内容贯彻到实验室的安全管理体系中去。

（四）安全标准

安全标准是围绕如何消除、限制或预防劳动过程中的危险和有害因素，保护职工安全与健康，保障设备、生产正常运行而制定的统一规定。《中华人民共和国标准化法》第七

条规定"保障人体健康，人身、财产安全的标准和法律、行政法规规定强制执行的标准是强制性标准，其他标准是推荐性标准。"按照《中华人民共和国标准化法》的要求和标准定义，强制性的安全标准必须贯彻实施。

《中华人民共和国安全生产法》第十条规定"国务院有关部门应当按照保障安全生产的要求，依法及时制定有关的国家标准或者行业标准，并根据科技进步和经济发展适时修订。生产经营单位必须执行依法制定的保障安全生产的国家标准或者行业标准。"

我国的标准实行国家标准、行业标准、地方标准和企业标准四级标准体制。安全标准为安全法规的实施、操作提供了更具体的要求。检测实验室适用的国家标准见表3-1。

表 3-1　危险化学品相关的国家标准

序号	主题	标准
1	分类标准	GB 6944—2012 危险货物分类和品名编号 GB 12268—2012 危险货物品名表 GB 13690—2009 化学品分类和危险性公示 通则
2	标识标签标准	GB 190—2009 危险货物包装标志 GB 15258—2009 化学品安全标签编写规定 GB/T 16483—2008 化学品安全技术说明书 内容和项目顺序
3	存储标准	GB 15603—1995 常用化学危险品贮存通则 GB 17914—2013 易燃易爆性商品储存养护技术条件 GB 17915—2013 腐蚀性商品储存养护技术条件 GB 17916—2013 毒害性商品储存养护技术条件
4	使用标准	GBZ 2.1—2007 工作场所有害因素职业接触限值　第1部分：化学有害因素

（五）经我国批准生效的国际劳工公约

经我国批准生效的国际劳工公约，是我国安全法形式的组成部分。国际劳工公约是国际安全法律规范的一种形式，它是采用经会员国批准，并由会员国作为制定国内安全法依据的公约文本。国际劳工公约经国家权力机关批准后，批准国应采取必要的措施使该公约发生效力，并负有实施已批准的劳工公约的国际法义务，如国际劳工组织170号公约《作业场所安全使用化学品公约》。

其中，有很多国际劳工公约的内容已转化成了我国相关法律法规的内容，因此，本书不再赘述。

为便于使用，本书附录列出了与安全相关的主要的法律法规和标准目录，供参考，使用者在使用时还应注意查新法规标准的最新状态。

三、法律法规、标准和其他要求的适用性管理

实验室为了满足其方针承诺，最好建立结构化的方法，以确保法律法规、标准和其他要求可被识别，其适用性可被评估，以及法律法规和其他要求可被获取、传达和保持最新。

实验室可依照其安全危险源、运行、设备和材料等的性质，寻求相关的适用安全法律

法规、标准和其他要求。这可通过运用实验室内部的知识和（或）外部的资源来实现。

根据初始识别的结果，试验室应确定适宜于下述各方面的法律法规和其他要求的具体条款内容：

——实验室内各部门；

——实验室的活动；

——实验室的产品、过程、设施、设备、材料、人员；

——实验室的场所。

【应用案例 3－1】

1. 法规适用性评估

某电器检测实验室检测活动中使用近百种的化学品作为试剂或材料，但每种化学品的用量很小。

（1）《危险化学品安全管理条例》

国务院第 591 号令《危险化学品安全管理条例》规定了危险化学品生产、储存、使用、经营和运输的安全管理要求，电气检测实验室所使用的化学品大部分在《危险化学品名录》列表中，故《危险化学品安全管理条例》是适用的。该条例已于 2011 年 11 月 1 日起实施，取代原 2003 年版条例。

（2）GB 18218—2009《重大危险源辨识》

GB 18218—2009《重大危险源辨识》规定了辨识危险化学品重大危险源的依据和方法，以单元中危险化学品的数量等于或超过临界量为重大危险源的判据。

电气检测实验室常用的可燃液体如表 3－2，其使用量远小于 GB 18218 规定的临界量，故按 GB 28128 判定不属于重大危险源。

表 3－2　电气检测实验室常用的可燃液体

序号	类别	用途	使用量	贮存量	临界量
1	丁烷	聚合材料水平和垂直燃烧试验用气体	微量，每次燃烧持续时间约 30s	15kg 气瓶	50t
2	汽油	标志擦拭用溶剂	每次约 5mL	500mL 玻璃瓶	50t

2. 铝及铝合金中镁含量测定

GB/T 20975.16—2008《铝及铝合金化学分析方法 第 16 部分：镁含量的测定》标准推荐 CDTA 滴定法，单个检测项目需要使用 20 余种化学品，其中包括氰化钾（UN 编号 1680），用量 8mL（浓度 250g/L）。

氰化钾是《危险化学品名录》列表危险化学品，也是《剧毒化学品目录》和《高毒化学品目录》管制的化学品，它的采购、储存和使用必须遵守《危险化学品安全管理条例》，还需要遵守地方法规的规定，如隔离单独存放、双人双锁、双人记账、双人使用等。

【标准条款】

4.1.2 实验室的安全管理体系应覆盖实验室在固定场所内进行的工作。

【理解与实施】

一、安全管理体系覆盖场所范围

本标准第 1 章"范围"中明确规定"本部分适用于固定场所内的实验室，其他场所的实验室可参照使用，但可能需要附加要求。"因此本标准条款 4.1.2 相应规定"实验室的安全管理体系应覆盖实验室在固定场所内进行的工作。"

对于有多个固定场所和有分支机构的实验室，管理体系还应该覆盖所有的场所和所有的分支机构实验室。

固定场所内的实验室是指有固定的设施、专用的设备和专职的人员的实验室。

需要指出的是，安全管理体系覆盖的场所包括：测试区域、办公区域、接待区、公共区域、仓库、供电区域，以及实验室配套的一些辅助设施，如食堂、医务室等。覆盖固定场所内相应的所有活动，比如，检测活动、设备安装/维护、样品运输/储存、废弃物处理、参观、清洁、保安等等。

客观上，实验室还可能存在其他一些场所，比如：

——离开固定设施的场所，如远离实验室本部的郊外电磁兼容（EMC）开阔场基地、汽车试验场等）；

——临时设施（该设施在时间上是临时的，为临时需要配置的设施、设备和人员，如桥梁通车前的检测，发电站竣工前的验收检测、现场校准等）；

——移动设施（该设施在空间上是移动的，为移动需要配置的设施、设备和人员，如机载的、船载的、车载的检测或校准等）。

对于上述这些特定场所的实验室，可能需要附加程序以覆盖实验室的特定功能。本标准未作详细描述。

二、安全管理体系覆盖的人员范围

建立实验室的安全管理体系应贯彻以人为本的原则，覆盖的人员范围应包括以下几个方面：

1. 自身员工

实验室的安全管理体系应针对在实验室工作的人员，包括各级别人员的活动所产生的危险源和风险，如维护人员、清洁工、保安人员、见习人员等。

2. 合同方人员

实验室应考虑合同方人员的活动、使用外部提供的产品或服务所带来的危险源和风险，包括委托方、分包方等。

3. 访问者

实验室应考虑访问者的活动所带来的危险源和风险，包括学生、参观者等。

【标准条款】

> **4.1.3** 实验室应：
>
> a) 有专职或兼职的安全管理人员，他们应具有所需的权力和资源来履行包括实施、保持和改进安全管理体系的职责，识别对安全管理体系的偏离，以及采取预防或减少这些偏离的措施；

b) 规定对安全有影响的所有管理、操作和监督人员的职责、权力和相互关系；

c) 由熟悉实验室活动和安全要求的安全监督人员对实验室开展的各项工作进行安全监督。赋予安全监督人员所需权力和资源来履行包括评估和报告活动风险、制定和实施安全保障及应急措施、阻止不安全行为或活动的职责；

d) 确保实验室人员理解他们活动的安全要求和安全风险，以及如何为实现安全目标作出贡献。确保人员在其能控制的领域承担安全方面的责任和义务，包括遵守适用的安全要求，避免因个人原因造成安全事件。

【理解与实施】

一、安全生产所需的资源

实验室是安全生产的责任主体，应为安全生产配置足够数量的安全管理人员，并赋予相应的权力和资源。

安全管理机构设置和管理人员配置可依据安全生产法的规定，从业人员超过300人的单位要设立安全生产管理机构和配备专职安全生产管理人员。对从业人员300人以下的单位，应设专职或兼职安全管理人员，或委托安全中介机构提供安全生产服务。

二、安全职责、权力和相互关系

对安全有影响的相关人员的作用、职责、责任和权限，可在相关岗位说明书中予以明确。

实验室内任何专业的安全职能的作用和职责应适当予以界定，以避免与所有层次管理者的作用和职责相混淆（作为管理者，通常担负着确保其所控制区域的安全得到有效管理的职责）。这包括做出安排，以解决任何安全问题与运行考虑之间的冲突，包括适当时逐级上升至更高管理层。

三、安全监督人员

安全监督人员是经授权、且具备所需的经历和能力，对实验室安全实施监督的个人或一组人。

安全监督人员须具备两个条件：（1）熟悉实验室的各项活动；（2）熟悉对实验室的安全要求。安全监督人员可以是专职或兼职的，其职责是对实验室的安全事项履行监督，应赋予安全监督人员所需的权力和资源来履行其职责。安全监督人员的职责包括：

——安全相关政策、规章的宣传教育和培训；

——实验室活动安全风险的评估和报告；

——制定和实施安全保障及应急措施，包括安全设备（含PPE）的配置、使用、报废等；

——检查督促和指导，监督现场工作安全操作；

——阻止不安全行为或活动。对现场安全隐患不采取措施予以消除的情况予以批评教育、责令改正、停工整改或报告上级；

——发生安全事件时，及时调查并督促逐级上报，参与安全事故的调查处理等；

——安全监督人员在试验工作完成后应做最终检查并组织消灭可能存在的安全隐患。

四、实验室人员的安全责任和义务

实验室工作人员一是要遵守适用的安全要求，避免受到伤害；二是要避免因个人原因导致对他人的伤害。

《中华人民共和国安全生产法》对人员安全生产权利和义务作了明确规定：

1. 从业人员安全生产方面有八项权力

（1）知情权，即有权了解其作业场所和工作岗位存在的危险因素、防范措施和事故应急措施；

（2）建议权，即有权对本单位的安全生产工作提出建议；

（3）批评权和检举、控告权，即有权对本单位安全生产管理工作中存在的问题提出批评、检举、控告；

（4）拒绝权，即有权拒绝违章作业指挥和强令冒险作业；

（5）紧急避险权，即发现直接危及人身安全的紧急情况时，有权停止作业或者在采取可能的应急措施后撤离作业场所；

（6）依法向本单位提出要求赔偿的权利；

（7）获得符合国家标准或者行业标准劳动防护用品的权利；

（8）获得安全生产教育和培训的权利。

2. 从业人员安全生产的三项义务

（1）自律遵规的义务，从业人员在作业过程中，应当遵守本单位的安全生产规章制度和操作规程，服从管理，正确佩戴和使用劳动防护用品；

（2）接受安全生产教育和培训，自觉学习安全生产知识的义务，掌握本职工作所需的安全生产知识，提高安全生产技能，增强事故预防和应急处理能力；

（3）危险报告义务，即发现事故隐患或者其他不安全因素时，应当立即向现场安全生产管理人员或者本单位负责人报告。

【应用案例 3-2】实验室安全管理机构设置

安全生产管理机构指的是实验室专门负责安全生产监督管理的内设机构，负责落实国家有关安全生产法律法规，组织内部各种安全检查活动，负责日常安全检查，及时整改各种事故隐患，监督安全生产责任制落实等等。它是实验室安全生产的重要组织保证。

某实验室的安全生产组织结构示例如图 3-1。

【标准条款】

4.1.4 实验室最高管理者对实验室安全和安全管理体系负最终责任。

最高管理者应通过以下方式证实其承诺：

a）为安全管理体系建立并保持提供必要的资源；

注：包括人力资源、设施和设备资源、技能和技术、医疗保障、财力资源。

b）明确作用、分配职责和责任、授予权力，提供有效的安全管理，并形成文件和予以沟通。

【理解与实施】

本条款突出了实验室最高管理者对实验室安全和安全管理体系所负的最终责任。

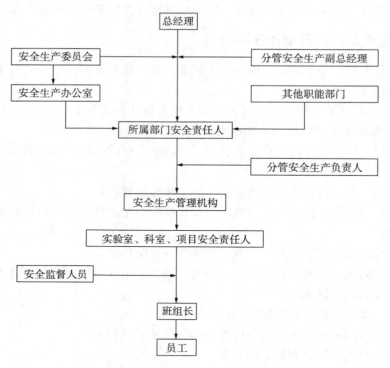

图 3－1　实验室安全生产组织结构示例

安全管理体系的成功实施需要在实验室控制下工作的所有人员均做出承诺。这种承诺从最高管理者开始。

最高管理者应：

——及时和有效地确定和提供防止工作场所内的人身伤害与健康损害所需的全部资源；

——识别承担安全管理相关事务的人员，并确保其知晓其职责和责任；

——确保实验室管理者中那些承担安全职责的成员获得必要的权限以发挥其作用；

——确保不同职能之间（例如，部门之间、各不同管理层之间、工作人员之间、实验室与承包方之间、实验室与邻居之间等）的接口处职责分工明确；

——任命最高管理者中的一名成员负责安全管理体系并报告其绩效。

在确定建立、实施和保持安全管理体系所需资源时，实验室应考虑：

——运行特需的财力、人力和其他资源；

——运行特需的技术；

——基础建设和设备；

——信息系统；

——专业技能和培训的需求。

建议对资源及其配置通过管理评审来进行定期评审，以确保其足以实施包括绩效测量和监测在内的安全方案和活动。对于已建立安全管理体系的实验室，通过比较计划实现的安全目标与实际结果，至少可对资源的充分性进行部分地评估。在评估资源的充分性时，还应考虑到计划的改变和（或）新的项目和运行的出现。

所有承担安全管理体系一部分义务的人员的职责和权限应形成文件。这些可加以描述并纳入：

——安全管理体系程序；

——运行程序或操作规程；

——项目和（或）任务说明书；

——岗位描述；

——入职培训文件包。

实验室可自主选择其所需的最适宜的形式。

相对于其他人员，此类文件更为下述人员所必需：

——被任命的安全责任人；

——实验室所有层次的管理者，包括最高管理者；

——安全委员会或安全小组；

——工艺操作员和一般劳动者；

——管理承包方安全的人员；

——负责安全培训的人员；

——负责安全关键设备的人员；

——负责管理用作某工作场所的设施的人员；

——实验室内具有安全资质的人员或其他安全专家；

——作为参与或协商会代表的员工安全代表。

【标准条款】

> **4.1.5** 实验室应在最高管理层中指定人员作为安全责任人，应赋予其以下职责和权限：
> a）建立、实施和保持安全管理体系；
> b）向最高管理者提交安全绩效报告，以供评审，并为改进体系提供依据。

【理解与实施】

本条款规定了实验室安全责任人的职责和权限，主要有两个方面：

（1）建立、实施和保持安全管理体系；

（2）向最高管理者提交安全绩效报告，以供评审，并为改进体系提供依据。

被任命的安全责任人必须是最高管理者中的一名成员。他可获得其他人员的支持，这些人员获得监视安全职能总体运行的职责的授权。但是，被任命的安全责任人最好能定期获得关于体系绩效的通报，并积极参与定期评审和安全目标的建立。应确保任何其他指派给最高管理者中的被任命者的责任和职能不与其安全职责相冲突。

《中华人民共和国安全生产法》规定了单位主要负责人的安全责任有：

——建立、健全本单位安全生产责任制；

——组织制定本单位安全生产规章制度和操作规程；

——保证本单位安全生产投入的有效实施；

——督促、检查本单位的安全生产工作，及时消除生产安全事故隐患；

——组织制定并实施本单位的安全事故应急救援预案；

——及时、如实报告生产安全事故。

【标准条款】

> **4.1.6** 实验室应建立内外部的沟通和报告机制。包括：
> a) 在实验室内部不同层次和职能间进行内部沟通；
> b) 与进入工作场所的外来人员进行沟通；
> c) 接收、记录和回应来自外部相关方的沟通；
> d) 安全事件的报告机制。

【理解与实施】

本条款规定了实验室建立内外部的沟通和报告机制的要求。

一、概述

实验室应通过沟通和协商过程，鼓励那些受实验室活动影响或关心其安全管理体系的人员，参与良好安全实践并支持其安全方针和目标。

实验室的沟通过程应提供组织内纵向和横向的信息流。该过程还包括信息的收集和传播。确保向所有相关人员提供安全信息，使其能接收到且正确理解。

协商是管理者与其他人员或其代表就彼此关心的问题共同考虑和讨论的过程。它包含通过观点和信息的一般交换来寻求可接受的问题解决方案。

关心实验室的安全管理体系或受其影响的人员包括实验室所有各层次的员工、员工代表、临时工、承包方、访问者、邻居、志愿者、应急服务机构（参见条款4.10）；保险员；政府检查人员或执法人员。

沟通的形式，可以是（不限于）比如，咨询、意见、抱怨、投诉、协商等。

二、沟通

1. 内部和外部沟通的程序

实验室应建立程序用于实验室内不同职能和层次间的内部沟通和用于与相关方的外部沟通。

实验室应将关于其安全危险源和安全管理体系的信息有效地传达给包含在管理体系之中或受到管理体系影响的人员，以便使其在适当时能够积极参与或支持对人身伤害或健康损害的预防。

在制定沟通程序时，实验室应考虑如下方面：

——信息的目标接收者及其需求；

——合适的方法和媒介；

——当地文化、习惯的方式和可利用的技术；

——实验室的复杂性、结构和规模；

——工作场所有效沟通的障碍，如文化水平或语言上的障碍；

——法律法规和其他要求；

——各种各样贯穿于实验室所有职能和层次的沟通模式和信息流的有效性；

——沟通有效性的评估。

安全问题可通过诸如以下方法传达到员工、访问者和承包方：

——安全简报和会议，入职和上岗谈话等；

——包含安全问题信息的通讯、海报、电子邮件、意见箱或建议方式、网站、公告板。

2. 内部沟通

将关于安全风险和安全管理体系的信息有效传达到组织的各个不同层次，以及就这些信息在实验室的各个不同职能之间进行有效沟通，这非常重要。这包括下列信息：

——有关管理者对安全管理体系承诺的信息（如为改进安全绩效所采纳的方案和所承诺的资源等）；

——关于识别危险源和风险的信息（如关于工艺流程、所用材料、设备规范和工作实践观察的信息等）；

——关于安全目标和其他持续改进活动的信息；

——与事件调查相关的信息（例如，所发生事件的类型、导致事件发生的因素、事件调查的结果等）；

——与在消除安全危险源和风险方面的进展有关的信息（如表明已完成或正在进行的项目进展的状况报告）；

——与可能对安全管理体系产生影响的变化有关的信息。

3. 与承包方和其他访问者的沟通

建立和保持用于与进入工作场所的承包方和其他访问者进行沟通的程序非常重要。沟通的程度应与他们所面临的安全风险相关。

实验室应做出妥善安排，将其安全要求明确传达给承包方。程序应适合于与所开展工作相关的安全危险源和风险。除了就绩效要求进行沟通外，组织还应就与不符合安全要求有关的后果进行沟通。

合同常用于传达安全绩效要求。可能还需将其他现场安排（如项目前期的安全策划会议）增补到合同中，确保适当措施得到实施以保护工作场所内的每个人员。

沟通应包括与任何所执行的特定任务或将开展工作的区域相关的运行控制措施的信息。此类信息建议在承包方进入现场前予以传达，并在工作开始的适当时候，对附加的或其他信息（如现场巡视等）予以增补。实验室还应建立适当的程序，当出现影响承包方安全的变化时，用于与承包方协商。

在建立与承包方沟通的程序时，除了现场所开展活动的特定安全要求外，还需考虑以下可能与实验室相关的方面：

——关于单个承包方的安全管理体系信息（如针对相关安全危险源已建立的方针和程序等）；

——对沟通方法和范围具有影响的法律法规或其他要求；

——以往的安全经历（如安全绩效数据等）；

——工作现场存在多个承包方；

——执行安全活动（如有害暴露监视、设备检查等）的员工；

——应急响应；

——承包方的安全方针和实践与组织和工作现场的其他承包方相结合的需求；

——对于高风险的任务，附加协商和合同规定的需求；

——对经协定的安全绩效准则的符合性的评价要求；

——事件调查过程，不符合和纠正措施的报告；

——日常沟通安排。

对于访问者（包括送货员、顾客、公众、提供服务的人员等），沟通不但可能包括警告标志、安全屏障等，还可能包括口头和书面沟通。予以传达的信息包括：

——与访问者相关的安全要求；

——疏散程序和警报响应；

——交通控制措施；

——进入控制措施和护送要求；

——任何所需穿戴的个体防护装备（PPE）（如护目镜等）。

4. 与外部相关方的沟通

实验室需建立适当的程序，用于接受外部相关方的相关信息，并形成文件和做出回应。

实验室应依据其安全方针和适用的法律法规和其他要求，提供适当且前后一致的、关于其安全危险源和安全管理体系的信息。这可能包括组织有关正常运行和潜在紧急情况的信息。

外部沟通程序通常包括所指定联络人的识别。这允许将适当的信息以前后一致的方式予以传达。对于可能要求定期更新信息和（或）需答复广泛问题的紧急情况，这方面可能尤其重要（参见条款 4.10）。

三、与承包方和外部相关方的协商程序

适当时，实验室应建立与承包方和其他外部相关方协商的程序。实验室可能需要与监管机构就某种安全事务（如安全法律法规要求的适用性和解释）进行协商，或者与应急服务机构（参见条款 4.10）进行协商。

在考虑需要与承包方就影响其安全的变化进行协商时，实验室应考虑以下方面：

——新的或不熟悉的危险源（包括可能由承包方带来的危险源）；

——重组；

——新的或改进的控制措施；

——材料、设备、有害暴露等的变化；

——应急安排的变化；

——法律法规和其他要求的变化。

对于与外部相关方的协商，实验室应考虑的因素有：

——应急安排的变化；

——可能影响邻居的危险源或来自邻居的危险源；

——法律法规和其他要求的变化。

另外，在建立安全事件和安全事故的报告机制时，还应注意相关的法规和标准要求。

【标准条款】

> **4.1.7** 实验室应建立实验室安全的全员参与机制。员工可通过以下多种方式参与实验室安全相关的活动：

a) 危险源辨识、风险评价和确定风险控制措施；

b) 安全事件的调查；

c) 安全方针目标的制定和评审；

d) 商讨影响安全的任何变化；

e) 担任员工安全事务代表；

f) 安全演练；

g) 对外来人员进行安全培训和指导等。

【理解与实施】

条款4.1.7规定了实验室应建立实验室安全的全员参与机制。并指出了员工可通过多种方式参与实验室安全相关的活动：

程序应考虑工作人员积极和持续参与安全实践的开展和评审以及适当时安全管理体系的建立的需求。参与的安排应考虑到任何法律法规和其他要求。

应告知工作人员对其参与所做的安排以及在安全事务上代表他们的个人。安全代表的作用应予以界定。

实验室关于工作人员参与的程序还可包括：

——在选择适当控制措施方面的协商，包括关于控制特定危险源或预防不安全行为的可选方案的利弊讨论等；

——安全绩效改进建议的参与；

——关于影响安全的变化的协商，尤其在引入新的或不熟悉的危险源前，例如：

·新的或经改造的设备的引入；

·所用建筑物和设施的建造、修改或变更；

·新的化学制品或材料的使用；

·重组，新的工艺、程序或工作模式等。

在建立工作人员参与的程序时，实验室还需考虑对参与的潜在激励和阻碍以及保密和隐私问题。

第二节　安全管理体系

【标准条款】

4.2　安全管理体系

4.2.1　实验室应根据业务性质、活动特点等建立、实施、保持和持续改进与其规模及活动性质相适应的安全管理体系，确定如何满足所有安全要求，并形成文件。安全管理体系应覆盖实验室人员、维护人员、分包方、参观者和其他被授权进入的人员，包括使用和进入实验室的学生、清洁工和保安人员。

注：对于特定的实验室，可能需要附加程序以覆盖实验室的特定功能。

安全管理体系文件应包括：

a) 安全方针和目标；

b) 安全管理体系覆盖范围的描述；

> c) 安全管理体系主要要素和其相互作用描述，及文件的查询途径；
> d) 实验室为确保对涉及安全风险管理过程进行有效策划、运行和控制所需的文件和记录。

【理解与实施】

一、安全管理体系总要求

条款4.2.1是对安全管理体系的总要求。

实验室应建立和保持符合本标准要求的安全管理体系，这有助于实验室满足安全法规的要求。

对于已经按照GB/T 27025—2008《检测和校准实验室能力的通用要求》建立了质量管理体系的实验室，通过在原有管理体系的基础上进行一些补充的方式来建立和保持符合本标准要求的安全管理体系。

安全管理体系的详尽和复杂水平、专用于安全管理体系的文件和资源的数量，取决于实验室的性质（如规模、结构和复杂性等）及其活动，包括实验室的工作类型（是校准的还是检测的，或者两种类型兼存）、工作范围（场所范围、人员范围）、工作量（每年做多少检测和/或校准项目、出具多少份报告或证书）等。

在确定如何满足本标准的要求时，实验室需要考虑那些影响或可能影响安全的条件和因素，以及所需何种安全方针和如何管理其安全风险。

二、安全管理体系文件

安全管理体系文件的编制与其他管理体系文件，如质量管理体系文件、环境管理体系文件的编制在原理上是一样的。通常与实验室中的过程和（或）适用的安全管理标准的结构保持一致。比如，依据本标准的结构或GB/T 28001—2011《职业健康安全管理体系要求》的结构。实验室也可以根据其自身的需要采用任何其他的方式，包括与原有的管理体系文件进行整合。

实验室应保持最新的文件，足以确保其安全管理体系可得到充分理解和有效、高效地运行。

典型的输入包括以下各项：

——实验室建立以支持其安全管理体系和安全活动并满足本标准要求的文件和信息系统的详情；

——职责和权限的详情；

——关于使用文件或信息的当地环境、文件物理属性的限制，或者电子或其他媒介的使用的信息。

在建立支持其安全过程所必需的文件前，实验室应评审其安全管理体系所需文件和信息。在确定需要哪些文件时，实验室应确定何处存在任何因缺少书面的程序或指令而使得任务将不能按所要求的方式执行的风险。

管理体系一般有：

——文件化的安全管理体系的描述；

——安全方针；

——危险源辨识、风险评价和控制措施程序；

——识别和获取适用的法律法规和其他安全要求的程序；

——安全目标；

——安全管理方案；

——所有承担安全管理体系一部分义务的人员的作用、职责、责任和权限，这些可加以描述并纳入：

· 安全管理体系程序；

· 运行程序或操作规程；

· 项目和（或）任务说明书；

· 岗位描述；

· 入职培训文件包。

实验室可自主选择其所需的最适宜的形式。

——安全责任人、管理者代表、安全监督人员的任命书；

——培训程序；

——沟通、参与和协商程序；

——文件控制程序；

——相关活动的运行控制措施和/或运行准则，包括：

· 要求、标书和合同的评审；

· 分包；

· 采购；

· 服务客户；

· 投诉；

· 检验；

· 安全检查；

——应急准备和响应程序；

——安全绩效监视和测量程序；

——测量和监视设备的校准维护程序；

——合规性评价程序；

——事件调查程序；

——不符合的控制程序；

——纠正预防措施程序；

——记录控制程序；

——内部审核程序。

为了符合本标准的要求，实验室可选择按照本标准的要求建立独立的安全管理体系；如果实验室已经按照 GB/T 27025 的要求建立了完善的质量管理体系，实验室也可以将本标准的相关要求与已建立的质量管理体系合并建立安全管理体系；如果实验室已建立了形成文件的安全管理体系，编制一个诸如描述现存程序与本标准的要求之间关系的综述文件也可能更为便利和有效。

必要时，还应考虑以下方面：

——文件和信息使用者的职责和权限，因为这会引起对所需施加的安全性和可访问性的等级（尤其是电子媒介）以及对变化的控制措施的考虑；

——有形文件的使用方式和环境，因为这会要求考虑其呈现格式（例如，某项指令可能会并入到标牌中而非纸质文件中等）。对于电子信息系统设备的使用环境，也应给予类似的考虑。

记录是一种特殊类型的文件。

【标准条款】

> **4.2.2**　最高管理者应确定和批准实验室的安全方针，并确保安全方针在界定的安全管理体系范围内：
>
> a）适合实验室的安全风险的性质和规模；
>
> b）包含防止受伤与健康损害及持续改进安全管理与安全绩效的承诺；
>
> c）包含遵守安全有关的适用法规要求和实验室接受的其他要求的承诺；
>
> d）为确定和评审安全目标提供框架；
>
> e）形成文件，付诸实施，并予以保持；
>
> f）传达到所有人员，使其认识各自的安全义务；
>
> g）可为相关方所获取；
>
> h）定期评审，确保与实验室运行保持相关和适宜。

【理解与实施】

最高管理者应表明对安全管理体系成功实施和改进安全绩效的必要领导力和承诺。

安全方针为实验室确立了总方向，并引领实验室实施和改进其安全管理体系，以便保持和可能改进其安全绩效。

安全方针应使在实验室控制下工作的人员能够理解实验室的总承诺及其可能对个人职责的影响。

确定和批准安全方针是实验室最高管理者的职责。最高管理者积极持续地参与安全方针的制定和实施至关重要。

实验室的安全方针应适于所识别出的风险的性质和规模，并指导目标的建立。为此，安全方针应：

——符合实验室未来发展愿景；

——切合实际，既不夸大也不降低实验室所面临风险的性质。

在制定安全方针时，实验室应考虑：

——其使命、愿景、核心价值和理念；

——与其他方针（公司方针、整体方针等）相协调；

——在实验室控制下工作的人员的需求；

——实验室的安全危险源；

——与实验室危险源相关的、实验室应遵守的法律法规和其他要求；

——实验室以往和当前的安全绩效；

——持续改进的机会和需求，伤害和健康损害的预防；

——相关方的观点；

——建立切合实际和可实现的目标的需要。

方针至少需包含关于实验室以下承诺的声明：

——伤害和健康损害的预防；

——安全管理的持续改进；

——安全绩效的持续改进；

——遵守适用法律法规要求及实验室应遵守的其他要求。

安全方针可以与实验室其他方针文件联系起来，与实验室的整体经营方针和其他管理方针，如质量管理、环境管理，相一致。安全方针应与实验室的总体业务方针和其他管理方针（如质量管理方针、环境管理方针等）保持一致。

方针的传达有助于：

——表明最高管理者和实验室对安全的承诺；

——提高对方针中所做承诺的认识；

——阐释为何建立和保持安全管理体系；

——指导个人理解其安全职责和责任。

在传达方针时，对于如何建立和保持在实验室控制下工作的人员的安全意识，应既考虑新的人员，又考虑原有人员。方针可选择各种形式传达，如通过在规则、指令和程序中引用；皮夹卡片；海报等。在传达方针时，需考虑诸如工作场所、文化程度、语言技能等方面差异。

实验室需确定如何使方针易为相关方所获取，如通过网站发布或根据要求提供印刷品复印件。

安全方针应定期评审（参见条款4.14），以确保其与实验室保持相关和适宜。由于变化不可避免，例如法规和社会期望会不断发展演化，因此，实验室的安全方针和安全管理体系需定期评审，以确保其持续适宜性和有效性。若方针发生变化，则应将修订的方针传达到所有在实验室控制下工作的人员。

【应用案例3-3】实验室安全方针（如图3-2）

××实验室安全方针

本实验室致力于遵守适用的法律法规和有关要求，保障员工在实验室工作之健康和安全，并持续改进安全的管理和绩效。

实验室会采取一切合理的措施：

——为员工提供和维持一个健康与安全的工作环境；

——提供必需的信息、指引和培训，实施有效的监控措施，使用必需的个人防护用品，以及采取其他必要的行动以保障员工在工作中的健康与安全；

——设计操作规程，把在工作中可能会对健康与安全产生潜在的危害，尽可能地消除或降到最低；

——通过公司的安全委员会，作为员工和管理层的桥梁，提供职业健康与安全方面的咨询，进行有效的沟通与改善，取得员工对所有采用的措施的全力合作与参与，共同建立健康和安全的工作环境。

在实验室工作的员工，必须遵守公司的职业健康与安全要求，并在合理情况下顾及个人的职业健康和安全，以及因个人行为或疏忽可能危及他人的职业健康和安全。

所有公司的员工必须了解并执行此方针。

安全委员会将定期评审此方针，以确保方针得到切实的执行及获得必要的资源。

实验室总经理（签发）：

××××年××月××日

图3-2　××实验室安全方针示例

【标准条款】

> **4.2.3** 实验室应在相关职能和层次建立、实施和保持形成文件的安全目标。可行时，目标应可测量。目标应符合安全方针。建立和评审目标时，应考虑法规要求及安全风险，也应考虑可选的技术方案，财务、运行和经营要求。

【理解与实施】

建立安全目标是安全管理体系整体策划的一个组成部分。实验室应建立目标以履行安全方针所做的承诺，包括防止人身伤害和健康损害的承诺。

目标的建立和评审过程以及实现目标的方案的实施过程，为实验室持续改进其安全管理体系和提高其安全绩效提供了一种机制。

在建立安全目标时，实验室需考虑其已识别的法律法规和其他要求以及安全风险（参见条款4.1.1和第5章）。实验室可利用从策划过程（如安全风险优先顺序表等）中所获得的其他信息，以确定是否需要建立与其任何法律法规和其他要求或安全风险相关的特定目标。但是，实验室无需针对每项法律法规和其他要求或已辨识的安全风险建立安全目标。

建议确定其他要考虑的问题和因素，例如：

——可选技术方案，财务、运行和经营要求；

——与组织整体业务相关的方针和目标；

——危险源辨识、风险评价和现有控制措施的结果；

——安全管理体系的有效性评估（如来自内部审核等）；

——工作人员的观点（如来自员工的感知或满意度调查等）；

——关于员工安全协商的信息，对工作场所评审和改进活动的信息（这些活动在性质上可以是主动的，也可以是被动的）；

——对照以往所建立的安全目标进行的绩效分析；

——安全不符合和事件的以往记录；

——管理评审的结果（参见条款4.14）；

——资源的需求和可利用性。

目标类型的示例可包括：

——以具体指定某物增加或减少一个数量值来设定的目标（如减少操作事件20％等）；

——以引入控制措施或消除危险源来设定的目标（如降低车间的噪声等）；

——以在特定产品中引入危害较小的材料来设定的目标；

——以提高工作人员有关安全的满意度来设定的目标（如减低工作场所的工作压力等）；

——以减少在危险物质、设备或工艺过程中的暴露来设定的目标（如引入准入控制措施或防护措施等）；

——以提高安全完成工作任务的意识或能力来设定的目标；

——以在法律法规即将颁布前做出妥当布置以满足其要求来设定的目标。

在建立安全目标期间，对于那些最可能受到各单个安全目标影响的人员，尤其要关注来自他们的信息或数据，因为这可有助于确保目标合理且得到更广泛认可。考虑源自实验室外部如承包方或其他相关方等的信息或数据也很有益处。

安全目标既针对实验室内广泛、共同的安全问题，又针对特定于各单独职能和层次的安全问题。

　　安全目标可分解为不同的任务，这取决于实验室的规模、安全目标的复杂程度及其时间要求。在各个不同层次的任务和安全目标之间，应建立明确的联系。

　　实验室内不同职能和不同层次可建立特定的安全目标。某些适合于整个组织的安全目标可由最高管理者建立，其他安全目标可由或可为相关的各单独的部门或职能建立，但并非所有职能和部门均需要建立特定的安全目标。

　　比如，某实验室的安全目标可以是：零安全事故。

　　根据总目标，实验室内各相关职能部门再根据各自职能展开建立部门目标，以确保总目标的实现。

【标准条款】

> **4.2.4** 实验室应制定、实施和保持实现安全目标的方案，至少包括：
> 　　a）有关职能和层次为实现安全目标的职责和权限的指定；
> 　　b）实现目标的方法和时间表。
> 　　应定期和按计划的时间间隔对方案进行评审，必要时进行调整，确保目标得以实现。

【理解与实施】

　　为了实现目标，应建立方案。方案是实现所有安全目标或各单独的安全目标的行动计划。对于复杂问题，可能需要制定更为正式的项目计划以作为方案的一部分。

　　在考虑建立方案的必要手段时，实验室宜检查所需的资源（财力、人力、基础设施）和所执行的任务。有赖于为实现特定目标所建方案的复杂性，实验室宜为各单个任务指定职责、权限和完成时间，以确保安全目标可在总体时间框架内得到实现。

　　安全目标和方案应与相关人员进行沟通（如通过培训或小组简报会等）。

　　方案的评审需定期进行，必要时对方案进行调整或修订。这可作为管理评审的一部分来进行，或者可以更频繁地进行。

　　管理方案的表现形式可以灵活多样，下面以压缩机性能测试时使用的氧燃气焊接活动为例，供参考，实验室可以根据自己的实际情况明确具体活动的时间表。

【应用案例 3－4】实验室安全管理方案（见表 3－3）

【标准条款】

> **4.2.5** 最高管理者应提供建立和实施安全管理体系以及持续改进其有效性承诺的证据。

【理解与实施】

　　最高管理者应通过以下方式证实其承诺：

　　（1）为安全管理体系建立并保持提供必要的资源；

　　注：包括人力资源、设施和设备资源、技能和技术、医疗保障、财力资源。

　　（2）明确作用、分配职责和责任、授予权力，提供有效的安全管理，并形成文件和予以沟通。

　　参见条款 4.1.4。

共　页　第　页

编号：

表3-3　××实验室危险源辨识、风险评价和风险控制的确定

危险源	风险评价		风险控制要求	风险控制的主要内容	培训-外部培训	培训-实验室培训	培训-班组培训	培训-导师培训	设备维护-保养	设备维护-维修	建筑规划	防护用品	检查	绩效测量	岗位说明书	作业指导书	备注
	重大	一般															
氧燃气焊接及切割	✓		执行GB 9448—1999《焊接与切割安全》	设备条件-操作					✓	✓						操作规程	
				责任-管理者		✓							✓				
				责任-现场管理及安全监督人员			✓						✓			✓	
				责任-操作者	✓	✓		✓					✓		✓		特种作业操作证
				工作区-设备安装							✓		✓				
				工作区-警告标志							✓		✓				
				防护-防护屏板							✓						
				防护-焊接隔间							✓		✓				
				人身防护-眼睛及面部防护								✓	✓				
				人身防护-身体保护								✓	✓	✓			劳动保护用品配备标准
				通风							✓		✓		✓		焊接烟尘限值标准
				消防措施-防火职责							✓		✓				
				消防措施-指定的操作区域							✓		✓				
				消防措施-放有易燃物区域的热作业条件			✓	✓					✓				

表3－3（续）

危险源	风险评价		风险控制要求	风险控制的主要内容		管理方案										备注
	重大	一般		灭火	主要内容	培训 外部培训	实验室培训	班组培训	导师培训	设备维护 维修	保养	建筑规划	防护用品	检查	绩效测量	岗位说明书	作业指导书 操作规程	
氧燃气焊接及切割	√		执行GB 9448—1999《焊接与切割安全》	灭火	灭火器及喷水器									√			操作规程	GB 50140—2005 建筑灭火器配置设计规范 GB 50444—2008 建筑灭火器配置验收及检查规范
					……													

【标准条款】

> **4.2.6** 最高管理者应将满足安全法定要求的重要性传达到本实验室。

【理解与实施】

实验室的最高管理者应将满足安全法定要求的重要性传达到本实验室。识别和获得适用的法律法规、标准和其他要求是建立和实施实验室安全管理的基础。满足安全法定要求的重要性应传达到全体员工，让员工认识到安全管理对其自身工作环境质量的影响。向员工明确传达安全法定要求，使他们能够有一个比较依据，还有利于员工据此测量自己个人的安全绩效。

第三节　文件控制

【标准条款】

> **4.3　文件控制**
>
> 实验室应对安全管理体系所要求的文件进行控制，应建立、实施和保持程序，规定：
>
> a）发布前审批，确保充分性和适宜性；
>
> b）必要时，对文件进行修订，并重新审批；
>
> c）对文件更改和现行修订状态作出标识；
>
> d）确保在使用处能得到适用文件；
>
> e）确保文件字迹清楚，易于识别；
>
> f）对策划、运行所需的外来文件作出标识，并对发放予以控制；
>
> g）防止对过期文件的非预期使用。如需保留，应作出适当标识。

【理解与实施】

所有包含安全管理体系运行所需信息和组织安全活动绩效的文件和数据应予以识别和控制。

实验室需考虑以下各项：

——为其安全管理体系和安全活动提供支持并使其能满足本标准要求的文件和数据系统的详情；

——在安全方面组织所指定的职责和权限的详情。

书面程序应界定安全文件的识别、批准、发放和移除的控制措施，以及安全数据的控制措施。这些程序最好能明确界定其所适用的文件和数据的类别。

在常规和非常规情况下，包括紧急情况下，需要使用所需文件的场所，文件和数据应可利用和可获取。比如，条款 5.6.1.2 规定，实验室的危险物品清单和 SDS 的安全信息，对于全体员工应容易得到和易懂的，这些信息也应能被应急服务人员获得并使用。

这可能包括确保在紧急情况时，最新实验室工程图、危险材料数据表、程序和指令等可提供给需要它们的人员。

实验室应建立程序，用于识别策划和实施其安全管理体系所需的源于外部的任何文件。这些文件的分发需予以控制，以确保最新信息用于影响安全的决策。例如：实验室应建立程序，用于管理组织所用危险物质的安全数据表。该项任务的职责应予以指定。负责该项任务的人员应确保实验室中的所有人员被告知诸如影响其职责或工作条件的信息的任何相关变化。

实验室文件控制过程的开发将典型地导致诸如以下各项输出结果：

——包括指定责任和权限的文件控制程序；

——文件登记薄、持有者清单或索引；

——受控文件及其位置清单；

——档案记录（其中一些依据法律法规或其他时间要求予以保持）。

应定期地对文件进行评审，以确保其始终依然有效和准确。这可作为一项专门工作来执行，也可作为下列各项的必要部分：

——作为评审风险评价过程的必要部分；

——作为对事件响应的必要部分；

——作为程序变更管理的必要部分；

——随法律法规和其他要求、工艺、装置、工作场所布局等发生变化所必需执行的活动。

仍保留供参考的过期文件可表现对某一特定方面的关注，但对此应小心谨慎，以确保其不重新进入引用循环之中。可是，有时也有必要保留过期文件，以作为与安全管理体系的建立或绩效相关的部分记录。

第四节　要求、标书和合同的评审

【标准条款】

> **4.4　要求、标书和合同的评审**
>
> **4.4.1**　实验室应在接受要求、标书和合同前进行危险源辨识和风险评价，风险控制措施应被实验室和客户所接受，并将结果和需要采取的风险控制措施通知到与执行合同检测活动过程相关的人员。必要时，实验室应要求客户提供风险控制措施需要的技术支持。
>
> 　　注：对非常规的检测，危险源辨识和风险评价尤为重要。
>
> **4.4.2**　工作开始后，如果发生涉及安全的变更，应重新进行危险源辨识和风险评价，确定风险控制措施，并将变更措施通知所有受到影响的人员。如果涉及客户，则应同时通知客户。

【理解与实施】

条款4.4规定了实验室在要求、标书和合同的评审活动中进行危险源辨识和风险评价，确定风险控制的要求。

要求、标书和合同的评审活动的安全风险的相关控制措施可以考虑：

——对于常规的检测，将有关的风险控制措施与客户沟通，必要时获得客户的技术支持。例如，汽车动力电池的检测，在样品的接收、储存、传递、试验准备等环节，要注意电极的防护，防止发生短路；高压电器检测、汽车上跑道等有显著危险的检测项目客户见证的限制等。

——对于非常规的检测，在接受要求、标书和合同前，在合同评审中对每项要求、标书和合同进行危险源辨识、风险评价和风险控制措施的制定。例如，一些新产品的检测，对产品结构的了解、前处理备样和安装调试的注意事项等。

——在检测工作开始后，如果发生涉及安全的变更，包括要求、标书和合同中的变更，重新进行危险源辨识和风险评价，确定风险控制措施，并将变更措施通知所有受到影响的人员。如果涉及客户，则应同时通知客户。

第五节 分 包

【标准条款】

> **4.5 分包**
>
> 危险源辨识和风险评价应包括分包出去的工作。对于分包出去的工作中已识别的安全风险，应告知分包方。
>
> 宜将工作分包给已建立和实施完善的安全管理体系、安全绩效良好的分包方。
>
> 分包协议应明确分包方需要承担的安全责任。
>
> 应与分包方就影响安全的事项及其变更进行沟通和协商，并形成文件。

【理解与实施】

条款4.5规定了对实验室的分包活动的相关安全要求，包括对分包活动的危险源辨识和风险评价、分包方的资质要求、分包协议等。

分包活动的安全风险的相关控制措施可以考虑：

——建立分包方的选择准则。比如规定分包的检测项目必须选择获得 CNCA 授权，并获得 CNAS 认可的实验室。

——就实验室自己的安全要求向承包方沟通。比如要求分包方已建立、实施和保持安全管理体系，未发生重大安全事故，必要时还可以进行第二方审核。

——评估、监视和定期重新评估承包方的安全绩效。即按照所建立分包方的选择准则对分包方进行评估；监视分包方的日常安全绩效，包括是否发生重大安全事故；定期，比如每年，按照准则对分包方进行重新评估。

第六节 采 购

【标准条款】

> **4.6 采购**
>
> 实验室应识别所购买的供应品、试剂、消耗材料、设施和设备、服务的安全风险，采购文件应明确相关的安全要求。必要时，要求供应商提供与风险控制相关的数据、信息、作用指引或技术支持。
>
> 若某些实验室活动，如设备维护、清洁、保安等工作需签订服务协议，宜包含健康与安全的期望、监视与责任条款。

【理解与实施】

条款4.6规定了对实验室的采购活动（包括供应品、试剂、消耗材料、设施和设备、服务的采购）的相关安全要求。

采购活动的安全风险的相关控制措施可以考虑：

——对所要采购的供应品、试剂、消耗材料、设施和设备、服务、设备和服务的安全要求的确立；

——就实验室自己的安全要求向供方沟通；

——危险化学品、材料和物质的采购或运输/转移的事先批准的要求；

——采购新机械和设备的事先批准的要求和规范；

——机械和设备在使用前其安全运行程序得到事先批准和（或）材料在使用前其安全处理程序得到事先批准；

——供方的选择和监视；

——对所接收的供应品、试剂、消耗材料、设施和设备、服务的检查以及对其安全绩效的验证（定期验证）；

比如，实验室采购的清洁、保安服务，需要对清洁工和保安人员的活动范围提出限制，规定清洁工不能对测试设备、测试样品进行清洁，保安人员不能擅自进入有限制出入的实验区域等。

再比如，电波暗室、消音室等实验设施的建设，应选择有资质的设计单位和施工单位进行设计、施工和安装，签订安全协议，明确责任分工等事项。

第七节　服务客户

【标准条款】

> **4.7　服务客户**
>
> 　　应对进入实验室的客户进行必要的安全培训，必要时，安排监督人员进行监督，确保进入工作场所的客户和其他访问者清楚安全有关风险，必要时采取预防措施，确保客户和其他访问者的安全，及避免因个人原因造成安全事件。
>
> 　　与外部相关方就影响安全的变更进行协商。

【理解与实施】

条款4.7规定了对实验室的服务客户活动的相关安全要求。

在服务客户活动中，如提供见证测试和/或校准过程、与客户一起制备样品（如备样、安装等）、探讨有关技术问题、客户参观实验室等，客户将进入实验室的相关区域。

由于访问者或其他外部人员的知识和能力具有很大的差异，因此，在制定控制措施时应对此加以考虑。示例可包括：

——进入工作场所的控制措施，包括佩戴必要的个体防护装备；

——在允许使用设备前确定其知识和能力；

——必要的指导和培训的规定；

——警告标志或管理控制措施；

——监视访问者行为和指导其活动的方法。

必要时，还应收集客户的反馈意见和信息，作为持续改进的输入。

第八节 投 诉

【标准条款】

> **4.8 投诉**
>
> 实验室应接收、记录和回应来自员工、外部相关方的安全相关投诉。

【理解与实施】

接收、记录和回应相关投诉是对实验室的基本要求。从安全的角度来说，实验室在接收和处理投诉时，不但要关注质量方面的投诉，还要关注有关安全方面的投诉，包括来自外部相关方的投诉和来自实验室内部员工的投诉。安全相关的投诉更多来自于实验室内部，应加以关注实验室内部员工的安全相关投诉。

第九节 安全检查和不符合的控制

【标准条款】

> **4.9 安全检查和不符合的控制**
>
> **4.9.1 安全检查**
>
> 实验室应开展对实验室工作的安全检查。安全检查应包括对危险源辨识、风险评价和风险控制措施、人员能力与健康状况、环境、设施和设备、物料、工作流程等的安全检查。
>
> 为改进和保持实验室安全而对工作流程或设备等做重大改变时，也应进行安全检查。检查宜由无直接责任人员组成。
>
> 安全检查时的发现和建议应向安全管理人员报告，如果安全检查查出有重大安全隐患的状况，应立即采取措施补救。
>
> 实验室应建立、实施和保持程序，对安全绩效进行例行监测和测量，程序应规定：
>
> a) 适合实验室需要的定性和定量测量；
>
> b) 对安全目标的满足程度监测；
>
> c) 监测控制措施有效性；
>
> d) 主动性的绩效测量，即监测是否符合管理方案、控制措施和运行准则；
>
> e) 被动性测量，即监测损害、事件（包括事故、未遂事故等）和其他不良安全绩效的历史证据；
>
> f) 记录充分的监测和测量的数据和结果，以便于后面的纠正和预防措施的分析。

【理解与实施】

一、总则

实验室应建立一套系统方法，作为其整个管理体系的组成部分，例行测量和监视其安全绩效。监视包括信息的收集，例如，使用适用的设备或技术，测量和观察随时间变化的信息。测量既可定量，也可定性。在安全管理体系中，监视和测量可有多种用途，例如：

　　——跟踪有关方针承诺的满足、目标和指标的实现以及持续改进的进展；

　　——监视有害暴露，以确定适用法律法规和组织应遵守的其他要求是否得到了满足；

　　——监视事件、伤害和健康损害；

　　——为评估运行控制措施的有效性，或评价改进或引入新控制措施的需求提供数据；

　　——为组织的主动性和被动性安全绩效测量提供数据；

　　——为评估安全管理体系绩效提供数据；

　　——为能力评估提供数据。

　　为达到这些目的，组织应针对测量的内容、地点、时间和方法以及测量人员的能力要求进行策划。为将资源集中在最重要的测量项目上，实验室需确定可测量的过程和活动的特性，以及可提供最有用信息的测量项目。组织需建立绩效测量和监视程序，以确保测量的一致性和提高所测数据的可靠性。

　　应对测量和监测的结果进行分析，并确定成功之处以及需纠正和改进之处。

　　实验室的测量和监测建议采用主动性绩效测量和被动性绩效测量两种方法，但主要采用主动性绩效测量，以促进绩效的改进和伤害的减少。

　　主动性绩效测量示例包括：

　　——法律法规和其他要求的符合性评价；

　　——工作场所安全巡视或检查结果的有效使用；

　　——安全培训的有效性评估；

　　——安全行为观察；

　　——使用认知调查以评估安全文化和相关员工的满意度；

　　——内、外部审核结果的有效使用；

　　——如期完成法定要求或其他检查；

　　——方案实施的程度；

　　——员工参与过程的有效性；

　　——健康筛查；

　　——有害暴露的模拟和监视；

　　——以良好安全实践为标杆；

　　——工作活动评价。

　　被动性绩效测量的示例包括：

　　——健康损害的监视；

　　——事件和健康损害的发生及比率；

　　——事件时间损失率、健康损害时间损失率；

　　——按监管机构评价所需采取的措施；

　　——按收到的相关方意见采取的措施。

二、监视和测量设备

　　安全监视和测量设备应适合、胜任和关联于所测量的安全绩效的特性。

　　为确保结果正确，用于测量安全状况的监视设备（例如，采样泵、噪声测量仪、有毒气体探测设备等）应保持良好工作状态并已被校准或验证，且必要时依照可溯源至国际或国家测量标准的测量标准对其进行校准。若无此类测量标准，则宜将用于校准的基准予以记录。如果计算机软件或系统用于收集、分析或监视数据且会影响安全绩效结果的准确性，使用前宜进行验证以测试其适用性。

建议选择适宜的设备并以能提供准确和一致结果的方式使用。这可能包括确认抽样方法或抽样地点的适宜性，或者明确规定该设备需以特定的方式使用。

测量设备的校准状态应能被使用者清晰识别。校准状态不明或明知校验过期的安全测量设备不建议使用。此外，还宜将这些设备从使用中移出，并清楚地予以标识、贴上标签或以其他方式标明，以防误用。

校准和维护应由有能力的人员承担。

【标准条款】

> **4.9.2　不符合的控制**
>
> **4.9.2.1**　实验室应记录、调查和分析事件，以便：
>
> a) 确定根本的、可能导致或促使不符合发生的安全缺陷和其他因素；
>
> b) 识别纠正措施需求；
>
> c) 识别采取预防措施的机会；
>
> d) 识别持续改进的机会；
>
> e) 沟通调查结果。
>
> 调查应及时完成。结果应形成文件并予以保持。
>
> **4.9.2.2**　实验室应识别和纠正不符合，采取措施减少安全后果。必要时，立即暂停工作。

【理解与实施】

一、不符合定义

不符合 nonconformity

未满足要求。

[GB/T 19000—2008，3.6.2；GB/T 24001—2004，3.15]

注：不符合可以是对下述要求的任何偏离：

——有关的工作标准、惯例、程序、法律法规要求等；

——职业健康安全管理体系（3.13）要求。

[GB/T 28001—2011，3.11]

不符合是指未满足要求。要求可以是安全相关法律法规或 GB/T 27476.1 所述的相关要求，或者可为安全绩效方面。

二、事件调查

事件调查是防止事件再次发生和识别改进机会的重要工具。它也能用于提高工作场所内整体的安全意识。

实验室应建立用于报告、调查和分析事件的程序。其用途是为了提供一个结构化的、相称的和及时的方法来确定和处理引发事件的潜在（根本）原因。

应对所有事件进行调查。实验室应设法防止事件的报告不足。在确定调查性质、所需资源、事件调查优先项时，应考虑：

——事件的实际结果和影响后果；

——此类事故的频率和潜在的后果。

在制定这些程序时，实验室应考虑：

——对"事件"的构成和事件调查的益处形成共识的需求；

——报告应捕捉所有类型的事件，包括重大和微小事件、紧急情况、未遂事件、健康损害事例和某一时段内所发生的事件（如有害暴露等）；

——满足任何与事件报告和调查有关的法律法规要求的需求，例如：事故登记维护；

——确定事件报告和后续调查的职责和权限的分配；

——处理紧急风险的立即措施的需求；

——实现公正和客观调查的需求；

——重在确定因果因素的需求；

——使具有事件知识的人员参与的益处；

——确定关于处理和记录调查过程不同阶段的要求，例如：

· 及时收集事实和证据；

· 分析结果；

· 就识别的纠正措施和（或）预防措施的需求进行沟通；

· 为危险源辨识、风险评价、应急响应、安全绩效测量和监视、管理评审的过程提供反馈信息。

被指派开展事件调查的人员应具有胜任的能力。

事件调查过程的输出强调：

——确定内在的、可能导致或有助于事件发生的安全缺陷和其他因素；

——识别对采取纠正措施的需求；

——识别采取预防措施的可能性；

——识别持续改进的可能性；

——沟通调查结果。

更多关于事件报告的要求可见 GB/T 27476.4—2014 的相关条款要求。

三、不符合控制

为保持安全管理体系的持续有效性，组织应建立程序，用于识别实际的和潜在的不符合。

引发不符合问题的示例，包括：

（1）在安全管理体系绩效方面

——最高管理者未证实其承诺；

——未建立安全目标；

——未确定安全管理体系所要求的职责，如实现目标的职责等；

——未定期评价对法律法规要求的合规性；

——未满足培训需求；

——文件过期或不适宜；

——未进行沟通。

（2）对于安全绩效

——未实施实现改进目标的策划方案；

——未持续实现绩效改进的目标；

——未满足法律法规或其他要求；

——未记录事件；

——未及时实施纠正措施；

——未处理的疾病或伤害持续保持高比率；

——偏离安全程序；

——引入新材料或新工艺时未进行适当的风险评价。

可依据以下结果确定纠正措施和预防措施的输入：

——应急程序的定期测试；

——事件调查；

——内部或外部审核；

——定期的合规性评价；

——绩效监视；

——维护活动；

——员工建议方案和来自员工意见和（或）满意调查的反馈；

——有害暴露评价。

识别不符合最好成为个人职责的一部分，鼓励最接近作业现场的人员报告潜在的和实际的问题。

某实验室的事件调查表示例如表3-4所示，供参考。

表3-4　事件调查表

编号：

事件发生经过 （事件发生后 3日内填写）	当事人签名：　　　　　事件发生部门主管签名：　　　　　日期：					
伤势情况 （事件发生后 3日内填写）	姓　名	部　门	性　别	年　龄	任职事件	休假天数
原因/责任分析 （事件发生后 5日内填写）	调查组签名：　　　　　日期：					
纠正措施 （事件发生后 7日内填写）	行政部主管签名：　　　　　日期：					

表3-4（续）

确认意见	安全副总经理：　　　　　　日期：
验证纠正措施的效果	安全副总经理：　　　　　　日期：

注：应于纠正措施完成后两周内进行验证。

第十节　应急准备和响应

【标准条款】

4.10　应急准备和响应

4.10.1　应急程序

实验室应建立并保持程序，用于识别和预防紧急情况的潜在后果和对紧急情况作出响应。

为了预防伤害和限制危险源扩散，基本应急程序至少应包括如下：

a) 潜在的事件和紧急情况的识别；

b) 外部的应急服务机构和人员；

c) 如果可行且不会对员工有危害，限制火势或其他危险源，以便为疏散赢取时间和限制毁坏扩大；

d) 寻求必需的其他帮助；

e) 如有必要，撤离建筑物，对伤员提供救治。

应急程序应确保实验室所有参观者和员工安全疏散。在疏散过程中，人员宜疏散到远离建筑物并不阻挡救援路线的指定集合区域。

注：如突发暴力冲突、供电设备故障、化学品大量溢出、火灾和有毒或腐蚀性气体的气瓶泄漏等紧急情况，需要将人员从建筑物内快速疏散。

宜建立实验室设备的应急关机程序。

所有员工应能方便获得安全信息和应急程序。应急程序宜粘贴在每个实验室并提供以下电话号码：消防队、急救车、安全官员、医院、公安局等。宜提供一份清单，包括当地医院、毒物信息中心和其他应急服务机构名称、地址和电话号码。

实验室应定期评审应急程序，当发生紧急情况后，应重新评价应急程序，必要时修订。

【理解与实施】

本条款要求实验室应建立并保持程序，用于识别和预防紧急情况的潜在后果和对紧急情况作出响应。并规定了基本应急程序至少应包括的主要内容。

一、潜在紧急情况的识别

用于识别可能影响安全的潜在紧急情况的程序，应考虑到与具体活动、设备或工作场所相关的紧急情况。

可能出现的各种不同规模紧急情况的示例包括：

——导致严重伤害或健康损害的事件；

——火灾和爆炸；

——危险材料或气体的泄漏；

——自然灾害、恶劣天气；

——公用设施供应的中断，如电力中断等；

——关键设备故障；

——交通事故。

在识别潜在的紧急情况时，应既考虑到正常运行期间可能发生的紧急情况，又考虑到异常状况下可能发生的紧急情况（如运转启动或关闭；建造或拆除活动）。

应急计划可作为处于进行中的变更管理的一部分予以评审。运行的变更可能会引入新的潜在紧急情况，或者使针对变更而制定应急响应程序成为必要。例如，设施布局的改变可能会影响到紧急疏散路线。

实验室有必要确定和评价紧急情况将如何影响在组织控制下的、工作场所内和（或）其紧邻的全部人员。

对于有特殊需求的人员（如移动、视力和听力受限的人员等）应予以考虑。这可能包括员工、临时工、承包方人员、访问者、邻居或其他公众。组织还需考虑到对应急服务人员（如消防员等）出现在工作场所期间的潜在影响。

识别潜在紧急情况时应考虑的信息包括以下各项：

——在安全策划过程期间所开展的危险源辨识和风险评价活动的结果；

——法律法规要求；

——组织以往事件（包括事故）和应急的经验；

——类似组织所发生的紧急情况；

——与监管机构或应急响应机构网站上所发布的事故和（或）事件调查相关的信息。

二、应急响应程序的建立与实施

应急响应应将重点集中在对人身伤害和健康损害的预防上，以及使对暴露于紧急状况下人员有害的安全后果最小化。

应建立响应紧急情况的程序，并考虑适用的法律法规和其他要求。

应急程序应清楚、简明，以便在紧急情况下易于使用。应急程序应该可以随时用于应急服务。由于电力故障时储存于电脑或者以其他电子方式储存的应急程序可能不易被获取，因此，应急程序的纸质副本需保存在易存取之处。

在建立应急响应程序时，应考虑是否存在以下各项和（或）其能力：

——危险材料储存的存货清单及位置；

——人员的数量和位置；

——可能影响安全的关键系统；

——应急培训的规定；

——探查和应急控制措施；

——医疗设备、急救包等；

——控制系统以及任何支持性二级或平行/多路控制系统；

——危险材料监视系统；

——火灾探测和灭火系统；

——应急电源；

——当地应急服务的可用性以及任何当前合适的应急响应安排的详情；

——法律法规和其他要求；

——以往应急响应经验。

当实验室确定应急响应需要外部服务（如危险材料处置专家、外部测试实验室等）时，应预先核准相关安排（以合同方式作好安排）。需特别注意的是人员配备水平、响应时间表和应急服务的局限。

应急响应程序应界定承担应急响应责任的人员，尤其是被指定承担提供立即响应责任的人员的作用、职责和权限。这些人员最好能参与应急程序的制定，以确保其能充分认识到可能需要其处理的紧急情况的类型和范围，以及所需的协调安排。建议向应急服务人员提供所需信息，以便于其参与响应活动。

应急响应程序应考虑以下各项：

——潜在的紧急情况和位置的识别；

——应急期间人员所采取行动的详情（包括现场外工作的人员、承包方人员和访问者所采取的行动）；

——疏散程序；

——应急期间具有特定响应责任和作用的人员的职责和权限（如消防监督员、急救人员和泄漏清理专家等）；

——与应急服务的接口和沟通；

——与员工（现场内和现场外的员工）、执法人员和其他相关方（如家庭、邻居、当地社区、媒体等）的沟通；

——开展应急响应所必要的信息（工厂布局图、应急响应设备的识别及位置、危险材料的识别及位置、公用设施的关闭位置、应急响应提供者的联络信息）。

三、评审和修订应急程序

实验室应定期评审其应急准备和响应程序。在诸如以下时机可执行该项要求：

——列入实验室确定的时间表中；

——管理评审期间；

——随着组织变更之后；

——作为变更管理、纠正措施或预防措施的结果；

——随着已激活应急响应程序的事件发生后；

——随着已识别出应急响应不足的演练或测试之后；

——随着法律法规要求变化之后；

——随着影响到应急响应的外部变化发生之后。

当对应急准备和响应程序作出变更时，这些变更应向受其影响的人员和职能进行沟通。与变更有关的培训需求也要进行评估。

【标准条款】

> **4.10.2 应急演练**
>
> 实验室应定期组织演练，并使用应急设备。
>
> 实验室应配备充足的应急设备，例如，报警系统，应急照明和动力，逃生工具，消防设备，急救设备，通讯设备，应急的隔离阀、开关和断流器等。
>
> 宜与应急服务机构保持定期联络，并告诉他们实验室内危险源的性质以及应急要求。如果可行，宜鼓励外部应急服务机构及相关方参与应急演练。

【理解与实施】

本条款要求实验室定期测试应急准备工作，并寻求对应急活动和程序的有效性加以改进。

应急程序应定期测试，以确保组织内外部的应急服务能够对紧急情况适当做出响应，以预防或减轻相关的安全后果。

在适当情况下，应急程序的测试建议包含外部应急服务提供者，以便建立有效的工作关系。这可以改善应急期间的沟通与协作。

应急演练可用于评估实验室的应急程序、设备和培训，也可提高对应急响应协议的整体意识。内部各方（如员工等）和外部各方（如消防人员等）均可包含在演练中，以提高对应急响应程序的意识和理解。

实验室应保持应急演练记录。所记录的信息种类包括：演练状况和范围的描述；事件和活动的时间线。

对任何显著成绩或问题的观察。建议与演练的策划者和参与者一起评审此方面的信息，以共享反馈和改进建议。

可行时，也就是如果实验室有能力做，应急响应程序应定期测试。

【应用案例 3-5】 实验室模拟火灾逃生预案演习方案（见图 3-3）

模拟火灾逃生预案演习方案

为了彻底执行公安部第 61 号令《机关、团体、企事业单位消防管理条例》，保障单位消防安全，提高全体人员意识和紧急应变能力，特执行模拟预案演习，并将具体方案制定如下：

一、指导思想以及目的

1. 指导思想

"隐患险于明火，防范胜于救灾，责任重于泰山"，近年来火灾事故不断，因此将消防工作规范化，创造良好的消防安全环境应作为本公司首要任务。根据国家公安部《机关、团体、企业、事业单位消防安全管理规定》第 61 号文的要求，贯彻"预防为主，防消结合"的方针，为加强防范，堵塞漏洞，消除火灾隐患，进一步提高员工防火意识和自防自救能力。

2. 目的

（1）通过火灾逃生演练，进一步提高员工消防意识，加强员工面对消防突发事件的自防自救及疏散能力，防止重、特大火灾发生，杜绝恶性火灾事故，减少一般火灾，为公司创造一个良好的工作环境。

（2）增强工作积极主动性，根据模拟火灾逃生演练取得的效果和经验，认真总结近来检验和及时妥善处置各类火险隐患的经验、教训，从思想、组织、配置、训练等方面做好充分准备，对各种火险力争早预测、早发现、早处理，把火险隐患消除在萌芽状态。

图 3-3 实验室模拟火灾逃生预案演习方案

（3）通过火灾逃生演练，加强消防宣传教育，提高员工的消防意识，公司各级领导要充分认识消防安全的重要性，对存在的火灾隐患保持清醒认识，明确消防管理职责，做好公司的消防安全工作，确保公司不出事、少出事。

二、组织结构及人员职责

1. 组织结构

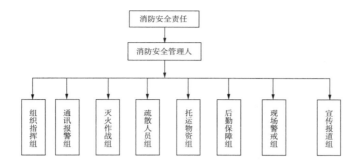

2. 职责与分工

消防安全责任人：×××

消防安全管理人：×××、×××，负责整个活动策划，现场具体指挥者；

（1）组织指挥组：

组长：×××（兼）

组员：×××、×××、×××、×××、×××、×××

（2）通讯报警组：

组长：×××

组员：×××、×××

（3）灭火行动组：

组长：×××

组员：×××、×××、×××、×××、×××、×××、×××、×××、×××、×××、×××、×××

（4）托运物资组：

组长：×××

组员：×××、×××、×××、×××、×××

（5）人员疏散搜救组：

组长：×××

组员：×××（负责经理室，人力资源与行政管理中心）

　　　×××（负责营销中心）

　　　×××（负责业务中心）

　　　×××（负责质量控制中心）

　　　×××（负责技术发展中心）

　　　×××（负责条保中心）

　　　×××（负责家电部）

　　　……

（6）后勤保障组：

组长：×××

组员：×××、×××、×××、×××、×××、×××、×××、×××

续图 3－3

（7）现场警戒组：

组长：×××

组员：×××、×××、×××、×××、×××、×××、×××、×××

（8）宣传报道组：

组长：×××（负责摄像）

组员：×××、×××、×××（照相及新闻报道）

3. 编组分工和主要任务

（1）组织指挥组：对模拟火灾逃生演练进行领导和指挥扑救工作，负责下达模拟火灾逃生演练中的各项行动命令。

（2）通讯联络组：根据指挥组开始模拟火灾逃生演练的指示，立即通过广播组织扑救。火势蔓延时，立即向警台（电话：119）报警：着火单位、着火部位、燃烧物质及火势大小、报警人姓名、报警电话。

（3）灭火作战组：对火灾进行扑救，接到或掌握通讯报警情况后，在组织指挥组的统一领导下，对火灾进行扑救。并在火灾扑救完毕后及时向指挥组报告。

（4）疏导人员组：迅速从安全通道疏导人员，力争把伤亡减少到最低。疏散完毕，清点人数，立即报告组织指挥组。

（5）托运物资组：一旦发生火灾，托运物资组在接到或掌握情况后，在组织指挥组的统一领导下，立即汇同灭火作战疏导人员组在扑救火灾的同时，迅速从安全通道将贵重疏散到安全地带，力争把损失减少到最低。

（6）后勤保障组：根据发生火灾情况，造成人员受伤，负责初期救治并视情况送往医院抢救，杜绝因抢救不及时造成受伤者死亡事件发生。

（7）现场警戒组：立即派人到各主要路口迎接消防车，疏通火灾现场道路，指挥消防车迅速到火灾现场。维持现场周边，限制各交通路口的车辆和人员的流量，保证救护车能顺利达到。并负责火灾现场附近人员、物资的安全，禁止非救援人员进入火灾现场。

（8）宣传报道组：负责整个演习过程宣传报道工作，并做文字图像资料的存档工作。

三、火灾逃生演练准备工作

（1）消防负责部门预定模拟火灾逃生演练方案并报安全负责人进行审批。

（2）演练前组织一次消防设施设备检查，确保各消防配置点的消防设备能正常使用。

（3）确定演习日期和时间，必须通知各单位和部门，提前三天向公司员工通知，所有参与演练的人员必须有组织地熟练所有的演练程序，避免发生慌乱，确保参加火灾逃生演练人员的人身绝对安全。

四、模拟火灾逃生演练过程

1. 报警程序（通讯报警组负责）

（1）发生火灾，立即通知组织指挥组（即消防安全责任人及消防管理人）

（2）根据指挥组的命令，用紧急广播通知需要疏散的部门或按警铃报警

（3）火势蔓延时，立即向火警台（电台：119）报警：着火单位、着火部位、燃烧物质及火势大小、报警人姓名、报警电话。

2. 现场指挥（组织指挥组负责）

（1）按计划迅速召集各部门及义务消防员尽快赶到火灾现场。

（2）发出疏散、扑救火灾、救人、现场警戒等指令。

3. 疏散抢救组（疏导人员组负责）

（1）负责引导人员向安全区疏散，然后检查是否有人留在着火房内；安置好从着火层疏散人。并安抚其情绪。

（2）疏散次序。先从着火房间开始，再到着火层以上各层。安抚着火层以上暂不需要疏散人群，使其不到处乱走。

（3）引导自救。组织员工引导人员沿着消防通道冲下烟雾下楼梯。派人带领不能从预定消防走火楼梯疏散的人员登上天台上风处等待营救，并清点人数，第一时间报告组织指挥组。

（4）在组织指挥组的统一领导下，立即汇同灭火作战组、疏导人员组在扑救火灾的同时，迅速从安全通道将贵重物质疏散到安全地带，力争将损失减少到最低。（由托运物质组负责）

续图 3-3

4. 组织灭火（灭火作战组及义务消防队员负责）

（1）启动消防灭火器，备足着火层以上各层的消防用水量，架设水带做好灭火准备。

（2）关闭防火分区的防火门。

（3）携带灭火工具到着火房间的相邻房间和上下层的房间通道，查明是否有火势蔓延的可能，并及时扑灭蔓延的火焰。

（4）针对不同的燃烧采用不同的灭火方法。

5. 安全警戒（现场警戒组）

（1）大楼外围警戒任务是清除路障，指导车辆离开现场，劝导过路行人及无关人员撤离现场，保证大楼外围道路畅通。

（2）立即派人到各主要的路口迎接消防车，疏通火灾现场道路，指挥消防车迅速到达火灾现场。

（3）着火层下一层的警戒任务是不准无关人员进入大楼，指挥疏散人员离开大楼，看管从着火层疏散下来的物件。

（4）防止有人趁火打劫，保护好消防设备指导疏散人员向下一层有序的撤离。

6. 医疗救护（后勤保障负责）

部分人员组成医疗救护小组，配备所需要的急救药品各器材，设立临时救护站。

五、应急措施

模拟火灾逃生演练的实施在公司消防负责总管理人统一领导在居安防火教育训练中心的具体指导下，在通讯报警组、组织指挥组、灭火作战组、疏导人员组、托运物质组、后勤保障组的分工配合下实施应急措施。

对发生的突发事件，组织指挥组快速反应，对员工采取及时疏散或紧急撤离措施，以控制事故的扩大。

六、协同作战

通讯报警组、灭火作战组、疏导人员组、托运物质组、后勤保障组在组织指挥组的统一领导下，实施灭火预案，各组人员必须严格按照分工进行作战加强情报信息，一旦发现突发事件和苗头，在组织实施中掌握好行动的进展情况，协同作战按照各组在预案中所处的位置，确保消防重点部门的安全。

七、总结模拟火灾逃生演练的效果

演练结束后，条保中心负责收集各部门的模拟演练反馈意见，并负责汇总演练记录，总结演练效果并进行评议；以上演练材料呈报消防负责部管理人审阅后存档。

演习当天各位员工应注意以下几点：

（1）应高度重视，严格执行，遵守纪律；

（2）不能大声喧哗，追逐、打闹；

（3）应服从指挥，秩序井然；

（4）演习中试验不中断，设备不停；

（5）各部门提前安排好工作；

（6）演习当天应穿宽松衣服，不宜穿高跟鞋。

续图 3－3

【标准条款】

> **4.10.3 应急响应**
>
> 实验室内发生火灾、爆炸、化学品泄漏、辐射、触电等紧急情况时应立即作出响应。实验室在策划应急响应时，应考虑相关方的需求。
>
> 应组织适合实验室需求的急救准备。
>
> 撤离时，安全监督人员宜注意其区域内员工和参观者的位置及移动方向。

【理解与实施】

本条款要求实验室内发生火灾、爆炸、化学品泄漏、辐射、触电等紧急情况时应立即作出响应。为了做好应急响应活动，实验室应配置适当的应急响应设备，并做好应急响应培训工作。

一、应急响应设备

实验室应确定和评审应急响应设备和材料需求。

实验室可能需要使用应急响应设备和材料在应急期间执行多种职能，例如，疏散、泄漏探测、灭火、化学/生物/辐射监视、通讯、隔离、阻遏、避难、个体防护、消毒、医疗评估和治疗等。

应急响应设备应可利用且足量，并储存在易获得的场所；应安全存放并加以防护，以免损坏。这些设备应定期检查和（或）测试，以确保在紧急状况下能够运行。

需特别注意用于保护应急响应人员的设备和材料。应告知每个人个体防护装置的局限性并训练其正确使用。

应急设备和供应品的类型、数量和储存地点建议作为应急程序评审和测试的一部分予以评估。

二、应急响应培训

应对人员就如何启动应急响应和疏散程序进行培训。

对于被指定承担应急响应责任的人员，组织应确定其所需要的培训，并确保其已得到了培训。应急响应人员应保持能力，并能够完成其被指派的活动。

当作出影响应急响应的修改时，应确定再培训或其他沟通的需求。

第十一节 改进、纠正措施、预防措施

【标准条款】

> **4.11 改进、纠正措施、预防措施**
>
> 实验室应建立、实施和保持程序，以处理实际和潜在的不符合，采取纠正措施和预防措施，程序应明确下述要求：
>
> a) 调查不符合，确定产生的原因，采取措施避免再发生；
>
> b) 评价预防不符合措施的需求，并实施适当措施，以避免不符合发生；
>
> c) 记录和沟通所采取的纠正措施和预防措施结果；
>
> d) 评审所采取纠正措施和预防措施的有效性。
>
> 如果在纠正措施或预防措施中识别出新的或变化的危险源，或者对新的或变化的控制措施的需求，则程序应要求对拟定的措施在其实施前先进行风险评价。
>
> 为消除实际和潜在不符合的原因而采取的任何纠正或预防措施，应与问题的严重性相适应，并与面临的安全风险相匹配。

【理解与实施】

为保持安全管理体系的持续有效性，组织应建立程序，用于对识别出的实际的和潜在的不符合予以纠正并采取纠正措施和预防措施，最好在问题发生前已得到预防。组织可针对纠正措施和预防措施分别建立单独的程序，也可针对二者共建一个程序。

纠正措施是指为消除已识别的不符合或事件的根本原因以防止再次发生而所采取的措施。

一旦识别了不符合，就应对其进行调查以确定其原因，以便使纠正措施能够针对体系的适当部分。

实验室应考虑需采取何种措施以处理问题，和（或）需做出何种改变以纠正这种状况。此类措施的响应和时间安排宜适合于不符合和安全风险的性质和规模。

预防措施是指为消除潜在不符合或潜在不期望状况的根本原因以防止其发生而所采取的措施。

当识别了潜在问题但未出现实际不符合时，应使用类似纠正措施的方法采取预防措施。潜在问题可使用诸如推断的方法来识别，如将实际的不符合纠正措施推断用于存在类似活动或危险源的其他适当区域。实验室应确保：

——如果确定了新的或变化的危险源，或者新的或变化的控制措施需求，所提出的纠正措施或预防措施均应在实施前进行风险评价；

——纠正措施和预防措施得以实施；

——对纠正措施和预防措施的结果予以记录和得到沟通；

——跟踪评审所采取措施的有效性。

第十二节　记录的控制

【标准条款】

> **4.12　记录的控制**
>
> 　　实验室应建立用于识别、检索、贮存、保护和处置记录的程序。
>
> 　　实验室应建立和保持必要的记录，用于证实符合安全管理体系要求和安全标准要求，以及所实现的结果。记录应字迹清楚、标识明确，并可追溯。
>
> 　　应采取预防措施以确保读写的材料不被玷污、损坏或丢失。
>
> 　　记录的存储区域应与使用有害材料或承担有害过程的区域隔离。
>
> 　　应规定记录的合适的保存期。

【理解与实施】

实验室应保持记录，以证实其安全管理体系正有效运行，其安全风险正得到管理。

可证实符合要求的记录包括：

——法律法规和其他要求的符合性评价记录；

——危险源辨识、风险评价和风险控制记录；

——安全绩效监视记录；

——用于监视安全绩效的设备校准和维护记录；

——纠正措施和预防措施记录；

——安全检查报告；

——支持能力评估的培训和相关记录；

——安全管理体系审核报告；

——参与和协商报告；

——事件报告；

——事件跟踪报告；

——安全会议纪要；

——健康监护报告；

——个人防护设备维护记录；

——应急响应演练报告；

——管理评审记录。

应保持记录和数据的完整性，以便于后续使用，例如，用于监视和评审活动；用于识别预防措施的变化趋势等。

在确定适宜的记录控制措施时，实验室应考虑任何适用的法律法规要求，保密问题（尤其与人员有关的保密问题），储存、获取、处置和备份的要求，以及电子记录的使用。

对于电子记录，应考虑使用防病毒系统和非现场的备份储存。

第十三节　内部审核

【标准条款】

> **4.13　内部审核**
>
> **4.13.1**　实验室应建立、实施和保持审核程序，以确定：
> a）关于策划和实施审核、报告审核结果的职责、能力和要求；
> b）审核准则、范围、频次和方法。
> 安全责任人负责策划和组织内部审核。审核人员的选择和审核的实施应确保审核过程客观性和公正性。

【理解与实施】

实验室可运用审核来评审和评估其安全管理体系的绩效和有效性。GB/T 19011 中所述的基本原理和方法也适用实验室安全管理体系审核。下面重点介绍一下安全管理体系审核活动中的一些特殊要求。

一、建立审核方案

审核方案应基于实验室活动的风险评价结果和以前的审核结果。风险评价的结果应用于指导实验室确定特定活动、区域或职能的审核频次，以及所需关注的管理体系部分。

安全管理体系审核应覆盖安全管理体系范围内的所有区域和活动，并评价其符合性。

安全管理体系审核的频次和覆盖范围与以下各方面有关：

——与不同安全管理体系要素的失效相关的风险；

——可获得的关于安全管理体系绩效的数据；

——管理评审的输出；

——安全管理体系或实验室的活动易受变化影响的程度。

二、额外的内部审核

安全管理体系审核应依据审核方案进行。在下列情况下，实验室应考虑增加额外的审核：

——危险源或风险评价发生变化时；

——以前的审核结果表明需要时；

——取决于事件的类型或事件频次的增长；

——情况表明必要时。

三、审核员的选择

审核员应熟悉其所审核区域的安全危险源和风险，以及所适用的法律法规或其他要求。他们需具备相关审核准则及所审核活动的经验和知识，以使其能够评估绩效和确定不足。

四、开展文件评审

在开展审核前，审核员应评审适当的安全管理体系文件和记录以及以前的审核结果。在制定审核计划时，实验室须考虑这些信息。

可评审的文件包括：

——作用、职责和权限方面的信息（如组织结构图）；

——安全方针；

——安全目标和方案；

——安全管理体系审核程序；

——安全程序和作业指导书；

——危险源辨识、风险评价和风险控制结果；

——适用的法律法规和其他要求；

——事件、不符合和纠正措施报告。

五、审核前的准备

确定合适的工作场所安全规则是该过程的一个重要组成部分。在某些情况下，可能还需对审核员开展额外的培训和（或）要求其遵守附加的要求（如：穿戴专业的个体防护装备）。

【标准条款】

> 4.13.2　实验室应确保按计划时间间隔对安全管理体系进行内部审核，以便：
>
> a）确定安全管理体系是否：
>
> 1）符合对安全管理的策划安排和本标准的要求；
>
> 2）得到正确实施和保持；
>
> 3）有效满足方针和目标。
>
> b）向管理者报告审核结果的信息。
>
> 实验室应基于风险评价结果和以往的审核结果，策划、制定、实施和保持审核方案。

【理解与实施】

实验室应确保按计划时间间隔对安全管理体系进行内部审核。审核应确保对重要活动的代表性样本进行审核，并与相关人员进行面谈。这可能包括与诸如工作人员个人、员工代表和相关外部人员（如承包方等）等人员的访谈。

安全管理体系审核的结果应尽快与所有相关方进行沟通，以使纠正措施得到实施。

【标准条款】

> **4.13.3** 当审核中发现存在重大安全隐患的状况，应立即采取纠正措施。应验证和记录纠正措施的实施情况及有效性。

【理解与实施】

如果审核期间所收集到的证据表明，需对某项紧急风险采取立即措施，则应毫不拖延地予以报告。并应及时验证和记录纠正措施的实施情况及有效性。

【标准条款】

> **4.13.4** 内审的记录应予以保存。

【理解与实施】

本条款要求保存内审活动实施过程的有关记录，内审的记录通常包括：审核方案、审核计划、检查表、审核报告包括不符合项报告及其纠正措施等。内审记录的保存期限通常不应少于1年。

内审记录控制的具体要求参见本书第十二节"记录的控制"。

第十四节 管理评审

【标准条款】

> **4.14 管理评审**
>
> 最高管理者应按计划的时间间隔对安全管理体系及其活动进行评审，确保其持续适宜性、充分性和有效性。评审应包括评价改进机会和对安全管理体系进行修改的需求，包括安全方针、目标的修改，应保存管理评审记录。
>
> 管理评审的输入应包括：
> a) 内部审核和外部审核的结果；
> b) 参与和协商结果；
> c) 来自外部相关方的相关沟通信息；
> d) 实验室的安全绩效；
> e) 安全事件统计；
> f) 安全目标的实现程度；
> g) 不符合控制、纠正措施和预防措施的状况；
> h) 以往管理评审的后续纠正措施；

i）安全检查报告和应急情况报告（包括安全演练）；

j）对有关安全法律法规的适用性和遵守情况的定期评价结果；

k）危险源辨识、风险评价和风险控制的情况报告；

l）改进建议。

管理评审的输出应符合实验室持续改进的承诺，并包括与以下更改有关的决策和措施：

a）安全绩效；

b）安全方针和目标；

c）资源；

d）其他安全管理体系要素。

管理评审的相关输出应可用于沟通和协商。

【理解与实施】

管理评审应重点关注关于以下方面的安全管理体系总体绩效：

——适宜性（有赖于实验室的规模、风险的性质等，体系是否适合于组织）；

——充分性（体系是否充分针对实验室的安全方针和目标）；

——有效性（体系是否正在实现所预期的结果）。

最高管理者应定期（如每季度、每半年、每年度）开展管理评审，可以会议或其他沟通方式进行。

适当时，安全管理体系绩效的部分管理评审可更频繁地开展。不同的评审可针对总体管理评审的不同要素。

最高管理者中的被任命者有责任确保有关安全管理体系总体绩效的报告被提交给最高管理者，以供其评审。

在策划管理评审时，应考虑以下方面：

——所针对的主题；

——为确保评审的有效性而需谁参与（最高管理者、管理者、安全专家、其他人员）；

——在评审方面参与者个人的职责；

——提交评审的信息；

——如何记录评审。

涉及组织的安全绩效，以及表明防止伤害和健康损害的方针承诺所获进展的证据，可考虑下列输入：

——内部审核和外部审核（比如第二、第三方审核）的结果；

——应急情况（实际的或演练的）的报告；

——员工满意度调查、投诉等；

——事件统计；

——执法检查结果；

——安全目标的实现程度；

——监视和测量的结果和（或）建议；

——承包方的安全绩效；

——所供应的产品和服务的安全绩效；

——法律法规和其他要求变化的信息。

除标准条款 4.14 要求的管理评审特定输入外，也可考虑下列输入：

——管理者个人关于体系局部有效性的报告；

——持续进行的危险源辨识、风险评价和风险控制过程的报告；

——安全培训计划的完成进展。

除标准条款 4.14 要求的输出外，也应考虑下列问题的详情：

——当前危险源辨识、风险评价和风险控制过程的适宜性、充分性和有效性；

——当前的风险水平和现有控制措施的有效性；

——资源的充分性（财力、人力、物力）；

——应急准备的状况；

——对法规和技术可预见变化的影响评价。

依据评审中形成一致的决定和措施，应考虑评审结果的沟通的性质和类型以及沟通的对象。

第四章 安全技术要求

本章介绍实验室安全管理的技术性要求。

本章共分六节对应本标准条款5.1～5.6，从危险源辨识、风险评价和风险控制、人员要求、设施和环境、设备要求、检测方法、物料要求等方面对本标准第5章内容进行解释并附上案例详细说明。检测活动同时又是一项具专业特殊性的高技术性活动，技术要求渗透在实验室各项活动中。因此，为满足实验室安全管理的要求，检测实验室除建立完善的安全管理体系外，还需满足相关技术性要求。

为方便检测实验室使用及与GB/T 27025对应，本章归纳为危险源辨识、风险评价和风险控制；人员；设施和环境；设备；检测方法；物料六要素，即分别在各节阐述。

第一节危险源辨识和风险评价除了对标准要求内容的理解与实施的释义外，开发并具体介绍了一整套适用于检测实验室的危险源辨识和风险评价方法，并应用该方法结合实际产品的检测项目举例说明如何开展危险源辨识和风险评价及风险控制措施应用。第二节～第六节则分别解释标准相关要求，并列举大量案例进行说明，并带出涉及的法规、标准要求，内容涉及安全意识、能力和资格、培训，实验室建筑设计和结构布局、接触限值、消防、通风、电气要求、防雷、安防、标志、设施和设备、安全操作、物品管理、废弃物处理等。本章大量引用了涉及安全法规、标准，并介绍其内容，列举大量的检测实验室运作实践的相关案例来说明。与安全相关的如消防、建筑设计、安防等具体要求渗透在相关条款的理解与实施内容中。电气要求、接触限值、机械设备、化学品管理等，在本章提及通用要求，同时又与GB/T 27476的其他分标准相呼应。

第一节 危险源辨识、风险评价和风险控制

【标准条款】

> **5 安全技术要求**
>
> **5.1 危险源辨识和风险评价**
>
> **5.1.1 总则**
>
> 　实验室应建立、实施和保持程序，以持续进行危险源辨识、风险评价和确定必要的控制措施。应对实验室的所有工作进行危险源辨识和风险评价。在确定控制措施时，应考虑评价的结果。
>
> 　危险源辨识、风险评价和确定的控制措施应形成文件，并及时更新。
>
> 　应定期评价适用法律法规和其他要求的遵守情况。

【理解与实施】

一、危险源辨识和风险评价总体要求

风险管理是实验室安全管理的核心和基础，是实验室安全管理体系的重要组成部分。

为帮助组织进行有效的风险管理，国际标准化组织（ISO）于2009年11月18日发布了ISO 31000：2009《风险管理 原则和指南》。该标准为各种类型和规模的组织提供了风险管理所需的原则、框架以及过程，并且使组织能以明确的、系统的、可信的方式，应用在组织的各个范围和利益关系中。ISO 31000类似于ISO 9000和ISO 14000标准，它将对ISO和IEC的所有其他标准起指导作用并取代全球所有国家的风险管理标准。本标准结合实验室管理的特点，将风险管理的要求和理念融入安全管理要求和安全技术要求，以便于实验室理解和实施，从实验室人员、设备、环境与设施、物料、操作等方面提出具体安全技术要求，是特别适用于检测实验室的安全标准，本标准的起草也符合ISO 31000的风险管理理念。

危险源可能导致人身伤害和（或）健康损害，因此，应先识别危险源的存在并确定其特性，对已识别的危险源评估其风险等级，如果对危险源的现有控制措施不充分或未采取控制措施，宜按控制措施的有效性顺序选择和实施最有效的控制措施。风险控制的目的是确定将风险降至可容许程度，可容许风险是指经过实验室的努力将原来危害程度较大的风险变成危害程度较小的、可以被接受的风险。

实验室应建立、实施和保持危险源辨识、风险评价和风险控制程序，以持续进行危险源辨识、风险评价和实施必要的控制措施。危险源辨识、风险评价和风险控制程序至少应考虑以下，并形成单个或若干个文件形式规定的程序：

——危险源；

——风险评价；

——控制措施；

——变更管理；

——文件；

——持续评审。

实验室应对其工作范围内的所有工作，包括所有试验项目、工作场所、设备、基础设施、公共区域等进行危险源辨识和风险评价，提出风险控制措施。确定控制措施时，应考虑风险评价的结果，采取有针对性的风险控制措施。风险评价的结果使得实验室对降低风险的可选方案加以比较和选择，实施最有效、合理的资源配置管理解决方案。

实验室宜将危险源辨识、风险评价和确定的控制措施的结果形成文件并予以保存，以便于审查。宜记录和保存的信息包括以下几类：

——辨识的危险源清单；

——与已辨识的危险源相关的风险的确定；

——与危险源相关的风险水平的标示；

——控制风险所采取措施的描述或引用；

——实施控制措施的能力要求的确定。

现有的控制措施宜明确形成文件，以便在后续评审时评价依据依然清晰。危险源辨识、风险评价和确定控制措施的输出也可用于建立和实施职业健康安全管理体系的全过程。

实验室应实施变更管理，在人员、工作流程、设备、材料、方法、环境、实验室结构功能、法律法规等发生变化，以及发生安全事件后重新进行危险源辨识和风险评价，及时更新相关文件。

国家安全法律法规和其他要求是实验室危险源辨识和风险评价的主要依据之一。为进行危险源辨识和风险评价工作，实验室需要收集并研究安全相关的国家法律法规和标准及其他要求，及时更新、并定期评价遵守情况。可参考本书附录与安全相关的主要法律法规和标准。

危险源辨识和风险评价的方法和工具很多，每一种方法/工具都有其特点和目的性，也有其适用范围和各自的局限性。实验室宜根据其管理和运行特点，开发或选择适用于其范围、性质和规模的危险源辨识和风险评价的方法，且能在其可靠数据的详尽性、复杂性、及时性、成本和可利用性方面满足其要求。通过研究检测实验室活动特点，并应用职业健康安全管理体系思想，本节将介绍我们开发的适用于检测实验室的危险源辨识和风险评价的方法。

二、危险源辨识和风险评价过程

危险源辨识和风险评价过程如图 4 - 1。

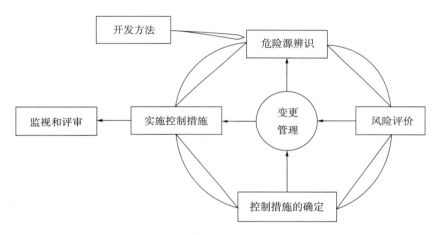

图 4 - 1 危险源辨识和风险评价过程

危险源辨识和风险评价的步骤如下：

第一步：评价单元的确定

实验室宜根据检测实验室的专业分工、实验室设立、区域划分管理特点和运作惯例等，按照检测产品或项目、区域场所或管理类别确定评价单元。

第二步：危险源辨识

采用系统识别危险源的方法，如 JHA、SCL 方法等，从人员、设备、物品、检测方法及环境和设施等方面对评价单元进行危险源辨识。

第三步：风险评价

采用合适的风险评价工具（比如风险矩阵），对已经识别的危险源所带来的风险进行评价分级，确定其大小或严重程序，再综合根据法律法规、标准、行业等安全要求，将风险与安全要求进行比较，判断其是否可接受。其目的是对风险进行筛选，对危险的重要性进行排序和分配资源，以便根据评价结果，采取有针对性的风险控制措施，将风险减低和减少到实验室可容许的程度。

第四步：控制措施的确定

采取消除、替代、隔离、工程控制、管理控制、采用 PPE 的优先顺序，在风险评价的基础上，根据评价结果有针对性的进行风险控制。目的是确定将风险降至可容许程度。

对制定的风险控制措施在实施前应予以评审。

第五步：实施控制措施

对制定的风险控制措施予以实施，并评价控制措施的有效性。

第六步：风险的复查

实验室应以一定时间间隔，对已经识别的风险进行复查和评审，以确保危险源辨识和风险评价持续进行。如有变更的情况，应重新进行危险源辨识和风险评价全过程。

第七步：变更管理

对于可能影响安全危险源和风险的任何变更，实验室应予以管理，重新进行危险源辨识和风险评价全过程，确保引起的新风险或变化的风险为可接受风险。

三、合规性评价

危险源辨识和风险评价的目的是为了使得实验室的运作符合相关法律法规的规定，减少安全事故、人员伤害和损害健康，使得实验室的工作设计是高效的、有效的和安全的。

国家安全法律法规和其他要求是实验室危险源辨识的主要依据之一，也是衡量实验室安全绩效的依据。遵守法规和其他要求是安全方针中的正式承诺，也是实验室安全管理体系管理的重点。实验室应主动收集、研究、遵循、并及时更新安全相关的国家法律法规和其他要求，并定期评价实验室对适用的法律法规和其他要求的遵守情况。实验室应建立获取法律法规和其他要求的信息渠道。实验室应认识和了解其活动将如何受到适用法律法规的其他要求的影响，并就此信息与有关员工进行沟通。

【标准条款】

5.1.2　危险源辨识

应系统识别实验室活动所有阶段可预见的危险源，应识别所有与各类任务相关的可预见的危险，如机械、电气、高低温、火灾爆炸、噪声、振动、呼吸危害、毒物、辐射、化学等危险；或与任务不直接相关的可预见的危险，如实验室突然停电、停水，地震、水灾、台风等特殊状态下的安全。

进行危险源辨识时，宜根据检测实验室的专业分工、实验室设立、区域划分管理特点和运作惯例，可按照检测产品或项目以及按区域场所/管理类别识别评价单元，以方便识别危险源和评价风险。

危险源识别宜采用系统识别危险源的方法，宜从人员、设备、物品、检测方法及环境和设施等方面对评价单元进行危险源辨识。

【理解与实施】

一、危险源辨识的概述

危险源指可能导致人身伤害和（或）健康损害的根源、状态或行为，或其组合。危险源是一种潜在的伤害源或一种潜在的导致伤害的情形，也是一种潜在的伤害能量源，可导致伤害或损害健康的潜在的任何事物或任何条件，对危险源应加以识别并确定其特性。

危险源辨识是风险评价中最重要的一步，只有危险源被正确识别后，才有可能采取行动，减小与之有关的风险。危险源辨识的目标是形成一份危险、危险状态和危险事件的列表，描述危险状态可能在何时以及以何种方式导致伤害的事故场景。

实验室应系统识别实验室活动中的所有可预见的危险源，包括与任务直接相关的和不直接相关的危险。与任务直接相关的危险，如机械危害、电气危害、热危害（包括高温、低温）、火灾、爆炸、噪声危害、振动、呼吸危害、毒物、辐射、化学危害、环境污染、人类工效学方面等危险；与任务不直接相关的危险，如实验室突然停电、停水、地震、雷电、台风等突发事件或灾害带来的危险。

实验室应系统识别其活动过程中所有阶段、所有场所的危险源。如设施和设备的采购、安装、调试、使用、维护、报废等各个阶段；危险物品的购买、储存、使用、废弃处理各阶段；检验样品的接收、搬运、储存、备样、安装（或预处理）、接线、运行、测试、后处理等各阶段。场所如办公区域、客户服务区域、仓库、试验室、发电房、配电房、气瓶间、公共区域、某些危险区域等各场所，以及环境、防雷、消防、电气、建筑、防爆、化学品管理等专项管理等。

危险源辨识过程中，需考虑的信息和输入包括：

——安全法律法规和其他要求；

——安全方针；

——职业暴露和健康评价；

——以往发生的事件和报告；

——审核、评价和评审的报告；

——员工和其他相关方沟通、参与和协商的结果；

——其他管理体系的信息；

——评审和改进信息；

——其他类似组织的相关信息，如典型危险源及以往事件报告等；

——实验室运行有关资料和信息等。

二、危险源的分类

根据不同的侧重点，危险源的分类见表4-1。

表4-1 各种危险源分类法

安全科学理论	（1）第一类危险源；（2）第二类危险源
GB/T 13861—2009	（1）人的因素；（2）物的因素；（3）环境因素；（4）管理因素
GB 6441—1998	（1）物体打击；（2）车辆伤害；（3）机械伤害；（4）起重伤害；（5）触电；（6）淹溺；（7）灼烫；（8）火灾；（9）意外坠落；（10）坍塌；（11）透水；（12）放炮；（13）火药爆炸；（14）化学性爆炸；（15）物理性爆炸；（16）中毒和窒息；（17）其他伤害
AS/NZS 2243系列标准	（1）电气类；（2）机械类；（3）非电离辐射类；（4）电离辐射类；（5）微生物类；（6）化学类

1. 安全科学理论对危险源的分类

根据危险源在事故发生发展过程中的作用，安全科学理论把危险源分为两大类。

（1）第一类危险源

生产过程中存在的，可能发生意外释放的能量（能源或能量载体）或危险物质称作第一类危险源。为了防止第一类危险源导致事故，必须采取措施约束、限制能量或危险物质，控制危险源。

（2）第二类危险源

导致能量或危险物质约束或限制措施破坏或失效的各种因素称作第二类危险源。第二类危险源主要包括物的故障、人的失误和环境因素（环境因素引起物的故障和人的失误）。

第一类危险源是伤亡事故发生的能量主体，决定事故发生的严重程度；第二类危险源是第一类危险源造成事故的必要条件，决定事故发生的可能性。第一类危险源的存在是第二类危险源出现的前提，第二类危险源的出现是第一类危险源导致事故的必要条件。

2. GB/T 13861—2009 对危险源的分类

GB/T 13861—2009《生产过程危险和有害因素分类与代码》是按可能导致生产过程中危险和有害因素的性质进行分类，共分为四大类："人的因素""物的因素""环境因素"和"管理因素"，见表 4-2。人的因素指在生产活动中，来自人员自身或人为性质的危险和有害因素。物的因素指机械、设备、设施、材料等方面存在的危险和有害因素。环境因素指生产作业环境中的危险和有害因素。管理因素指管理和管理责任缺失所导致的危险和有害因素。

表 4-2　GB/T 13861—2009 生产过程危险和有害因素分类

序号	分类	有害因素细分中类
1	人的因素	• 心理、生理性危险和有害因素，如负荷超限、健康状况异常、从事禁忌作业、心理异常、辨识功能缺陷及其他心理、生理性危险和有害因素； • 行为性危险和有害因素，如错误指挥、操作错误、监护失误和其他行为性危险和有害因素
2	物的因素	• 物理性危险和有害因素，如设备、设施、工具、附件缺陷，以及防护缺陷、电伤害、噪声、振动危害、电离辐射、非电离辐射、运动物伤害、明火、高温物质、低温物质、信号缺陷、标志缺陷、有害光照及其他物理性危险和有害因素； • 化学性危险和有害因素，如爆炸品、压缩气体和液化液体、易燃液体、易燃固体、自燃物品和遇温易燃物品；氧化剂和有机过氧化物、有毒品、放射性物品、腐蚀品、粉尘和气溶胶及其他化学性危险和有害因素； • 生物性危险和有害因素，如致病微生物、传染病媒介物、致病动物、致病植物及其他生物性危险和有害因素
3	环境因素	• 室内作业场所环境不良，如地面滑、场所狭窄、地面不平、梯架缺陷；地面、墙和天花开口缺陷；基础下沉、安全通道缺陷；安全出口缺陷；采光照明不良；作业场所空气不良；室内温度、湿度、气压不适；给、排水不良；室内涌水及其他室内作业场所环境不良； • 室外作业环境不良； • 地下（含水下）作业场所环境不良

表 4－2（续）

序号	分类	有害因素细分中类
4	管理因素	• 职业安全卫生组织机构不健全； • 职业安全卫生责任制未落实； • 职业安全卫生管理规章制度不完善； • 职业安全卫生投入不足； • 职业健康管理不完善等

三、资料和信息的收集

国家安全相关法律法规和其他要求是危险源辨识和风险评价最基本的依据，实验室要注重法律法规和其他要求的收集与适用性研究。同时，重点收集实验室运行有关的各种资料和数据，包括如下涉及到检测过程、设备管理、安全、职业危害、消防、技术监测和环境等方面内容。

（1）检测过程方法：检测作业指导书、操作规程等，包括从样品的接受、贮存、备样至检测活动完成及检后样品的处理整个检测过程的说明文件。

（2）样品及消耗材料，特别是化学品：

——样品及其检测量，消耗材料及用量；

——样品处理和消耗材料的说明；

——样品和消耗材料和废物的安全、卫生及环保数据；

——规定的极限值和（或）允许的极限值。

（3）实验室周边环境和结构情况，包括区域图和实验室平面布置图等。

（4）设备相关资料：

——建筑和设备平面布置图；

——设备明细表；

——设备功能说明、大机组监控系统、设备厂家提供的图。

（5）管道资料：

——管道说明书、配管图；

——管道检测相关数据报告。

（6）公用基础设施工程系统：

——公用设施说明书；

——消防布置图及消防设施配备和设计应急能力说明；

——系统可靠性设计、通风可靠性设计、安全系统设计资料；

——通信系统资料。

（7）事故应急救援预案：

——事故应急救援预案；

——事故应急救援预案演练计划。

（8）规章制度：

——内部规章、制度、检查表；

——有关实验室安全生产经验；

——维修操作规程；

——已有的安全研究、事故统计和事故报告。

（9）相关的监测报告。

四、评价单元的划分

检测实验室基本以检测的产品或项目的标准或检测方法为活动的基本单元，但不同的检测实验室对产品或专业的分工、试验室的设立、区域的划分有自己的管理特点和习惯。根据检测实验室的管理特点和习惯，将评价单元定义成两种类型。

（1）按检测的产品或项目归类评价单元

一般情况下，检测实验室内部可能设置若干产品或专业试验室，一个产品或专业试验室负责若干产品或项目的检测。为提高检测效率和设备的利用率，可能专门设置通用项目的试验室。通用项目试验室负责标准中的若干通用项目的检测，如电气产品检测的噪声、振动、湿热环境等。无论是产品试验室还是通用试验室都称为"专业试验室单元"。

（2）按区域场所/管理类别归类评价单元

检测实验室除专业试验室外，还有公共和基础设施的场所，如配电房、化学品储存间、压缩气站、样品仓库、办公区和客户接待区等，定义为场所或区域。从安全管理角度考虑，还涉及整个检测实验室的用电安全、消防、化学品管理、环境排放和废弃物管理、应急系统等专项综合管理类别。这里定义为"基础设施/公共区域/专项管理单元"。

以上两种类型的评价单元，即专业试验室单元和区域/专项管理单元。为便于区分和说明，这里的"检测实验室"指独立的检测机构，以"试验室"表示在检测机构内部设立的产品或专业试验室。

为方便确定评价单元，定义以下专业试验室产品组和通用项目。

产品组：专业试验室负责检测的产品，比如家用电器产品，专业试验室可能分工负责若干标准的检测，但标准之间有内在关系，典型的为家用电器的通用安全要求和特殊要求。对这类产品定义为产品组。又如电机产品，不同类型或用途的电机有不同的标准，但从检测角度看，不同标准所使用的检测方法标准是共同的，也可以将它们归纳为产品组。

通用项目：在电器检测实验室中，有一部分项目有具体的检测方法标准，这些项目通常被产品标准重复引用。比如环境适应性检测的 SO_2、荧光紫外线、太阳辐射、霉菌、氧弹、高温、低温、湿热、盐雾、机械振动、冲击、碰撞、尘密、跌落、噪声、振动等项目。另外，电气安全标准的一些项目，如防触电、机械强度、耐久性、稳定性、电气强度、泄漏电流、接地电阻、耐热、耐燃、耐漏电起痕等项目，通常是安全标准的常规项目，在检测方法上也没有明显的差别。上述两种类型项目都定义为通用项目。

专业试验室评价单元的识别确定分以下三个步骤：

第一步：界定专业试验室的检测标准/产品或产品组

按照检测实验室的内部分工，列出该专业试验室负责检测的所有标准/产品，确定该专业试验室评价单元所包含的对象。

第二步：分解检测项目，确定需要进行危险源识别的项目

试验室对第一步界定的标准进行检测项目分解和识别，对系列（或产品组）标准，可

仅对母标准（如家用电器的 GB 4706.1）进行全项目分解，对子标准可仅将与母标准要求不同的特殊项目识别出来。

第三步：确定专业试验室评价单元的项目

在第一步和第二步的基础上，对常规、简单、安全要求明确的项目，专业检测人员只要按照安全作业指导书的规定执行，其风险基本就可以忽略。对"同类项"进行适当的合并，将可以使用同类设备仪器、设施，且在一个检测过程中可以同时完成的项目归类为一个项目。最后，输出专业试验室评价单元的危险源识别和风险评价单元检测汇总表等。

（1）识别和确定检测单元时，需要特别关注高度危险操作的项目，如：

——操作设备和机器，包括可能造成严重危险的加工机械，如链锯、火矩和电锯；

——操作或靠近有毒或腐蚀性物质；

——使用具有暴露、破裂、释放高能量碎片、大量有毒或对环境有害物质的仪器；

——登塔或高梯；

——操作裸露的额定电压交流超过 50V 或直流超过 120V 的电气或电子系统；

——高等级放射性核素下工作；

——操作 3 类或 4 类的激光；

——在非大气压的环境下操作；

——其他被法规管制的操作。

（2）基础设施/公共区域/专项管理单元的识别，特别需要关注的危险区域，如：

——易燃液体的储存、重包装或分发区；

——化学品储存室；

——易燃气体或有毒气体；

——通用储存、设备储存和清洁用品区；

——放射性同位素储存或制作区；

——机械设备区、维修区和设施、锅炉房、电房、空气处理设备、发电机房和电池室；

——耐久性试验间；

——穿越超过一个楼层的竖井、导管、管槽区；

——穿过防火墙的水平暗线、隐蔽布线区；

——使用致病试剂的实验室；

——低于地面或没窗的实验室；

——特别危险的实验室，如氢化、爆炸性物质；

——具有放射性发生设备的实验室，如 X-射线管；

——其他法规要求的实验室。

其他公共区域也需要识别，如办公区域、客户服务区、样品仓库等。

对涉及检测实验室内跨部门/试验室/区域的安全专项管理工作，如化学品管理、用电安全、消防等，识别并确定专项管理的评价单元。

【应用案例 4-1】

电池实验室负责原电池、二次电池和铅酸电池的检测。以 GB/T 28164—2011/IEC 62133：2002《含碱性或其他非酸性电解质的蓄电池和蓄电池组 便携式密封蓄电池和蓄电池组的安全性要求》作为评价单元，锂系列蓄电池检测项目识别见表 4-3。

表 4－3　锂系列蓄电池检测项目识别

序号	项目	检测方法简要说明	是否需要工作危险分析	备注
1	安全性通用要求	绝缘和配线、泄气、温度/电流管理、极端触点、电池组的组装、质量计划	否	运行控制文件
2	连续低倍率充电（电芯）	充满电的单体电池以制造商规定电流连续充电 28d	否	运行控制文件
3	振动（电芯、电池）	按序对电池进行三个相互垂直的方向振动试验（振幅 0.76mm，频率变化速率 1Hz/min，90min±5min）	是。可能泄漏、起火、爆炸；噪声危害	
4	模制壳体承受高温的能力（电池）	充满电的电池组在 70℃±2℃ 环境中保持 7h 后	是。可能泄漏、起火、爆炸	
5	温度循环（电芯、电池）	电池组反复暴露在低温和高温环境下（75℃～－20℃～－20℃～20℃）	是。可能起火、爆炸、泄漏	
6	外部短路（电芯、电池）	两组经受不同环境温度的电池组（20℃±5℃，55℃±5℃），用不高于 100mΩ 的电阻短路	是。可能起火、爆炸、漏液	
7	自由跌落（电芯、电池）	充满电的电池从 1m 高度的位置自由跌落到混凝土地面	是。可能起火、爆炸、泄漏	
8	机械冲击（电芯、电池）	固定充满电的电池，其在 3 个相互垂直方向上承受一次等值的冲击（最小平均加速度 $75g_n$，峰值 $125～175g_n$）	是。可能起火、爆炸、泄漏	
9	热滥用（电芯）	充满电的电池在恒温箱中，箱体以 5℃/min±2℃/min 速率升到 130℃±2℃，保持 10min	是。可能起火、爆炸、漏液	
10	电池挤压（电芯）	充满电的电池在两个平面经受挤压（13kN±1kN）	是。可能漏液、起火、爆炸	
11	低气压（电芯）	充满电的电池搁置在真空箱中（内部压力不高于 11.6kPa，保持 6h）	是。可能起火、爆炸、泄漏	
12	过充电（电芯）	放电，再以 $2.5C_5/I_{rec}$ h 充电	是。可能起火、爆炸、漏液；热烫伤	
13	强制放电（电芯）	放电态的蓄电池以 $1I_t$ A 反向充电 90min	是。可能起火、爆炸、漏液	
14	防高充电率充电保护（电芯）	放电，以 3 倍充电电流充电	是。可能起火、爆炸、漏液	

识别每一个检测项目，确定是否需要开展工作危险分析。对常规、简单、安全要求明确的项目，只需按照安全作业指导书的规定执行，其风险基本就可以忽略，安全作业指导书应包含该项目的内容，否则应修订安全作业指导书。此过程中，也可以对类似项目进行适当合并如可将使用同类设备仪器、设施，且在一个检测过程中可同时完成的项目归类为一个项目，最后，形成该评价单元的项目汇总表。

五、危险源识别

检测实验室的危险源辨识宜从人、机、料、法、环五个方面进行识别。

危险源辨识宜由在相关危险源辨识方法和技术以及适当工作活动知识方面有能力胜任的人员来实施。

（一）人是安全行为的主体，也是安全工作的关键

危险源辨识宜考虑进入工作场所的所有人员，包括实验室人员和外来人员，外来人员包括维护人员、分包方、参观者和其他被授权进入的人员，如学生、清洁工、保安人员等。应考虑他们：

——因其活动所产生的危险源和风险；

——因使用其所提供的产品或服务而产生的危险源；

——其对工作场所的熟悉程度；

——人的不安全行为。

人的因素从以下几方面加以考虑：

（1）人的心理、生理性危险，如负荷超限（压力、疲劳）、健康状况异常、从事禁忌作业、心理异常（知觉、注意力）、辨识功能缺陷等；

人的健康状况应与岗位要求相适应。对于自身身体状况，可能影响其在实验室安全工作的能力或可能增加危险性的人员，宜告知相关人员。对于自身的经验不足的，应安排监督人员。

（2）人的行为性危险和有害因素，如错误指挥、操作错误、监护失误、安全意识缺乏、安全知识匮乏、能力不足等。

人的不安全行为有如下情形：

——实验操作不规范、违章操作或粗心；

——有毒试剂、易燃易爆试剂未在通风柜中操作；

——易燃易爆气瓶操作不规范；

——残余有机试剂乱放；

——不了解的反应及操作；

——缺乏安全意识；

——使用不安全设备；

——实验操作意外断水断电；

——知觉能力缺陷，判断失误；

——防护不当，或防护距离不够；

——安全制度不健全；

——安全教育不够。

——其他。

（二）危险源辨识时，宜从设备方面进行识别

（1）设备、设施可能造成的电危害、噪声危害、振动危害、电磁辐射危害、电气危害、机械伤害、热危害等，以及与装配、试运行、操作、维护、修理和拆卸有关的装置、设备的危险源；

（2）设备、设施可能发生紧急情况的状况；

（3）安全设备的使用不当或防护不够等。

设备的危害举例如下：

——设备、设施缺陷，如稳定性差、外露运动部件等；

——防护缺陷，如设备无防护、防护装置缺陷等；

——电危害，如带电部件裸露、漏电、静电等；

——设备产生的噪声，如机械噪声、电磁噪声等；

——振动危害，如机械振动、电磁振动等；

——电气危险，如短路、接触不良、断路、绝缘不良、过载、散热失效等；

——机械危险，如机械故障、机械挤压、失控、甩脱等；

——设备信号故障等；

——焊接、切割产生明火、表面过烫等。

（三）危险源辨识宜从物的因素考虑

（1）样品。在备样、安装、运行、测试、后处理等过程由样品引起的危害；

（2）实验室的高温物质、低温物质；

（3）化学性危险物质。如易燃易爆物质、自燃性物质、有毒物质、腐蚀性物质、化学试剂的混放反应、可伤害眼睛的物质、通过皮肤接触和吸收而造成伤害的物质等；

（4）生物性危害。如致病微生物、传染病微生物、传染性媒介物、致病动植物等。

（5）实验室废弃物的处理。

（四）危险源辨识宜从管理因素加以考虑

（1）安全组织结构不健全；

（2）安全责任制未落实；

（3）安全管理规章制度不完善；

（4）安全设备、安全设施功能和数量不满足安全需求；

（5）提供的安全教育和安全培训不够等。

安全管理应确保人员清楚了解所从事工作可能遇到的危险，包括：危险源的种类和性质；工作时用到的材料和设备的危险特性；可能导致的危害；应采取的防护措施；紧急情况下的应急措施等。

（五）危险源辨识宜从环境因素加以考虑

（1）实验室操作环境不良，如：

——不合理的实验室布局；

——安全过道缺陷；

——采光、照明；

——给排水；

——环境温湿度；

——通风、防毒设施不完善；

——实验室拥挤；

——突然停水停电；

——化学品的储存空间；

——下水道不通畅等。

（2）室外作业环境不良等。由相邻区域相关活动引起的对实验室内人员的危害，如噪声、电离辐射、非电离辐射、化学危害等。

（3）三废处理的环境危害。

六、危险源辨识方法与工具

危险源辨识的方法常见自上而下法和自下而上法两种，如图4－2所示。

自上而下法是指以潜在后果的核查清单为起点，确定引起伤害的危险，如识别过程由危险事件追溯到危险状态，再追溯到危险本身。缺点是依赖可能并不完善的核查清单。

自下而上法是指以检查所有危险为起点，考虑到所有危险状态下可能出错的过程。比自上而下法更全面彻底，但可能需要耗费较多的时间。

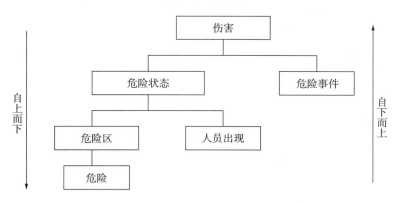

图4－2 危险源识别方法示意图

危险源辨识的工具很多，每一种都有其目的性和应用的范围，常见的如工作危害分析法（JHA）、安全检查表（SCL）、危险与可操作性研究（HAZOP）、事件树分析（ETA）、故障树分析（FTA）。以上方法各有其特点，也有各自的适用范围和局限性。表4－4归纳了各种危险源辨识和风险评价的方法和工具的优势、劣势、及其应用范围。在适用于检测实验室的危险源辨识和风险评价方法中，选择最适合检测实验室危险源辨识的方法，即工作危害分析法（JHA）和检查表法（SCL）作为危险源辨识的工具，以及风险矩阵法作为风险评价的工具。

表4-4 危险源辨识和风险评价工具和方法的对照表

工具	优势	劣势	应用
检查表（SCL）	易用；系统、完整，不遗漏；提问形式，印象深刻；编制过程即系统安全分析过程；应用范围广	常受限于回答"是/否"；所用检查表几乎一样（不考虑独特状况）；不同需要须编制大量检查表；检查表质量受制于编制人员知识水平	系统安全评价方法，应用广泛；适用于工作区域、过程或设备
风险矩阵	相对易用；提供可视表达；不需使用数字	仅二维（不能考虑影响风险的多重因素）；预设答案可能不适合某些情况	应用范围广
危害与可操作性分析（HAZOP）	详尽的过程分析；提供技术数据的输入；汇集集体智慧	需使用专业知识；需输入数值数据进行分析；花费资源（时间和金钱）；受制于分析评价人员主观影响	适用于设计阶段和现有生产装置的评价
暴露评价策略	适用于危险材料和环境有关的数据分析	需使用专业知识；需输入数值数据	适用于危险材料和环境有关的数据分析
计算机模拟	如果有关且足够的数据可资利用，计算机模拟可给出很好的答案	需要花费相当多的时间和金钱去开发和验证，潜在地过度依赖结果，而不质疑结果的有效性	
工作危害分析法（JHA）	系统、过程分析；全面、彻底	对评价单元没有确定；耗时较多	检测活动等；应用范围广
事件树分析（ETA）	图解形式、层次清晰；从原因到结果，概念清楚；依赖于时间	成长快，为保持合理大小，使得分析粗糙；缺少数学混合应用	灾害分析、事故分析；对FTA的补充；分析系统的可靠性
故障树分析（FTA）	分析事故的因果关系；简洁、形象表示事故和原因的因果及逻辑关系；预测、预防事故；可定性，也可定量	要求分析人员非常熟悉对象系统，实践丰富；定量分析时，需知道事故树的故障数据；不适合对复杂系统	事故分析
专家评议法	专家评议和专家质疑；简单、客观、深入、全面	要求专家较高水平	类比工程项目、系统和装置的安全评价

表 4 - 4（续）

工具	优势	劣势	应用
风险图法	形象	多个参数具有多个分支时，风险图会变得杂乱	投资等工程项目管理
定量风险评估法（LEC）	简单易行；定量分析	取得三种因素的科学准确数据较繁琐；风险级别临界值的确定	过于复杂、难以定性评估的单一风险

以下介绍几种危险源辨识和风险评价方法和工具。

（一）危险源识别方法之一——工作危险分析法（JHA）

JHA 是一种安全分析技术，通过分析检测活动过程中或特定场所/区域人员、工作任务、使用的设备设施、材料和样品及工作环境之间的相互关系，识别出活动过程中每个步骤存在的危险源。

JHA 的实施可采用观察或小组讨论的方法进行。

（1）观察方法：实验室指派有能力、有经验的人员，现场观察检测活动的整个操作过程，分解检测步骤，识别检测过程中可能产生的危害。观察方法不依赖操作人员的个人记忆，通过"另一双眼睛"可能识别以往未引起注意的危害。

（2）小组讨论方法：由有经验的人员、监督人员、安全管理人员和相关人员组成分析小组，进行检测活动的危害分析，识别可能产生的危害。小组讨论的方法可以吸纳更为广泛的知识和经验，分析结果可靠性高。

JHA 的实施通常采取以下四个步骤：

第一步，选择被分析的对象；

第二步，将工作步骤顺序分解；

第三步，识别潜在的危害；

第四步，确定预防措施，控制可能产生的危害。

JHA 的第二步是将检测工作按照活动顺序进行分解，分解目的是为了能够清晰、准确地识别可能的危险。对单项的检测项目，大多数工作或过程都可以分解成 10 步或更少。对区域对象，可以按照实际需要步骤分解。分解步骤时，需要考虑工作或活动相关的人（操作人员和可能的外来人员）、机（使用的设备和设施）、料（样品、预处理备样和消耗材料）、法（检测方法、操作规程和安全规程、应急程序等）、环（污染排放和废弃物处理）等因素，将分解的步骤填写在工作危害分析表的对应列中。对复杂的检测项目，可以先画出检测流程图，按照流程详细列出每个步骤使用的人、机、料、法、环诸因素，比如所使用的化学品的品名、代号、使用方法、使用量、储存量、安全数据单等信息。然后将细化后的步骤列入 JHA 表的对应列中。

前面已经识别出专业试验室为基础的评价单元，或是以区域场所/专项管理为基础的评价单元，对这些单元都可以使用 JHA 方法识别危险源。对专业试验室，按照负责的产品检测项目或产品组检测项目逐项进行。对区域/场所或专项管理单元，按照分工负责逐个进行。

每个检测项目、区域或专项管理单元对应一份分析表。

【应用案例 4-2】

例1：检测项目 JHA（表 4-5）

本案例以工作项目"过充电试验"为例，列举该试验的主要工作环节，用工作危害分析（JHA）方法分析每个环节中的危险源。

表 4-5 工作危害分析（JHA）

序号	步骤	工作描述（任务/程序）	危害识别	控制措施
1	备样	按标准要求准备相应数量的电池样品		
2	预处理	将电池安装于充电检测装置上，按标准要求进行充放电处理		
3	接线	含试验电源、仪器仪表等连接以及电池样品串接等		
4	试验运行	接通试验线路，观察试验现象	• 试验中样品可能冒烟，产生刺激性气体，导致人员中毒或窒息； • 试验中样品可能有高温液体或固体溅出； • 样品异常发热，可能着火； • 爆炸产生的气浪造成人员伤亡及设备设施的损坏	• 试验应在有防爆能力的观察箱中进行，试验人员应在外部进行观察； • 试验区域要进行适当隔离和放置正在试验的提示； • 实验室应配置适当的抽风系统；配置一定数量的防毒面具； • 试验区间要配置消防监视和灭火系统； • 配置适当的灭火器
5	试验结束	试验到达标准规定终止条件，试验结束，断开试验电路		
6	后处理	拆卸样品、保存样品	接触到过热样品可能造成烫伤	• 让样品自然冷却到较低温度后再接触样品； • 使用手套

例2：按照区域的 JHA（表 4-6）

本案例以电池实验室为例，列举主要的危险源。

表 4-6 电池实验室工作危险分析表

序号	主要活动	工作描述（任务/程序）	危害识别（风险）
1	日常办公	员工日常办公	办公条件不合适（如通风不畅，照明条件不好等）对员工造成的影响
2	日常用电	日常办公设备等使用	电源系统容量不足或绝缘系统老化造成短路起火
3			员工违规操作造成的触电危险（如违规连接电源等）
4	外来人员参观或目击试验等	外来人员的现场参观或客户的现场目击试验等	外来人员对风险来源不了解可能带来的触电、机械伤害；或出现异常情况时无法有效应对带来的伤害
5	样品搬运及储存	试验样品的搬运及试验前的安装	搬运方式的不合理造成的样品跌落倾倒造成的机械伤害或样品损坏或样品间相邻而产生短路起火引燃包装材料
6		样品的储存	不适宜的储存条件（过高或过低的储存温度），造成样品性能的变化
7	设备维修及保养	测试设备的维修及保养	测试设备的维修及保养过程中可能造成的触电等危险
8	测试工作用电安全	测量过程设备接线、样品接线；测量等活动	过程中可能的触电危险
9	锂离子电池电芯安全测试（GB/T 28164—2011）	温度循环（电芯、电池）	试验中样品可能漏出腐蚀性液体，灼伤皮肤或损坏设备外壳或线路板
10		外部短路（电芯、电池）	试验中样品可能冒烟，产生刺激性气体；人员中毒或窒息；人员烫伤
			试验中样品可能泄放，起火燃烧，引起火灾；可能爆炸，巨大的气浪造成人员伤亡及设备设施的损坏
11		热滥用（电芯）	试验中样品可能泄放，起火燃烧，引起火灾；可能爆炸，巨大的气浪造成人员伤亡及设备设施的损坏
12		电池挤压（电芯）	试验中样品可能漏出腐蚀性液体，灼伤皮肤或损坏设备外壳或线路板
			试验中样品可能泄放，起火燃烧，引起火灾；可能爆炸，巨大的气浪造成人员伤亡及设备设施的损坏
13		过充电（电芯）	试验中样品可能泄放，起火燃烧，引起火灾；可能爆炸，巨大的气浪造成人员伤亡及设备设施的损坏

表4-6（续）

序号	主要活动	工作描述（任务/程序）	危害识别（风险）
19	锂离子电池电芯安全测试（GB/T 28164—2011）	强制放电（电芯）	起火燃烧，引起火灾；爆炸，巨大的气浪造成人员伤亡及设备设施的损坏
			人员可能烫伤
20		防高充电率充电保护（电芯）	起火燃烧，引起火灾；可能爆炸，巨大的气浪造成人员伤亡及设备设施的损坏

（二）危险源识别方法二——安全检查表法

安全检查表法（即 SCL 法）又称检查清单，它以表格形式，列明诸如危险类型、危险源、潜在后果或危险事件等。安全检查表法是一种定性的安全评价方法，为系统地辩识和诊断某一系统安全状况而事先将要检查的项目，以提问的方式制定的问题清单。根据相应的法规、标准设置检查项目和内容，并以实际采取的安全技术措施对照进行安全检查，以系统地检查识别和评价单元可能存在的各种隐患和避免遗漏。安全检查表能够指引实验室策划、建立、完善安全管理体系和风险控制措施。

1. SCL 法主要优点

——检查项目系统、完整，可以做到不遗漏任何能导致危险的关键因素，因而能保证安全检查的质量；

——可以根据已有的规章制度、标准、规程等，检查执行情况，得出准确的评价；

——采用提问的方式，有问有答，给人的印象深刻，能使人知道如何做才是正确的，因而可起到安全教育的作用；

——编制安全检查表的过程本身就是一个系统安全分析的过程，可使检查人员对系统的认识更深刻，更便于发现危险因素。

SCL 适用于专业试验室、公共基础设施/区域或专项管理评价单元。

2. SCL 的实施方法

（1）编制检查表。由于安全检查的目的、对象不同，检查的内容也有所区别，因而应根据需要制定不同的检查表。

（2）检查方法

——对专业试验室或公共设施/区域场所单元，可以由负责单位指派有能力、有经验的人员，按照检查表的内容，逐条逐项和每个涉及的场所进行全面检查，识别存在的潜在的危害，提出是否符合的意见；

——对专项管理单元，最好由实验室指派有经验的人员、监督人员、安全管理人员和相关人员组成检查小组，对所有涉及场所，进行逐条检查核对，识别可能存在的潜在危害，提出是否符合要求的意见。

3. 实施步骤

SCL 的实施与 JHA 类似，也可以采取以下步骤：

第一步，选择被分析的对象；

第二步，编制安全检查表；

第三步，检查组实施检查，记录实际实施情况，识别存在的危险因素；

第四步，确定预防措施，控制可能产生的危害。

（1）选择被分析的对象

专业实验室和公共设施/区域场所选择被分析对象在 JHA 法中已详细说明。对专项管理单元对象的选择，应注意首先识别所有涉及实验室和区域/场所；二是调查明确各实验室和区域/场所中具体分布、定额、用途、用量、使用方法、储存、排放、废弃物处理等详细情况。最好能用清单的形式记录。

【示例 4-1】危险化学品管理对象选择

危险化学品在实验室中使用非常广泛，即使是电气检测实验室也不例外。首先设计表格，登记各实验室使用的危险化学品、用途、用量、储存量等信息，进而汇总整个实验室所有的危险化学品清单。然后，对危险化学品分类识别，依据相关危险化学品的管理法规、规章和标准提出管理的具体可操作的要求。危险化学品类别按照 GB 13690—2009《化学品分类和危险性公示 通则》的八大类填写，代号按照《危险化学品名录》的代号填写。用量指每次检测所使用的数量，储存量指在使用该化学品的专业试验室的储存量。SDS 是化学品安全技术说明书，它是化学品生产供应企业向用户提供基本危害信息的工具。SDS 为化学物质及其制品提供了有关安全健康和环境保护方面的各种信息，并提供有关化学品的基本知识防护措施和应急行动等方面的资料。SDS 在某些国家也称作材料安全数据单（MSDS）。SDS 的具体要求见 GB/T 16483—2008《化学品安全技术说明书 内容和项目顺序》的规定。

（2）编制 SCL

检查表总体要求一是内容必须全面，以避免遗漏主要的潜在危险；二是重点突出，简明扼要，避免检查要点太多而掩盖主要危险，分散检查的注意力，影响检查的效果。

SCL 编制的主要依据是：

——有关标准、规程、规范及规定。国家及有关部门发布的安全法规、标准及文件，是编制安全检查表的主要依据。为了便于工作，将检查条款的出处加以注明，以便能尽快统一不同的意见。对没有规定的，可以采用检测行业惯例或实验室的经验。

——国内外实验室事故案例。搜集国内外检测实验室的事故案例，从中发掘出不安全因素，作为安全检查的内容。实验室在安全管理及安全检测中的有关经验，也是检查表的重要内容。

——通过系统安全分析确定的危险过程、活动及防范措施，也是制定安全检查表的依据，如 JHA 结果。

（3）实施检查识别潜在的危险

SCL 的第三步是检查人员（组）按照检查表，对专项管理单元所有场所/区域进行检查时，注意不要遗漏。检查过程对照法规和标准的要求进行检查对照，将检查结果记录在检查表中，并作出是否符合的判定（见表 4-7）。最后根据检查结果，提出该专项管理单元存在的危险源，鉴别产生危险的原因，提出消除或控制危险的措施。

【应用案例4-3】危险化学品管理安全检查表

危险化学品管理在检测实验室是跨部门的活动，管理流程涉及购买、储存和使用三个环节。检查表编制的依据是国家对危险化学品管理的法规、规章和标准，对地方政府和监管部门发布的地方法规、规章也应该采用。危险化学品安全检查表例子见表4-7。

表4-7　危险化学品管理安全检查表

项目	检查内容	依据	实际情况	检查结果
危险化学品购买环节	1. 危险化学品是否从具有相应的危险化学品经营许可资质的单位采购，在采购过程中是否向供货单位索取化学品安全技术说明书和安全标签		使用的危险化学品采购于××化学技术有限公司，该单位具有北京市安全生产监督管理局颁发的"危险化学品经营许可证"，其危险化学品采购符合国家有关要求。但未向供货单位索取化学品安全技术说明书和安全标签	不合格
	2. 长期需要购买剧毒化学品的，必须向所在地的地级以上市公安机关申领《剧毒化学品购买凭证》后，方可购买剧毒化学品		××室 使用的硝酸汞是剧毒化学品，未向所在地的地级以上市公安机关申领《剧毒化学品购买凭证》	不合格
危险化学品储存环节	1. 根据危险品性能分区、分类、分库贮存。各类危险品不得与禁忌物料混合贮存	GB 15603—1995《常用危险化学品储存通则》第4.8条	××室、××室、××中心、××室、××室化学品混存现象严重，尤其是××试验室氯气瓶柜与硫化氢气瓶柜未进行隔开，××室的氧气瓶与乙炔气瓶处于同一气瓶柜内，未进行隔开储存	不合格
	2. 贮存的化学危险品应有明显的标志，标志应符合GB 190的规定	GB 15603—1995《常用危险化学品储存通则》第4.6条	××室、××室、××中心、××室部分化学试剂标签字迹脱落，不清楚，容易引起误用	不合格
	3. 剧毒化学品必须在配备防盗报警装置的专用仓库内单独存放，严格实行双人收发、双人记账、双人双锁、双人运输、双人使用的"五双"制度		××室 使用的硝酸汞未进行单独存放，未实行双人收发、双人记账、双人双锁、双人运输、双人使用的"五双"制度	不合格

表 4 - 7（续）

项目	检查内容	依据	实际情况	检查结果
危险化学品使用环节	1. 从业人员在作业过程中，必须按照安全生产规章制度和劳动防护用品使用规则，正确佩戴和使用劳动防护用品；未按规定佩戴和使用劳动防护用品的，不得上岗作业	《劳动防护用品监督管理规定》第十九条和《劳动防护用品选用规则》（GB 11651）	各实验室均存在试验操作人员未按规定佩戴劳动防护用品现象	不合格
	2. 使用的装备不是国家和省淘汰的生产装备	《中华人民共和国安全生产法》第三十三条	各实验室仍在使用国家发改委颁布的《产业结构调整指导目录》（2005 年本）已明令淘汰的卤代烷 1211 灭火器	不合格
	3. 特种设备使用单位应当按照安全技术规范的定期检验要求，在安全检验合格有效期届满前 1 个月向特种设备检验检测机构提出定期检验要求；未经定期检验或者检验不合格的特种设备，不得继续使用	《特种设备安全监察条例》第二十八条	××室的耐氟高压试验罐属特种设备，未办理使用登记手续，未进行定期检测	不合格
	4. 使用的剧毒化学品必须按照有关规定进行登记，取得危险化学品登记证书		××室使用的硝酸汞是剧毒化学品，未取得危险化学品登记证书	不合格
	5. 生产、储存危险化学品的，应当根据危险化学品的种类、特性，在作业场所设置相应的监测、监控、通风、防晒、调温、防火、灭火、防爆、泄压、防毒、消毒、中和、防潮、防雷、防静电、防腐、防渗漏等安全设施、设备，并按照国家标准和国家有关规定进行维护、保养，保证安全设施、设备的正常使用	《危险化学品安全管理条例》第二十条	××室的硫化氢、氯气和二氧化硫气瓶柜虽有通风装置，但通风口设在气瓶上方，而硫化氢、氯气和二氧化硫均比空气重，通风口应设在气瓶下方	不合格

表4-7（续）

项目	检查内容	依据	实际情况	检查结果
危险化学品使用环节	6.试验室应保持环境卫生清洁，材料摆放整齐		××室的洗涤布摆放混乱，如发生火灾很容易引起蔓延，低压控制柜设在门口，有触电危险；××的气焊、气割场地堆有可燃物，在进行气焊、气割作业时容易引起火灾	不合格
	7.有爆炸危险的试验装置应设置在独立区域，禁止与办公区混合使用		××实验室门对应的区域为办公区域，如果试验过程中爆炸能量意外释放，则此区域人员容易受到伤害	不合格

（三）简要介绍其他几种危险源辨识工具

1. 危险与可操作性研究（HAZOP）

危险与可操作性研究是应用正规系统标准检查方法检查工艺过程和设备工程的意图，以评价工艺和设备个别项目的误操作或故障的潜在危险及其对整个设备的影响后果。步骤是：对生产过程给与全面描述，对每一部分进行系统提问，以发现那些偏离设计意图的现象是如何发生的，并确定这些偏离是否上升成危险源。

2. 事件树分析（EFA）

事件树是一种从原因到结果的过程分析，原理是：任何事物从初始原因到最终结果所经历的每一个中间环节都有成功（或正常）或失败（或失效）两种可能或分支。如果将成功记为1，并作为上分支，将失败记为0，作为下分支，然后再分别从这两个状态开始，仍按成功或失败两种可能分析。这样一直分析下去，直到最后结果为止，最后即形成一个水平放置的树状图。事件树分析是利用逻辑思维的规律和形式，分析事故的起因、发展和结果的整个过程。或以人、机、物、环综合系统为对象，分析各环节事件成功与失败两种情况，从而预测系统可能出现的各种结果。

3. 故障树分析（FTA）

故障树分析是一种根据系统可能发生的或已经发生的事故结果，去寻找与事故发生有关的原因、条件和规律。通过这样一个过程分析，辨识出系统中导致事故的有关危险源。故障树分析是一种严密的逻辑过程分析，分析中涉及到的各种事件、原因及其相互关系，需要运用一定的符号（事件符号、逻辑门符号、转移符号）予以表达。

【标准条款】

5.1.3　风险评价

5.1.3.1　应对实验室的所有工作、设施和场所进行风险评价。风险评价应考虑（但不限于）以下内容：

---

a）常规和非常规活动；

b）正常工作时间和正常工作时间之外所进行的活动；

c）所有进入实验室的人员的活动；

d）人员因素，包括行为、能力、身体状况、可能影响工作的压力等；

e）源自工作场所外的活动，对实验室内人员的健康产生的不利影响；

f）工作场所附近，相邻区域的实验室相关活动对其产生的风险；

g）工作场所的设施、设备和材料，无论是本实验室还是外界提供的；

h）实验室功能、活动、材料、设备、环境、人员、相关要求等发生变化；

i）安全管理体系的更改，涉及对运行、过程和活动的影响；

j）任何与风险评价和必要的控制措施实施相关的法定要求；

k）实验室结构和布局、区域功能、设备安装、运行程序和组织结构，以及人员的适应性；

l）本实验室或相关实验室已发生的安全事故。

【理解与实施】

本条款规定了风险评价应考虑的内容，以及变更管理的要求。

风险指发生危险事件或有害暴露的可能性，与随之引发的人身伤害或健康损害的严重性的组合。可能性即指特定危害事件发生的概率，而后果则代表其影响的严重性，即危险一旦发生，将造成的人员伤害、财产损失、环境破坏的程度和大小。风险评价指对危险源导致的风险进行评估，对现有控制措施的充分性加以考虑以及对风险是否可接受予以确定的过程。一是对现阶段危险源所带来的风险进行评价分级，确定其大小或严重程度。二是对现有控制措施的充分性进行评审加以考虑，三是将风险与安全要求进行比较，判断其是否可接受。安全要求，即判定风险是否可接受的依据，需要根据法律法规、标准要求和行业、社会、大众的普遍要求综合确定。本节介绍采用定性分析的方法进行风险评价，其目的是对风险进行筛选，协助实验室对危险的重要性进行排序和分配资源。根据评价结果，采取有针对性的风险控制措施，将风险减低和减少到实验室可容许的程度。可容许风险指经过实验室的努力将原来危害程度较大的风险变成危害程度较小的、可以被接受的风险。

一、危险源辨识和风险评价的输入

危险源辨识和风险评价应考虑诸多因素［本标准 5.1.3.1a）～l）］，实验室需注意参考有关的法规和标准，以确保满足特定的法规要求。实验室在进行危险源辨识和风险评价时，考虑的因素可不限于条款 5.1.3.1 的内容。

危险源辨识和风险评价应考虑常规和非常规的活动。常规的活动如检测活动、化学品管理、废弃物处理等；非常规的活动指周期性的、偶然的、紧急的，例如，设施或设备的清洁、临时的工艺更改、非预定的维修、设备的启用或关闭、现场外的访问、翻新整修、极端气候条件、公用设施（如供电、供水、供气等）毁坏、临时安排、紧急情况等。

正常工作时间之外由于安全人员的减少通常会使得风险增加，尤其应引起注意。如耐久性试验、环境试验等，常常运行时间很长，正常工作时间之外无人或少人留守，在危险源辨识和风险评价以及制定风险控制措施时，也应考虑正常工作时间之外的情况。

危险源辨识和风险评价应考虑所有进入工作场所的人员的活动，如顾客、实验室人员维护人员、分包方、参观者、和其他被授权进入的人员，如学生、清洁工和保安人员等。

应考虑他们：

　　——因其活动所产生的危险源和风险；

　　——因使用其所提供给组织的产品或服务而产生的危险源；

　　——其对工作场所的熟悉程度；

　　——其行为。

当考虑人员因素时，危险源辨识和风险评价过程中应考虑人的心理和生理性危险，如压力、疲劳、身体状况、从事禁忌作业、心理异常情况、辨识功能缺陷等，以及人的行为性危险，如操作失误、安全意识薄弱、安全知识匮乏、能力不足等。

某些情况下，可能存在发生或源自工作场所之外但对工作场所内的人员产生影响的危险源，应加以考虑，例如相邻区域产生的电磁辐射或释放的有毒物质影响到工作场所内的人员。

考虑工作场所的设施、设备和材料，无论是本实验室还是外界提供的。考虑设施、设备可能造成的各种危害，如电危害、噪声危害、机械伤害、辐射危害等，以及可能发生的紧急情况，或防护不当等。考虑材料带来的化学性危害、生物性危害、高低温危害、机械伤害、废弃处理等。

当实验室的区域功能、活动、材料、设备、环境、人员、相关要求等发生变化，或者实验室发生安全事件后，适用的法律法规和标准发生改变等，应重新进行危险源辨识和风险评价。见本标准5.1.3.2。

危险源辨识和风险评价也应考虑安全管理体系的更改情况，涉及对运行、过程和活动的影响。以及应考虑实验室结构和布局、区域功能、设备安装情况与分布、运行程序和组织结构，以及人员的适应性等。

前车之鉴，后事之师。本实验室或相关实验室已发生过的安全事故，也可以作为危险源辨识和风险评价的输入。

二、变更管理

【标准条款】

> 5.1.3.2　发生以下情况时，应重新进行风险评价：
> a) 采用新的设备、材料、方法，环境、人员发生变化或改变实验室结构的功能时；
> b) 包括物质存储或使用的实验室分区执行的任务发生改变之前；
> c) 变更检验工作流程时；
> d) 发生安全事故或事件后；
> e) 适用的法律法规和标准等发生改变。

【理解与实施】

实验室应管理和控制可能影响安全危险源和风险的任何变更，包括组织结构、管理体系、人员、流程、设备、材料、环境、法律法规等发生变化。发生以下变更情况时，应重新进行危险源辨识和风险评价：

　　——新购设备、设施，采用不同类型或等级的原材料，采用新的方法、技术，工作环境发生变化，组织结构和人员配备（包括承包方）发生变化等；

——实验室结构的功能发生变化，如包括物质存储或使用的实验室分区执行的任务发生改变；

——变更检验工作流程、程序、工作惯例等；

——发生了安全事故或事件以后；

——适用的法律法规和标准等发生改变。

为确保由变更引起的新的风险或变化的风险为可接受的风险，重新进行危险源辨识和风险评价应考虑以下几个方面：

——是否产生新的危险源；

——新的危险源引入何风险；

——源自其他危险源的风险是否有发生变化；

——现有风险控制措施是否足够；

——变更是否需要修改或增加风险控制措施。

三、监视和评审

危险源辨识和风险评价需持续进行，要求实验室基于下述各方面的影响来考虑此类评审的时间安排和频次：

——对现有风险控制措施是否有效和充分的判定需求；

——对新危险源的响应要求；

——对监视活动、事件调查、紧急情况或应急程序测试结果的反馈的响应需求；

——法律法规的变化；

——外部因素，如新兴的职业健康问题等；

——控制技术的进步；

——劳动力包括承包方等变化的多样性；

——纠正和预防措施所提议的变更。

定期评审可有助于确保由不同人员在不同时期所完成的风险评价的一致性。如果情况已发生变化或更好的风险管理技术已成为可利用的技术，那么就有必要做出改进。

当评审表明现有的或所策划的控制措施仍然有效时，就没必要实施新的风险评价。

四、风险评价方法

风险评价的方法和工具很多，分定性分析方法和定量分析方法。可采取的工具如风险矩阵法、风险图法、数值评分法、定量风险评估法、及使用综合方法的混合型工具等。以上各种方法和工具各有其特点，也有各自的局限性，只要采取了从危险识别到风险减小的系统方法，即可考虑所有风险要素。风险评价更注重其过程的严谨性，而不是其结果的精确性。风险评价应由具备相关风险评价方法和技术方面的能力，并具有相应工作活动的知识的人员负责实施。

对因暴露于化学、生物和物理因素中而造成的伤害进行评估，此类风险评价可能需运用合适的仪器和抽样方法来测量暴露的浓度。宜将所测量的浓度与适用的职业接触限值进行比较。并注意确保所用样本能充分代表所有被评价的状况和场所。实验室宜确保风险评价既考虑到短期又考虑到长期的暴露后果，还考虑到多重因素和多重暴露的叠加效应。

风险评价过程需要开展的工作有：

（1）采用适合实验室特点的分析方法，确定事件发生的概率和事件严重程度的分级。

（2）确定风险矩阵和风险分级。

（3）采用确定的风险评价工具，对前面分析出的特定危险源进行风险分级。

（4）评价现有风险控制措施的充分性及确定风险是否可接受。

（5）对特定的危险源制订风险控制措施。

以下介绍几种适用于检测实验室的风险评价的工具。

（一）风险矩阵法

风险矩阵法包括风险矩阵的选择、严重程度的评价、概率的评价和风险等级四个步骤。

风险等级＝发生的概率×事件的严重度，采用风险矩阵概念，交叉考虑不同概率与后果组合后的风险。

应用风险矩阵法可对前三个步骤评价得出风险等级。

1. 安全概率和伤害严重程度分级

安全概率指事件发生的可能性。确定安全概率的考虑因素有：

——暴露的人员数量；

——持续暴露的频率和时间；

——供应中断（如断电）；

——接近危险区域的人员；

——设备和机械部件及安全装置失灵；

——个人防护用品所能提供的保护及使用使用率；

——需要在压力下工作的因素；

——缺少合适的培训和监督，或不适当的工作场所设计；

——人的不安全行为（不经意的错误或故意违反操作规程）；

——其他会显著影响事故发生的可能性因素。

针对检测实验室，将安全概率分为三级，即：

——低，事故不可能发生；

——中，事故可能发生；

——高，事故非常可能发生。

伤害程度分级为：

——轻微伤害，如表面损伤、轻微的割伤和擦伤、粉尘对眼睛的刺激等；

——中等伤害，如划伤、脑震荡、严重扭伤、轻微骨折等；

——严重伤害，如截肢、严重骨折、中毒、致命伤害、职业癌、其他导致寿命严重缩短的疾病等。

2. 风险分级

风险矩阵见表4-8，风险等级定义见表4-9。

表4-8 风险矩阵

伤害程度	发生概率		
	低	中	高
	风险等级		
轻微伤害	极低风险	低风险	中等风险
中等伤害	低风险	中等风险	高风险
严重伤害	中等风险	高风险	极高风险

表4-9 风险等级定义

风险	措施
极低风险	为可忽略风险，一般不需采取其他控制措施
低风险	为可容许风险，不需要另外的控制措施，除非可采取的控制措施成本很低。需要保证控制措施有效实施的计划
中度风险	应努力降低风险，需仔细测定并限定预防成本，在规定的时间期限内实施降低风险的措施。需要保证控制措施有效实施的计划，特别注意风险等级与严重伤害成因果关系的场合
高风险	需要作出实质性努力来降低风险，快速在限定的时间周期内实施控制措施。在限定期内，有必要停止或限制活动，或采取过渡性的临时风险控制措施。需要保证控制措施有效实施的计划，特别注意风险等级与严重伤害成因果关系的场合。为降低风险，需要配备资源
极高风险	为不可容许的风险，禁止工作。必需采取实质性的控制措施，降低风险到可容许或可接受水平后，才能开始或继续工作。如果不可能降低风险，应禁止工作

【应用案例4-4】 电池实验室（应用风险矩阵法）风险评价

电池实验室主要负责二次电池和铅酸电池的检测。在前面危险源识别的基础上，应用定性分析方法，确定各特定危险源的风险等级，以 GB/T 28164-2011/IEC 62133：2002 为例，风险评价见表4-10。

表4-10 电池实验室风险评价表

序号	主要活动	工作描述（任务/程序）	危害识别（风险）	发生概率	事件影响	风险等级
1	锂离子系列电池测试	振动（电芯、电池）	试验中样品可能漏液，损坏设备；噪声危害	低	轻微	极低风险
2						
3		模制壳体承受高温的能力（电池）	样品高温可能造成人员烫伤	中	轻微	低风险

表4-10（续）

序号	主要活动	工作描述（任务/程序）	危害识别（风险）	发生概率	事件影响	风险等级
4		温度循环（电芯、电池）	试验中样品可能漏出腐蚀性液体，灼伤皮肤或损坏设备外壳或线路板	高	轻微	中等风险
5		外部短路（电芯、电池）	试验中样品可能冒烟，产生刺激性气体，人员中毒或窒息、人员烫伤	高	中等	高风险
			试验中样品可能泄放，起火燃烧，引起火灾；爆炸造成人员伤亡及设备设施的损坏	低	严重	中等风险
6		自由跌落（电芯、电池）	试验中样品可能漏出腐蚀性液体，灼伤皮肤或损坏设备外壳或线路板	低	轻微	极低风险
7		机械冲击（电芯、电池）	试验中样品可能漏出腐蚀性液体，灼伤皮肤或损坏设备外壳或线路板	中	轻微	低风险
8	锂离子系列电池测试	热滥用（电芯）	试验中样品可能泄放，起火燃烧，引起火灾；可能爆炸，造成人员伤亡及设备设施的损坏	中	严重	高风险
9		电池挤压（电芯）	试验中样品可能泄放，起火燃烧，引起火灾；可能爆炸，造成人员伤亡及设备设施的损坏	高	严重	极高风险
			试验中样品可能漏液，损伤皮肤或损坏设备外壳	高	轻微	中等风险
10		低气压（电芯）	试验中样品可能漏出腐蚀性液体，损坏设备外壳	低	轻微	低风险
11		过充电（电芯）	试验中样品可能泄放，起火燃烧，引起火灾；可能爆炸，造成人员伤亡及设备设施的损坏	中	严重	高风险
12		强制放电（电芯）	起火燃烧，引起火灾；爆炸造成人员伤亡及设备设施的损坏	中	严重	高风险
			人员可能烫伤	高	轻微	中等风险
13		防高充电率充电保护（电芯）	起火燃烧，引起火灾；爆炸造成人员伤亡及设备设施的损坏	中	严重	高风险

　　表4-10中的热滥用试验，试验过程中可能发生泄放，起火燃烧，甚至引起爆炸的情况，确定发生概率为中级，造成的后果为严重伤害，根据表4-8风险矩阵，得出其风险等级为高风险。因此要求制定与实施风险控制措施。

（二）定量风险评估法

LEC 风险评价法是对具有潜在危险性作业环境中的危险源进行半定量风险评价的方法。该方法用与系统风险有关的三种因素的乘积来评价操作人员的风险大小，分别为 L（事故发生的可能性）、E（人员暴露于危险环境中的频繁程度）和 C（发生事故可能造成的后果）。根据以往经验和估计，分别给三种因素划分不同的等级，并分别给 L、E、C 赋予各种情况下的分数值，再计算出三个分值的乘积 D（风险值）来评价作业条件危险性的大小。即：

$$D = L \times E \times C$$

D 值越大，说明系统的风险越大。风险值 D 求出后，关键是如何确定风险级别的界限值，而界限值并非固定不变，由组织根据其具体情况确定，以持续符合改进的思想。L、E、C、D 的赋值，请参考其他有关文献。定量风险评估法适用于对过于复杂、难于定性评估的单一风险进行详细检查。

【标准条款】

5.1.4 控制措施

在控制风险时，宜按有效性顺序选择可获得的最有效的控制措施。控制的顺序如下：

a）消除来自实验室的危险源；

b）采用替代物或替代方法来减少风险；

c）隔离危险源来控制风险；

d）应用工程控制抑制或减少接触，例如局部排风通风；

e）采用安全工作行为最小化接触，包括改变工作方法；

f）在采用其他的有效控制危险源的方法不可行时，使用合适的个体防护装备。

注：简化试验规模是一个重要而有效的控制手段。

以上措施仍无法将风险降低到可接受的水平，应停止工作。

【理解与实施】

一、风险控制的原则

在风险评价基础上，根据评价结果采取有针对性的风险控制措施，将风险降低或减少至可容许程度。可容许风险指经过实验室的努力将原来危害程度较大的风险变成危害程度较小的、可以被接受的风险。

在控制风险时，可获得的最有效的措施有限优先顺序如下：

（1）消除。最优先选择是消除实验室内的危险源，如停止危险工作、使用的危险工具、过程、设备或物质。

（2）替代。如无法消除，采用替代物或替代方法来减少风险，如用低危险的物质取代高危险的物质（如提高化学品的闪点、使用无毒溶剂），或使用安全工作操作方法。

（3）隔离。将危险源隔离控制危险。如使用屏蔽室或电波暗室测量以屏蔽电磁辐射，或对高压危险作业进行隔离，并附以危险警示等。

（4）工程控制。应用工程控制方法，消除或减少危险，如局部排气通风来收集危害物或减少受危险物的影响，或是使用人体工程设计的工具、设备和家具，机械防护，连锁装置，声罩。

（5）管理控制。采用安全工作管理经验，如改变工作方式来减少受危险物的影响，或是减少工作时间来限制暴露，建立适宜的程序和操作规程。

（6）个体防护装备。在采用其他控制危险源的方法都不奏效的地方，应当用合适个体防护装备。如使用或靠近高噪声的设备的人员，使用听力保护设备。

最后，减少试验的规模是一个重要而有效的控制手段。

二、风险控制措施

风险评价结果对照现有措施，其输出可能有4个（见图4-3）。对极低风险和得到合理控制的风险，转入程序控制，其有效性靠日常的监测保证。对现有控制不当的风险，对照要求，提出进一步的控制措施，必要时重新评价。对极高风险，应立即禁止工作。对高风险，在新控制措施完成前，有必要停止或限制该项工作。可能会由于目前掌握的信息不足，无法作出决定，如果遇到这种情况，需要寻求外部协助。

按照评价单元列出针对风险评价结果的控制措施表，包含针对风险评价结果应该采取的风险控制措施、现在已有的控制措施，及需要进行改进的措施。

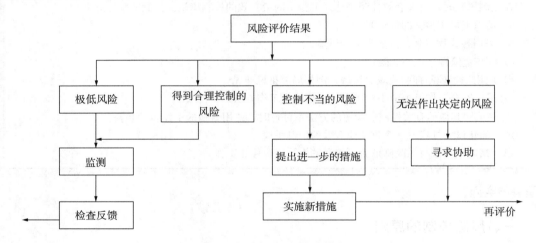

图4-3　风险控制措施输出

表4-11对不同等级风险的控制措施归纳了基本原则，具体操作：

——对低风险，可以直接采用实验室原有的运行控制措施；

——对高风险和极高风险的项目，需要采取目标管理方案方式在期限内解决；

——对中度风险的项目，看具体情况，可以转入运行控制或目标管理方案。

三、风险控制措施的评审和实施

风险控制措施应在实施前予以评审，评审包括以下内容：

（1）控制措施是否使风险降低到可容许水平；

（2）是否产生新的危险源；

（3）是否已选定了最有效的解决方案；

（4）受影响的人员如何评价计划的预防措施的必要性和可行性；

（5）计划的控制措施是否会被应用于实际工作中。

【应用案例4－5】电池实验室（GB/T 28164—2011 锂系列蓄电池）风险控制

根据风险评价的结果，对不同风险等级及实际情况采取不同的控制方式进行管理（见表4－11）。

表4－11　电池实验室风险控制表

序号	主要活动	工作描述（任务/程序）	危害识别（风险）	风险等级	风险管理方式	现有的控制措施	需要改进的措施
1	样品搬运及储存	试验样品的搬运及试验前的安装	搬运方式的不合理造成的样品跌落倾倒造成的机械伤害或样品损坏或样品间相邻而产生短路起火引燃包装材料	低风险	②制订〈样品储存及搬运管理程序〉并实施		
2		样品的储存	不适宜的储存条件（过高或过低的储存温度），造成样品性能的变化	低风险	②制订〈样品储存及搬运管理程序〉并实施		
3	锂离子电池电芯安全测试	温度循环（电芯、电池）	试验中样品可能漏出腐蚀性液体，灼伤皮肤或损坏设备外壳或线路板	中等风险	①目标管理—制订管理方案并实施：改造现有试验室的排风系统，提升2倍的排风能力；②实施〈安全规程〉－配备和使用防护工具：手套、防毒面具等；③制订应急预案并实施；④人员岗前培训		
4		外部短路（电芯、电池）	试验中样品可能冒烟，产生刺激性气体；人员中毒或窒息；人员烫伤	高风险	①目标管理—制订管理方案并实施：建设防爆实验室；改造现有试验室的排风系统，提升2倍的排风能力；		

表4-11（续）

序号	主要活动	工作描述（任务/程序）	危害识别（风险）	风险等级	风险管理方式	现有的控制措施	需要改进的措施
4	锂离子电池电芯安全测试	外部短路（电芯、电池）	试验中样品可能泄放，起火燃烧，引起火灾；爆炸造成人员伤亡及设备设施的损坏	中等风险	②实施〈安全规程〉-配备和使用防护工具：手套、防毒面具等；配置消防监视和灭火系统；③制订应急预案并实施；④人员岗前培训		
5		热滥用（电芯）	试验中样品可能泄放，起火燃烧，引起火灾；爆炸，造成人员伤亡及设备设施的损坏	高风险	①目标管理——制订管理方案并实施：改造现有试验室的排风系统，提升2倍的排风能力；②实施〈安全规程〉-配备和使用防护工具：手套、防毒面具等；③制订应急预案并实施；④人员岗前培训		
6		电池挤压（电芯）	试验中样品可能泄放，起火燃烧，引起火灾；可能爆炸，造成人员伤亡及设备设施的损坏	极高风险	①目标管理——制订管理方案并实施：建设防爆实验室；改造现有试验室的排风系统，提升2倍的排风能力；②实施〈安全规程〉-配备和使用防护工具：手套、防毒面具等；配置消防监视和灭火系统；③制订应急预案并实施；④人员岗前培训		
			试验中样品可能漏液，损伤皮肤或损坏设备外壳	中等风险			
7		过充电（电芯）	试验中样品可能泄放，起火燃烧，引起火灾；可能爆炸，造成人员伤亡及设备设施的损坏	高风险	①目标管理——制订管理方案并实施：配置和使用防爆型设备；改造现有试验室的排风系统，提升2倍的排风能力；		

表4-11（续）

序号	主要活动	工作描述（任务/程序）	危害识别（风险）	风险等级	风险管理方式	现有的控制措施	需要改进的措施
7	锂离子电池电芯安全测试	过充电（电芯）	试验中样品可能泄放，起火燃烧，引起火灾；可能爆炸，造成人员伤亡及设备设施的损坏	高风险	②实施〈安全规程〉－配备和使用防护工具：手套、防毒面具等；配置消防监视和灭火系统；③制订应急预案并实施；④人员岗前培训		
8		强制放电（电芯）	起火燃烧，引起火灾；爆炸造成人员伤亡及设备设施的损坏	高风险	①目标管理——制订管理方案并实施：建设防爆实验室；改造现有试验室的排风系统，提升2倍的排风能力；②实施〈安全规程〉－配备和使用防护装备：手套、防毒面具等；配置消防监视和灭火系统；③制订应急预案并实施；④人员岗前培训		
			人员可能烫伤	中等风险			
9		防高充电率充电保护（电芯）	起火燃烧，引起火灾；爆炸造成人员伤亡及设备设施的损坏	高风险	①目标管理——制订管理方案并实施：建设防爆实验室；改造现有试验室的排风系统，提升2倍的排风能力；②实施〈安全规程〉－配备和使用防护工具：手套、防毒面具等；配置消防监视和灭火系统；③制订应急预案并实施；④人员岗前培训		

注：风险管理方式中①目标管理—制订管理方案并实施；②运行控制—制订控制程序并实施；③应急响应—制订应急预案并实施；或④人员培训—提升岗位技能等。

依据GB/T 28164—2011对锂系列蓄电池进行检测活动，在危险源辨识和风险评价后形成的最终风险评价汇总表见表4-12。

107

表4-12 风险评价汇总表（GB/T 28164—2011 锂系列蓄电池）

序号	主要活动	工作描述	危险源	概率	严重性	风险等级	风险控制措施	现有控制措施	需要采取的措施
1	温度循环（电芯、电池）	电池组反复暴露在低温和高温环境下（70℃～20℃～−20℃～20℃）	试验中样品可能漏出腐蚀性液体，灼伤皮肤或损坏设备外壳或线路板；	高	轻微	中等风险	安全操作规程；操作人员经过培训；配置和使用手套、防毒面具、防护服等；		
2	外部短路（电芯、电池）	两组经受不同环境温度的电池组（20℃、55℃），用不高于100mΩ的电阻短路	试验中样品可能冒烟、产生刺激性气体；人员中毒或窒息；人员烫伤	高	中等	高风险	实验室建设防爆间和使用防爆测试设备；实验室配置强制抽风系统；试验区配置消防监视和灭火系统；配置和使用手套、防毒面具、防护服等；		
			试验中样品可能泄放、起火燃烧；引起火灾；爆炸；造成人员伤亡及设备设施的损坏；	低	严重	中等风险			
3	热滥用（电芯）	充满电的电池在恒温箱中，速率以5℃/min±2℃/min速率升到130℃，保持10min	试验中样品可能泄放、起火燃烧；引起火灾；可能爆炸，造成人员伤亡及设备设施的损坏；	中	严重	高风险	实验室配置防爆测试设备；实验室配置强制抽风系统；试验区配置消防监视和灭火系统；配置和使用手套、防毒面具、防护服等；		
4	电池挤压（电芯）	充满电的电池在两个平面经受挤压（13kN±1kN）	试验中样品可能泄放、起火燃烧；引起火灾；可能爆炸，造成人员伤亡及设施的损坏；	高	严重	极高风险	实验室建设防爆间；实验室配置强制抽风系统；试验区配置消防监视和灭火系统；配置和使用手套、防毒面具、防护服等；		
			试验中样品可能漏液，损伤皮肤或损坏设备外壳。	高	轻微	中等风险			

表 4－12（续）

序号	主要活动	工作描述	危险源	概率	严重性	风险等级	风险控制措施	现有控制措施	需要采取的措施
5	过充电（电芯）	放电,再以 2.5C5/Irech 充电	试验中样品可能泄放、起火燃烧,引起火灾；可能爆炸,造成人员伤亡及设备设施的损坏；	中	严重	高风险	实验室建设防爆间；试验区配置强制抽风消防监视和灭火系统；配置和使用手套、防毒面具、防护服等；		
6	强制放电（电芯）	放电态的蓄电池以 1It A 反向充电 90min	起火燃烧,引起火灾；爆炸,造成人员伤亡及设施的损坏；	中	严重	高风险	实验室建设防爆间；实验室配置强制抽风消防监视和灭火系统；配置和使用手套、防毒面具、防护服等；		
			人员可能烫伤	高	轻微	中等风险			
7	防高充电率电流保护（电芯）	放电,以 3 倍充电电流充电	起火燃烧,引起火灾；爆炸,造成人员伤亡及设施的损坏；	中	严重	高风险	实验室建设防爆间；试验区配置强制抽风消防监视和灭火系统；配置和使用手套、防毒面具、防护服等；		

第二节 人 员

【标准条款】

> **5.2 人员**
> **5.2.1 安全意识、能力和资格**
>
> 　　实验室应配备足够的人员确保安全工作的开展。实验室应确保其工作对安全有影响的人员具备从事相关工作的能力。从事特殊岗位工作的人员，应具备相应的资格。
> 　　人员的健康状况应与岗位要求相适应。对于自身身体状况，可能不适合从事特定岗位工作的员工，宜主动报告监督人员。实验室应定期对员工开展健康检查，并保留员工的健康监督记录。
> 　　实验室应确保工作人员清楚所从事的工作可能遇到的危险，包括：
> 　　a) 危险源的种类和性质；
> 　　b) 工作时用到的材料和设备的危险特性；
> 　　c) 可能导致的危害；
> 　　d) 应采取的防护措施；
> 　　e) 紧急情况下的应急措施。

【理解与实施】

　　人是实验室安全管理的主体。本节主要规定对人员因素的安全要求。本标准涉及的人员包括：实验室自身员工、维护人员、分包方、参观者和其他被授权进入的人员，包括使用和进入实验室的学生、清洁工和保安人员等。对于人员的基本要求分两方面，一是人员应遵守适用的安全要求，避免自身受到伤害；同时不因个人原因对他人产生伤害。安全意识指员工对安全生产问题的反映、思维、观念、态度等诸种心理过程的总和。一切不安全行为都是安全意识的缺失引起，安全决定于安全意识。

　　条款5.2.1从人员的安全意识、人员的能力、岗位资格要求等作出规定。安全意识的强弱，是实验室运行安全与否的重要因素，实验室人员的安全意识强弱以及对危险因素的认识能力直接关系到实验室的安全。实验室管理者对实验室安全问题重视与否非常关键。实验室安全管理工作做的好坏，与实验室管理者关系重大，与其重视与支持程度，以及工作态度不可分，直接影响员工对实验室安全的态度。实验室管理者和安全负责人应具备安全相关知识和管理能力，对安全问题要予以充分的重视，以身作则，带头做好培训、消防演习、应急预防等安全工作，强化自身及员工的安全意识，在日常工作中保持高度的安全责任心，督促和落实安全责任。安全管理者应做好与其工作相适应的安全工作以及控制好可能影响安全的危险源。对于任何风险的变更，如实验室某些影响安全的关键环节发生变更后，应立即组织人员重新进行危险源和潜在风险的识别，同时修改相应的工作程序，并且将这些修改的内容安排在年度安全培训计划里，保证实验室的安全工作持续有效。

　　实验室员工应遵守安全有关程序、规章制度，严格遵照安全操作规程，参加安全教育培训和学习，建立起遵守安全法律法规和要求意识、安全第一、预防为主、自我保护的安全意识、以及良好的群体意识，从以往事故中吸取经验教训，积极参加实验室内的安全相关事宜，运用良好的安全意识来保护自身的人身安全。意识决定行为，行为决定习惯，习惯决定素质，素质决定人的命运。员工应通过参加培训学习，提高其安全意识，从被动接受安全教育和培训，转化为主动提升自我，最终具备必要的安全能力。

为了确保实验室安全工作的顺利开展，实验室应配备足够的安全人员，安全人员在实验室可以兼职其他工作。对于承担实验室安全管理和操作的人员，要求将其职责和权限形成文件，对其职责和权限的描述可纳入运行程序、作业指导书或岗位描述。实验室安全职责应予以界定，以避免与检测和校准活动的职责相混淆，确保实验室安全工作的正常开展和落实。

实验室应确保其工作对安全有影响的人员具备从事相关工作的能力，实验室除对相关人员进行检测和校准活动能力的培训和培养，对这类人员还应进行岗位潜在危险、可能导致的危害、应采取的防护措施、应急措施等培训，让他们知晓所从事岗位的风险及处理措施，实验室应对他们的能力进行确认后才予以安排工作，并保存教育、培训以及能力确认的记录。对于人员是否胜任相应的安全岗位应该从能力、培训和意识三方面来确认，"能力"宜考虑以下因素，安全岗位工作职责、运行程序和指令的执行情况、法律法规和其他要求以及个人综合能力等；对于"培训"应评估培训的有效性，可通过笔试或口试、实践考核或者其他证实能力的方法；"意识"可从员工工作中反映出的责任心、对安全培训的态度、以及消防演习等方面考量。

实验室还应在运行、操作或供方发生变更时，考虑变更所带来的危险源和潜在风险变化，对于危险源和潜在风险变化时应重新加以评估，确保工作人员得到相应的变更培训，总之，应确保在这些变更过程中人员具有持续符合实验室安全要求的能力。

实验室人员的健康状况应能适应其岗位工作的要求，如果自身身体状况不适合从事特定岗位工作，应主动、及时向实验室安全主管或监督人员报告，便于实验室采取合适的措施，比如换岗或休息恢复后再上岗等。

对从事接触职业病危害作业的员工，包括转岗到该作业岗位的员工，以及从事有特殊健康要求作业的员工，实验室应制定职业健康监护计划和落实专项经费，及时安排员工进行职业健康检查，并将检查结果如实告知员工。

接触职业病危害主要指接触生产性粉尘、有害化学物质、物理因素、放射性物质而对员工身体健康所造成的伤害，例如，物理因素所致职业病有中暑、高原病等；职业性皮肤病有接触性皮炎、光敏性皮炎、化学性皮肤灼伤等；汞及其化合物中毒、锰及其化合物中毒、氨中毒、氯气中毒、氮氧化合物中毒、苯中毒、四氯化碳中毒等，以及噪声、石棉等因素导致的疾病。

实验室应建立健康监护档案，并保留员工的健康检查记录备查。

实验室应采取培训、岗位作业指导书、流程卡等多种方式，确保实验室人员清楚所从事的工作可能遇到的危险和危害，以及防护和应急措施，包括：

——危险源的种类和性质；

——工作时用到的材料和设备的危险特性；

——可能导致的危害；

——应采取的防护措施；

——紧急情况下的应急措施。

实验室最高管理者职责和权限：实验室最高管理者对实验室安全和安全管理体系负最

终责任，为安全管理体系建立并保持提供必要的资源，这些资源包括但不限于：人力资源、设施和设备资源、技能和技术、医疗保障、财力资源、赋予安全相关人员一定的权力、明确作用、分配职责和责任等；建立实验室各层之间的相互沟通渠道和与外部的沟通和报告机制；确定和批准实验室的安全方针，将满足安全法定要求的重要性传达到本实验室。

实验室安全责任人资格：实验室安全责任人可以是实验室最高管理者，也可以是或经授权对实验室安全全面负责的个人或一组人，有时也称安全主管、安全负责人或管理者代表。在担任安全责任人前，应得到充分的安全培训和安全指导，特殊领域的安全责任人，如开展锅炉、压力容器、压力管道、电梯、起重机械、客运索道、大型游乐设施、气瓶作业、安全保护装置等产品检测的实验室，其安全责任人应通过国家相关部门的考核，获得相关领域资质，持证上岗。安全责任人应有足够的实验室检测经历和管理经验，并获有文件形式的授权书。

实验室安全责任人职责和权限：安全责任人应根据实验室业务性质、活动特点等情况建立、实施、保持并持续改进与其规模及活动性质相适应的安全管理体系，确定如何满足所有安全要求，并形成文件；安全责任人具有所需的权力和资源来履行包括实施、保持和改进安全管理体系的职责，识别对安全管理体系的偏离，以及采取预防或减少这些偏离的措施；向最高管理者报告安全体系绩效，以供评审；制订实验室年度培训计划并组织实施，确保实验室人员理解他们活动的安全要求和安全风险，以及如何为实现安全目标作出贡献。确保人员在其能控制的领域承担安全方面的责任和义务，包括遵守适用的安全要求，避免因个人原因造成安全事故；安全责任人应有直接与实验室管理者对话的渠道。

安全监督员资格：实验室安全监督员应由熟悉实验室检测校准活动和安全要求的人员担任，应有在实验室工作的经历，熟悉实验室各检测环节的要求，并获有文件形式的授权书。

安全监督员职责和权限：安全监督员应按实验室安全管理体系的要求和频次对实验室开展的各项工作进行安全监督，并保留监督记录，发现安全问题及时汇报安全责任人；同时，安全监督员应对实验室员工以及在培员工的健康状况与岗位要求是否相适应进行动态监督，保留员工的健康监督记录。实验室应赋予安全监督人员所需权力和资源来履行包括评估和报告活动风险、制定和实施安全保障及应急措施、阻止不安全行为或活动的职责。

特种设备是指涉及生命安全、危险性较大的锅炉、压力容器（含气瓶）、压力管道、电梯、起重机械、客运索道、大型游乐设施和场（厂）内专用机动车辆（2009 年 5 月 1 日中华人民共和国国务院第 549 号令）。

实验室在建立安全管理体系时，应正确识别和评估本实验室涉及的特种设备以及相关的特殊检测岗位，如电气实验室里的材料燃烧试验岗位、抗电强度试验岗位、焊接与切割、脱脂岗位、从事辐射测量岗位等，锅炉检测实验室的破坏性试验岗位、压力试验岗位，化学实验室的压缩和液化气体的处理岗位以及低温液体的处理岗位等等，对从事特殊岗位以及操作特种设备的员工应进行岗前培训，使员工清楚地知道所从事岗位存在的危险、防范措施和应急处理，安全责任人有义务组织安全监督人对这些岗位的员工实施全过程的安全监督，确保员工的安全。

必要时，操作特种设备和特殊岗位的从业人员还应通过国家相关部门的考核，取得相应资质。

【标准条款】

> **5.2.2 培训和指导**
>
> a) 应对进入实验室的所有人员实施入门培训，确保他们清楚实验室安全规定、风险和程序，并确保他们经过适用的个体防护装备的使用和维护培训；
>
> **注**：包括相关法规知识。
>
> b) 实验室制定的培训计划应包含安全培训内容，并与实验室当前和预期的工作相适应；
>
> c) 实验室相关人员应经过危险物品和安全设备的使用和安全处理培训；
>
> d) 实验室人员应经过应急程序的培训，包括确保所有员工和参观者安全撤离实验室；
>
> e) 当使用在培员工时，应对其安排适当的监督；
>
> f) 实验室应保留培训记录，并对培训有效性进行评价。

【理解与实施】

实验室应建立相应的程序，对所有进入实验室办公区域或试验区域的人员包括来访者、聘用人员、临时聘用人员进行入门培训，并对需要用到的个体防护装备的使用和维护进行必要的培训。对于实验室的基本安全规范应该张贴在实验室入口显眼位置，并尽量使用简单易懂的语言进行描述，保证进入实验室的任何人员都能在第一时间清楚的看到和识别，保证他们清楚和了解实验室的安全规定，不同区域可能存在的安全隐患和风险，以及如何防护和可以采取的应急措施。入门培训也包括相关法规知识培训

实验室制定的年度培训计划应包含安全培训内容，并且安全培训内容应与实验室当前和预期的工作相适应。并且某些影响安全的关键环节发生变更时应重新对识别的危险源和潜在风险进行评估，修改相应的工作程序，并且这些修改的内容应安排在年度安全培训计划里实施培训，保证实验室的安全工作持续有效。

实验室应根据危险源和潜在风险的识别情况，对实验室管理人员，实验室操作人员、辅助人员以及临时聘用人员进行相关化学品和安全设备使用前培训，保证在出现紧急情况时，现场操作人员有能力进行一些基础安全处理，避免安全事件的扩大和升级。

实验室应组织对其员工进行应急措施和程序的培训，保证实验室员工和和来访者在遇到危险时能安全及时、有序的撤离实验室。在实验室的年度培训计划里应含盖应急措施和程序的培训，实验室应按计划定期模拟演练应急程序，保证实验室员工在紧急情况下能安全撤离实验室，有条件的实验室还应任命一定数量的安全引导员，在发生紧急情况时引导来访者或临时雇用人员有序的安全撤离实验室。建议模拟演练以年度为单位进行，四年要对实验室所有应急程序全要素覆盖一次。

实验室如有使用在培员工，应对其安排适当的监督，以确保其在实验室工作的安全。对于在培员工包括新聘用人员和一部分临时聘用人员，除了安排适当的安全培训外，还必须安排适当的监督，监督的内容应包括人员在实验室指定的工作区域，按规定操作指定的设备，佩戴适当的安全防护装备。对于不符合安全程序要求的活动或操作应及时制止并及时教育和培训等。监督的方式可采用定时巡查或者远程监控等方式。

安全培训的内容、方式、频度以及参加人员等关键信息应该文件化，并写入年度培训

计划之中，对于培训的记录应记录内容、方式和参加人员等内容并按实验室要求保存，并对培训的效果进行评价，作为实验室改进安全工作的输入。

实验室制定的年度培训计划里应包含安全培训内容，包括但不限于：对员工安全意识提升的培训，对来访者应知应会的培训，对在培或临时聘用员工的岗前培训和监督、各岗位危险源的识别、风险评估、防护和应急措施等内容的培训以及关键岗位变更后导致的安全文件变更的培训，对安全相关法律法规的培训，对不同性质火灾的消防灭火演习以及应急撤离演习计划安排等。

培训可按岗位和人员的不同要求分别安排，对基本安全知识、安全相关法律法规以及每人应知应会的内容要安排全体人员培训，对岗位中共性和个性的知识可根据岗位要求分别实施培训，对实验室特殊岗位人员有条件的要送到相关培训机构进行安全培训，无条件的可由实验室自行组织研究和培训或采取其他方式进行培训，对外来人员要进入实验室区域，可根据所进入的区域要求进行简要培训。

培训应不限方式，可采取"请进来，走出去"的方式，集中培训和个别培训相结合，也可通过实验室网络系统告示、张贴标志标语、发 EMAIL 文件、短信或口头交代，通过实验室员工"传帮带"方式、发布案例分析、到优秀实验室参观等多种方式进行，安全文件和培训教材的编制尽可能采用浅显易懂的语言和标识，培训计划实施后应保存记录，并对其效果的有效性进行评价。

实验室岗位安全培训大纲的建立：实验室在开展工作前，应建立必要的岗位安全培训大纲对相关人员实施必要的培训和对培训有效性进行评价。培训大纲包括：对每一岗位和工位的工作描述、对可能存在的危险源进行识别和风险分析，适宜采取的防护措施和应急处理措施等，培训大纲涉及人员范围、培训的频次，以及培训要求等。

【案例 4-1】 实验室发热试验项目安全培训大纲的建立

工作描述：按标准要求设定器具工作状态，布置热电偶，设置电阻法测量电路，器具的放置尽可能使热电偶测得各部位的最高温升。

危险源识别：发热试验过程中器具可能的不正常工作导致器具某部份温度过高、排放出有毒有害气体、起火危险或发生器具爆炸危险。

风险分析：送到实验室检测的样品均为企业经过成品终端检测合格的产品，因此在正常情况下，发热试验危险发生的概率应为中等，对事件的影响等级也为中等，最终可以判定其风险等级中等。

防护措施：实验室应配置防火防爆防毒的密封测试系统和通风系统，对可预见的危险产品应放入该系统中进行试验，同时还应配有一定数量的防毒面具，和灭火设施如灭火器、防火沙、防火地毯等，以便在发生危险时能及时取用，消除危险。

应急处理：危险发生时，应在第一时间切断电源，打开通风设备，视危害程度发放防毒面具和使用灭火设备，由安全员及时疏散现场人员包括来访者。

培训实施：该培训涉及实验室试验工程师以及实验室管理岗位员工。同时实验室还应对新进员工及初次来访者实施应知应会培训，使他们及时了解发热试验过程中可能产生的危险和危害，以及如何防护和采取应急处理措施，防护设备的放置位置和使用等等，培训完后，可以提问互动的方式考察受训者的理解程度，以进一步验证培训的效果。

第三节 设施和环境

【标准条款】

> **5.3 设施和环境**
>
> **5.3.1 实验室结构和布局**
>
> 规划建造实验室或改造实验室时，尤其应关注实验室安全。在规划阶段，实验室的设计和结构应考虑消除或减少实验室的风险，对通道、出口和安全应给予特别关注，同时也要对试验区域和设施的设计和结构给予特别关注。实验室结构和布局的要求见附录 A。

【理解与实施】

实验室的建设，无论是新建、扩建、改建，均要综合考虑实验室的总体规划、合理布局和平面设计，以及供电、供水、供气、通风、空气净化、安全措施、环境保护等，实验室的建设是一项复杂的系统工程。实验室设计必须执行国家现行有关安全、卫生、辐射防护、环境保护法规和规定。在规划阶段，实验室的设计和结构应考虑消除或减少实验室的风险，对通道、出口和安全应给予特别关注，同时也要对试验区域和设施的设计和结构给予特别关注。实验室的结构和布局的要求见本标准附录 A，包括实验室一般要求（结构、荷载；门窗、走道；楼梯、电梯；防盗与报警；防火与疏散；实验辅助设施）和实验室特殊要求（实验室内设备、家具的布局要求；储存区要求）等。

【标准条款】

> **5.3.2 职业接触限值**
>
> **5.3.2.1** 员工在工作场所接触的化学有害因素，包括化学物质、粉尘和生物因素，其在工作场所空气中的浓度应不超过 GBZ 2.1—2007 所规定的限值。
>
> **5.3.2.2** 员工在工作场所接触的物理因素，包括：超高频辐射、高频电磁场、工频电场、激光辐射（包括紫外线、可见光、红外线、远红外线）、微波辐射、紫外辐射、高温作业、噪声和手传振动等，应不超过 GBZ 2.2 所规定的限值。

【理解与实施】

在职业活动过程中长期反复接触，对绝大多数接触者的健康不引起有害作用的容许接触水平称为职业接触限制。职业接触限值包括时间加权平均容许浓度、短时间接触容许浓度和最高容许浓度三类。员工在工作场所接触到的有害因素分为化学有害因素和物理有害因素。

一、化学因素的职业暴露限值

员工在工作场所接触的化学有害因素包括化学物质、粉尘和生物因素，其中化学物质因素 339 项、粉尘因素 47 项和生物因素 2 项。工作场所空气中化学物质容许浓度见 GBZ 2.1—2007 中表 1；工作场所空气中粉尘容许浓度见 GBZ 2.1—2007 中表 2；工作场所空气中生物因素容许浓度见 GBZ 2.1—2007 中表 3。

二、物理因素的职业接触限值

员工在工作场所接触的物理因素包括超高频辐射、高频电磁场、工频电场、激光辐射（包括紫外线、可见光、红外线、远红外线）、微波辐射、紫外辐射、高温作业、噪声和手传振动等。

1. 超高频辐射职业接触限值

超高频辐射：又称超短波，指频率为30MHz～300MHz或波长为10m～1m的电磁辐射，包括脉冲波和连续波。工作场所超高频辐射职业接触限值见GBZ 2.2—2007中表1。测量按GBZ/T 189.1规定的方法测量。

2. 高频电磁场职业接触限值

高频电磁场：频率为100kHz～30MHz，相应波长为3km～10m范围的电磁场。工作场所高频电磁场职业接触限值见GBZ 2.2—2007中表2内容。测量按GBZ/T 189.2规定的方法测量。

3. 工频电场职业接触限值

工频电场：频率为50Hz的极低频电场。工作场所工频电场职业接触限值见GBZ 2.2—2007中表3。测量按GBZ/T 189.3规定的方法测量。

4. 激光辐射职业接触限值

激光：波长为200nm～1mm之间的相干光辐射。眼直视激光束的职业接触限值见GBZ 2.2—2007中表4。激光照射皮肤的职业接触限值见GBZ 2.2—2007中表5。测量按GBZ/T 189.4规定的方法测量。

5. 微波辐射职业接触限值

微波：频率为300MHz～300GHz、波长为1m～1mm范围内的电磁波，包括脉冲微波和连续微波。工作场所微波职业接触限值见GBZ 2.2—2007中表6。测量按GBZ/T 189.5规定的方法测量。

6. 紫外辐射职业接触限值

紫外辐射：又称紫外线，指波长为100nm～400nm的电磁辐射。工作场所紫外辐射职业接触限值见GBZ 2.2—2007中表7。测量按GBZ/T 189.6规定的方法测量。

7. 高温作业职业接触限值

高温作业指在生产劳动过程中，工作地点平均WBGT指数≥25℃的作业。工作场所不同体力劳动强度WBGT限值见GBZ 2.2—2007中表8。测量按GBZ/T 189.7规定的方法测量。

8. 噪声职业接触限值

生产性噪声即在生产过程中产生的一切声音。工作场所噪声职业接触限值见GBZ 2.2—2007中表9。工作场所脉冲噪声职业接触限值见GBZ 2.2—2007中表10。测量按GBZ/T 189.8规定的方法测量。

9. 手传振动职业接触限值

手传振动即生产中使用手持振动工具或接触受振工件时，直接作用或传递到人的手臂的机械振动或冲击。工作场所手传振动职业接触限值见GBZ 2.2—2007中表11。测量按GBZ/T 189.9规定的方法测量。

【标准条款】

> **5.3.3 火灾监测和防爆**
>
> 　　如果实验室有可预见的火灾或爆炸风险，应安装消防设备和自动火灾报警设备。
>
> 　　对于使用可能导致火灾或爆炸危险的物质的实验室，应根据 GB 3836.14 来划分危险区域，并选择合适的电气安装。
>
> 　　某些情况下宜提供多种保护措施。易燃液体储存间宜配置自动监测报警装置、自动灭火系统，必要时还应有防爆装置。
>
> 　　消防设施、火灾监测和报警设施应定期检查，适当维护和保养。

【理解与实施】

一、实验室应安装消防设备和自动火灾报警设备

　　实验室应根据各区域存放设备、物品的性质、类型、数量正确评估所在区域可能存在的火灾或爆炸风险，并根据需要安装消防设备和自动火灾报警装置。

　　实验室可能存在可预见的火灾或爆炸风险的区域，例如：

　　（1）存放或使用具有易燃、易爆等特性、会对人员造成伤害或损害、破坏设施和环境的化学品，并超过临界量的区域。

　　（2）试验过程会产生高温、爆炸风险的测试区域。

　　（3）堆放大量可燃物质的区域，如样品间、纤维纺织服装检测区等。

　　实验室应根据 GB 50016《建筑设计防火规范》和 GB 50166《火灾自动报警系统施工及验收规范》的要求安装和验收消防设备和自动报警装置。

二、危险区域的划分

　　对于使用可能导致火灾或爆炸危险的物质的实验室，依据 GB 3836.14，根据爆炸性气体环境出现的频率和持续时间把危险场所分为以下区域：

　　0 区——爆炸性气体环境连续出现或频繁出现或长时间存在的场所。

　　1 区——在正常运行时，可能偶尔出现爆炸性气体环境的场所。

　　2 区——在正常运行时，不可能出现爆炸性气体环境，如果出现，仅是短时间存在的场所。

　　注：以上出现的频次和持续时间的指标可从特定工业或应用的有关规范中得到。

1. 安全原理

　　运行中使用或产生或贮存可燃物质的成套装置的设计、操作和维护应使得任何可燃物质的释放和形成的危险场所的范围，无论是在正常运行或其他条件下都保持最小，同时考虑释放的频次、持续时间和数量。

　　检查设施设备和系统中是否可能出现可燃性物质释放是很重要的，如可能可考虑修改设计将此类释放的可能性与频次以及物料的释放速度与释放量减到最少。

　　这些基本事项宜在装置设计开发的早期进行检查，并应在研究场所分类时引起足够的重视。

　　在除正常操作之外的活动中，例如调试或维护，场所分类可能是无效的，这种情况下

可使用安全工作制度来处理。

在可能存在有爆炸性气体环境的情况下，应采取下列措施：

——消除着火源周围可能出现的爆炸性气体环境；或

——消除着火源。

如果不可能，应选择并准备一些预防措施，即设施设备、系统和程序使得上述情况共同存在的可能性减少到允许的程度。如果某些措施的可靠性高，或综合在一起可以达到所需的安全水平，这些措施可单独采用。

2. 场所分类的目的

场所分类是对可能出现爆炸性气体环境的场所进行分析和分类的一种方法，以便正确选择和安装危险场所中的电气设备，达到安全使用的目的。分类也把其他或蒸气的点燃特性，例如点燃能量（气体类别）和引燃温度（温度组别）考虑进去。

在使用可燃性物质的许多实际场所，难以保证爆炸性气体环境永不出现，而且确保设备永不成为着火源也是不可能的。因此，在出现爆炸性气体环境的可能性很高的场所，使用产生着火源可能性小的设备是可靠的。相反，如果降低爆炸性气体环境出现的可能性，则可以使用在结构上要求不太严格的设备。

完成场所分类之后，风险评价可用来评定在此爆炸性环境下出现着火的后果，用以确定是否需要采用更高设备保护级别（EPL）的设备，或者用以证明可以采用低于正常保护级别的设备。适用时，EPL 的要求可被记录在场所分类文件中和图纸上，以允许选择合适的电气设备。

几乎不可能通过对装置或装置布置的简单检查来确定装置周围哪些部分能符合三个区域的划分（0 区、1 区或 2 区）。对此，需要更复杂的方法，包括对出现爆炸性、其他环境可能性进行的级别分析。

按 0 区、1 区和 2 区的定义来确定产生爆炸性气体环境的可能性。一旦确定了可能释放的频率和持续时间（释放等级）、释放速度、浓度、速率、通风和其他影响区域类型和/或范围的因素，对确定周围场所可能存在的爆炸性气体环境就有了可靠的根据。因此，该方法要求更详细地考虑含有可燃性物质，并且可能成为释放源的每台设备的情况。

特别是应通过设计或适当的操作方法，将 0 区或 1 区场所在数量上或范围上减至最小，换句话说，实验室和其设备安装场所大部分应该为 2 区或非危险场所。对不可避免的有可燃性物质释放的场所，应限制其设备为 2 级释放源，如果做不到（即 1 级释放源或连续级释放无法避免的场所），则应尽量限制释放量和释放速度。在进行场所分类时，这些原则应优先给予考虑。必要时，设备的设计、运行和设置都应保证即使在异常运行条件下释放到大气中的可燃性物质的数量被减至最小，以便缩小危险场所的范围。

一旦对实验室进行了分类，并且做了必要的记录，很重要的是在未与负责场所分类的人员协商时，不允许对设备或操作程序进行修改。未经许可擅自进行场所分类无效。必须保证影响场所分类的所有设施设备在维修中和重新装配后都进行认真检查，重新投入运行之前，保证涉及安全性的原设计的完整性。

3. 场所分类程序

（1）场所分类应由懂得可燃性物质性能的相关性和重要性、熟悉设备及其性能的专业人员进行。还应与懂安全、电气、机械及其他有资质的工程技术人员商议。场所分类应在最初布局规划有效时进行，并在装置投入使用前确定。在装置的整个存续期间应进行复查。

（2）确定危险区域类型的根本因素就是鉴别释放源和确定释放源的等级。只有可燃性气体、蒸气或薄雾与空气同时存在时，才能存在爆炸性气体环境，因此必须确定有关场所内是否存在可燃性物质。一般地说，这些可燃性气体或蒸气（以及可燃性液体和固体可能会产生可燃性气体或蒸气）是装在可能全封闭或不全封闭的设备中。为此，必须确定设备内部是否存在有可燃性环境，或者释放的可燃性物质是否能在设备外部产生可燃性环境。

每一台设备（如罐、泵、管道、容器等）都应视作可燃性物质的潜在释放源。如果该类设备不可能含有可燃性物质，那么很明显它的周围就不会形成危险场所。如果该类设备可能含有可燃性物质，但不向大气中释放（如全部焊接管道不视为释放源）则同样不会形成危险场所。

如果已确认设备会向大气中释放可燃性物质，应首先确定大概的释放频率和持续时间，然后按分级的定义确定释放等级。一般认为封闭式系统可打开的部位（如：更换过滤器或加料）在进行场所分类时也应作为释放源。根据该方法，各种释放源可分别划为"连续级""1级"或"2级"。

释放源的等级确定之后，应确定可能影响危险场所类型和范围的释放速率和其他因素。

如果用于释放的可燃性物料的总量"小"，例如，试验室使用，当一个潜在的危险可能存在时，可能不适合使用该场所分类程序。在这种情况下，应考虑有特定风险的存在。

（3）区域类型。存在爆炸性气体环境的可能性主要取决于释放等级和通风，用区域识别，区域被分为0区、1区以及非危险场所。

（4）区域范围。区域范围主要受以下化学和物理参数、可燃性物质某些固有特性的影响，其他因素为运行过程中特有的。

——气体或蒸气的释放速率越大，区域范围就越大。释放速率取决于释放源本身的其他参数即：

- 释放源的几何形状；
- 释放速度；
- 浓度；
- 可燃性液体的挥发性；
- 液体温度。

——对于给出的释放体积，爆炸下限（LEL）越低，危险区域范围就越大。

——随着风量的加大，危险区域范围通常会减小。阻碍通风的障碍物能使危险区域范围扩大。另一方面，某些障碍物如堤坝、围墙或天花板都能限制危险场所范围。

——释放气体或蒸气的相对密度。如果气体或蒸气明显的轻于空气，则它就趋于向上飘移；如果明显的重于空气，它就趋于沉积于地面，在地面上，区域水平范围将随着相对密度的增大而增大，释放源上方的垂直方向范围将随着相对密度的减小而扩大。

——应考虑的其他因素，包括气候条件和地形分布状况。

三、对有火灾和防爆危险的场所提供的保护措施

（1）消防水源和消防给水管道及消火栓的设计应符合国家相关消防法规和标准要求。

（2）火灾自动报警系统的设计应满足 GB 50116 和现行有关强制性国家标准、规范的规定。

（3）建筑的防火设计应满足 GB 50016 的规定。

（4）实验室建筑在投入使用前，应经过具备资质的检测机构的检测和消防管理部门的验收。

四、消防设施、火灾监测和报警设施的维护和保养

1. 消防设施、火灾监测和报警设施定期维护的必要性

建筑消防设施存在着自然老化、使用性和耗用性老化，产品的可靠性、稳定性等性能较差进而会造成消防设施瘫痪或关闭。完善的设计、良好的施工质量和科学的技术检测，仅可以保证建筑消防设施进入良好的初始运行状态，并不能确保系统始终完好如初。特别是一些新建、扩建、改建单位，单纯性地为了过验收关而配备消防设施，一旦通过验收，就出现了无人管理的情况。因此，为了加强建筑消防设施的使用维护管理，保证其正常运行，提高建筑物的防御火灾能力，加强建筑消防器材设施的维护管理就显得非常的必要。

2. 消防设施应保持连续正常运行，定期检查其功能并按要求填写相应的记录

（1）一般消防设施投入运行后，应定期全部清洗一遍。

（2）每年应定期检查消防设备和系统的功能并填写记录。

（3）不同类型的消防设备应有备件，以确保更新修护使用。

【标准条款】

> **5.3.4　紧急报警系统**
>
> 由于实验室运行的特殊性质，可能存在除火灾外的其他紧急情况下人员撤离的需求。因此，宜考虑安装独立的对讲系统。实验室应配备下列应急设施：
>
> a）紧急撤离警报系统，建筑物内所有地方都能听见，并在无法辨别声音警报的特殊环境，如背景噪声水平高，辅以视觉警报；
>
> b）远程信号系统，其将应急报警和任何自动监测或保护设备连接到监测场所。在远程信号系统不能实现的地方，应提供直接通信的替代方式；
>
> c）自动监测、火灾和人工报警系统的指示板，应安装在显眼的地方，用以指示已经运行的监测、火灾或人工报警器的位置。指示板应清晰、明显；
>
> d）任何自动、人工火灾或气体监测、保护或报警装置启动时，机械通风系统应抽排空气使得不形成循环。实验室排风系统和通风柜宜持续运行直到实验室管理人员手动将其关闭。

【理解与实施】

由于实验室运行的特殊性质，可能存在除火灾外的其他紧急情况下人员撤离的需求。因此，宜考虑安装独立的对讲系统和下列应急设施。

1. 紧急撤离警报系统

建筑物内所有地方应都能听见，并在无法辨别声音警报的特殊环境，如背景噪声水平

高，辅以视觉警报，警报系统应符合 GB 50116 和 GB 16796 及相关产品标准规定的安全性要求。常见的紧急撤离报警系统有以下几种：

（1）区域报警系统：由火灾探测器、手动火灾报警按钮、火灾声光报警器及火灾报警控制器等组成。

（2）集中报警系统：由火灾探测器、手动火灾报警按钮、火灾声光报警器、消防应急广播、消防专用电话、消防控制室图形显示装置、火灾报警控制器、消防联动控制器等组成。

（3）控制中心报警系统（图 4-4）：由消防控制室的消防控制设备、集中火灾报警控制器、区域火灾报警控制器和火灾探测器等组成，或由消防控制室的消防控制设备、火灾报警控制器、区域显示器和火灾探测器等组成，功能复杂的火灾自动报警系统。

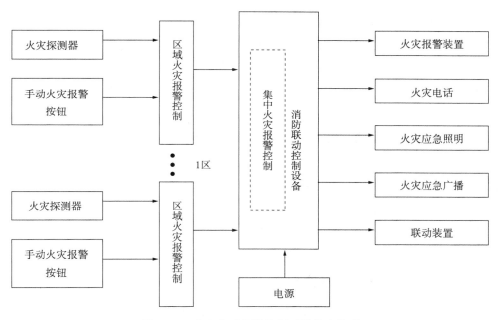

图 4-4 火灾自动报警控制系统基本构成

2. 远程信号系统

其将应急报警和任何自动监测或保护设备连接到监测场所。在远程信号系统不能实现的地方，应提供直接通信的替代方式。

3. 指示板（即应急疏散指示标志）

所有自动监测、火灾和人工报警系统的指示板，应安装在显眼的地方，用以指示已经运行的监测、火灾或人工报警器的位置。指示板应清晰、明显并符合 GB 17945《消防应急照明和疏散指示系统》标志要求。

4. 通风系统

任何自动、人工火灾或气体监测、保护或报警设备启动时，机械通风系统应抽排空气使得不形成循环并满足本标准 5.3.5 通风的要求。

【标准条款】

> **5.3.5　通风**
>
> **5.3.5.1　总则**
>
> 　　实验室的通风能力应与当前实验室运行情况相适应，应符合 GB 50736 对通风的要求。当发生空气污染物聚集达到不安全浓度时或实验室内有缺氧风险时，应有充足的通风或烟雾抽排设施以确保有效地排除或处理。实验室应提供适当的自动防故障装置或报警装置用于防烟与排烟。必要时，独立的储藏室宜有一个专门的通风系统，不宜与其他储藏区域共用一个通风系统。
>
> 　　空气污染物的职业接触限值见 GBZ 2.1—2007、GBZ 2.2 和 GB/T 18883。

【理解与实施】

一、实验室通风能力的要求

　　实验室的通风能力应与当前实验室运行情况相适应，应当考虑 GB 50736《民用建筑供暖通风与空气调节设计规范》中对通风的要求。办公室和大堂每人所需最小新风量应满足 30 [m³/（h·人）] 和 10 [m³/（h·人）] 的规定。对不可避免发散的有害或污染环境的物质，在排放前必须采取通风净化措施，并达到国家有关大气环境质量标准的各种污染物排放标准的要求。

二、实验室应有足够的通风或烟雾抽排设施

　　当发生空气污染物聚集达到不安全浓度时或实验室内有缺氧风险时，应有充足的通风或烟雾抽排设施以确保有效地排除或处理。实验室每小时换气次数一般为 6～12 次。实验室的通风系统应设计保障试验中产生的化学气体不被循环使用。试验中所释放出的化学气体都应被很好地控制或捕捉起来，以防止室内化学气体对人体伤害和易燃易爆气体浓度增大引起燃烧。

三、自动防故障装置或报警装置

　　除了当实验要求洁净空间（万级或以上），或作为隔离或无菌实验室以及其他一些特殊类型实验室，实验室的气流方向应为从低危险区域流向高危险区域。当进行控制的气流可能产生危害时必须加以控制时，通常要求安装监测报警装置，在气流可能泄漏时进行报警。除非在以下情况下才允许气流从实验室向周边区域流动：一是实验室内没有使用危险的实验材料。二是当实验室内产生的毒害气体可能的最大浓度小于所规定的暴露限值时。空气污染物的职业接触限值见 GBZ 2.1、GBZ 2.2 和 GB/T 18883 等标准。

四、独立的储藏室宜有一个专门的通风系统

　　每一个独立的储藏室必要时应有一个专门的通风系统，不宜与其他储藏区域共用一个通风系统。可以为每一台通风柜配备独立的排风机，也可以将多台通风柜进行并联控制，作为一个整体连接到一个或多个普通的排风机。通风系统可分为压力独立和压力不独立两种类型。压力不独立系统通常是采用定风量控制，并对每台排风蝶阀的平衡叶片进行手动调节。如果压力不独立系统内增加额外的通风柜，那么整个系统必须重新调整平衡，排风

机的转速可能也要进行调整。压力独立型系统可以采用定风量、双稳态以及变风量控制。系统所有的排风设备都有压力调节装置。

【标准条款】

> **5.3.5.2 防烟和排烟**
>
> 实验室中用于消防的防烟和排烟设施应符合 GB 50016—2006 第 9 章"防烟与排烟"的要求，其他用途的防烟和排烟设施应独立于消防用途的防烟和排烟设施。

【理解与实施】

一、防烟和排烟的目的和要求

实验室中用于消防的防烟和排烟设施应及时排除火灾产生的大量烟气，阻止烟气向防烟区外扩散，确保建筑物内人员的顺利疏散和安全避难，并为消防救援创造有利条件。实验室中用于消防的防烟和排烟设施应符合 GB 50016—2006《建筑设计防火规范》第 9 章"防烟与排烟"的要求（请关注，该标准的新版本将在 2015 年实施），包括一般规定、自然排烟、机械排烟和机械防烟。

1. 一般规定

（1）建筑中的防烟可采用机械加压送风防烟方式或可开启外窗的自然排烟方式。

（2）防烟楼梯间及其前室、消防电梯间前室或合用前室应设置防烟设施。

（3）机械排烟系统与通风、空气调节系统宜分开设置。

（4）防烟与排烟系统中的管道、风口及阀门等必须采用不燃材料制作。排烟管道应采取隔热防火措施或与可燃物保持不小于 150mm 的距离。

（5）机械加压送风管道、排烟管道和补风管道内的风速应符合下列规定：采用金属管道时，不宜大于 20.0m/s；采用非金属管道时，不宜大于 15.0m/s。

2. 自然排烟

（1）设置自然排烟设施的场所，其自然排烟口的净面积应符合：防烟楼梯间前室、消防电梯间前室不应小于 2.0m²；合用前室不应小于 3.0m²；靠外墙的防烟楼梯间，每 5 层内可开启排烟窗的总面积不应小于 2.0m²；中庭不应小于该中庭楼地面面积的 5%；其他场所宜取该场所建筑面积的 2%～5%。

（2）作为自然排烟的窗口宜设置在房间的外墙上方或屋顶上，并应有方便开启的装置。自然排烟口距该防烟分区最远点的水平距离不应超过 30m。

3. 机械排烟

（1）设置排烟设施的场所当不具备自然排烟条件时，应设置机械排烟设施。

（2）需设置机械排烟设施且室内净高小于或等于 6m 的场所应划分防烟分区；每个防烟分区的建筑面积不宜超过 500m²，防烟分区不应跨越防火分区。

（3）防烟分区宜采用隔墙、顶棚下凸出不小于 500mm 的结构梁以及顶棚或吊顶下凸出不小于 500mm 的不燃烧体等进行分隔。

（4）在地下建筑和地上密闭场所中设置机械排烟系统时，应同时设置补风系统。当设置机械补风系统时，其补风量不宜小于排烟量的 50%。

（5）机械加压送风防烟系统和排烟补风系统的室外进风口宜布置在室外排烟口的下方，且高差不宜小于 3.0m；当水平布置时，水平距离不宜小于 10.0m。

（6）排烟风机的全压应满足排烟系统最不利环路的要求。其排烟量应考虑 10％～20％的漏风量；排烟风机可采用离心风机或排烟专用的轴流风机；排烟风机应能在 280℃的环境条件下连续工作不少于 30min；在排烟风机入口处的总管上应设置当烟气温度超过 280℃时能自行关闭的排烟防火阀，该阀应与排烟风机联锁，当该阀关闭时，排烟风机应能停止运转。

（7）当排烟风机及系统中设置有软接头时，该软接头应能在 280℃的环境条件下连续工作不少于 30min。排烟风机和用于排烟补风的送风风机宜设置在通风机房内。

4. 机械防烟

（1）下列场所应设置机械加压送风防烟设施：不具备自然排烟条件的防烟楼梯间、不具备自然排烟条件的消防电梯间前室或合用前室、设置自然排烟设施的防烟楼梯间，其不具备自然排烟条件的前室。

（2）防烟楼梯间内机械加压送风防烟系统的余压值应为 40～50Pa；前室、合用前室应为 25～30Pa。

（3）防烟楼梯间和合用前室的机械加压送风防烟系统宜分别独立设置。

（4）防烟楼梯间的前室或合用前室的加压送风口应每层设置 1 个。防烟楼梯间的加压送风口宜每隔 2～3 层设置 1 个。

（5）机械加压送风防烟系统中送风口的风速不宜大于 7.0m/s。

二、消防的防烟和排烟设施的隔离

为了防止其他用途的防烟和排烟设施对消防的防烟和排烟设施的影响，宜将消防的防烟和排烟设施独立于其他用途的防烟和排烟设施，可使用独立的管井进行隔离。为避免不同类型烟尘混合可能带来的不可接受的危害，例如火灾和爆炸，不同通风柜的排烟设备不可联接在一起。每一个烟柜对应的单独排烟扇都必须有独立的管道。工作台，化学品储藏柜和任何实验室设备下方的空间不允许通过通风柜排风系统进行通风。为避免排放的烟尘反流重新进入，可以同时接通一个房间里的所有通风柜或在实验室内配备变动空气供应系统，可在排放口装配防逆流设备。

【标准条款】

> **5.3.5.3 制热和制冷**
> 工作时间内，实验室宜提供适宜的制热或制冷系统。存在易燃物品或易燃蒸汽的地方，应以间接方式加热。当实验室内的高温能导致可识别的潜在危险时，应提供制冷。
> 制冷制热系统宜设计成使整个实验室的温度维持在满足检测工作所需要的温度。

【理解与实施】

工作时间内的温度一直低于检测工作所需温度的实验室宜提供长期制热系统，确保在工作过程持续保持适宜的温度。存在易燃物品或易燃蒸汽的地方，应以间接方式加热，如集中供暖、空调、地热等方式，避免局部温度过高导致起火或爆炸危险，禁止在室内以电炉和发热体直接加热取暖。当实验室内的高温能导致可识别的潜在危险时（即超出检测仪器设备工作温度和GB 15603—1995《常用化学危险品贮存通则》范围，应提供制冷。制冷制热系统宜设计成使整个实验室的温度维持在满足检测工作所需要的温度。

【标准条款】

> **5.3.5.4 通排风设施**
>
> **5.3.5.4.1 通用要求**
>
> 局部排风的目的是通过将污染物在其产生的地方就将其排除以将实验室内空气污染减到最少。有多种不同的局部排风系统可供实验室使用。通风柜是最常使用的局部排风系统之一。可使用其他类型的局部排风系统，如通风槽，排风罩等。
>
> 结合考虑仪器设备散发物的毒性和数量，实验室进行的风险评价过程应决定是否需要局部排风系统，如果需要，及其类型。宜考虑以下的危险源作为风险评价的一部分：
>
> a）存在易燃物和着火源；
>
> b）敏感仪器和电线布线的腐蚀；
>
> c）暴露在高温中的气罐或气瓶爆炸的可能性。
>
> 只要切实可行，宜在源头上利用局部排风通风系统将空气污染物从实验室环境中清除。
>
> 工作人员应了解并按恰当的程序使用局部通风装置，同时清楚与自身工作相关的危险源。

【理解与实施】

通风和空气调节系统的管道布置，横向宜按防火分区设置，竖向不宜超过5层。当管道设置防止回流设施或防火阀时，其管道布置可不受此限制。垂直风管应设置在管井内。

有爆炸危险的场所的排风管道，严禁穿过防火墙和有爆炸危险的车间隔墙。

空气中含有易燃易爆危险物质的房间，其送、排风系统应采用防爆型的通风设备。当送风机设置在单独隔开的通风机房内且送风干管上设置了止回阀门时，可采用普通型的通风设备。

含有燃烧和爆炸危险粉尘的空气，在进入排风机前应采用不产生火花的除尘器进行处理。对于遇水可能形成爆炸的粉尘，严禁采用湿式除尘器。

处理有爆炸危险粉尘的除尘器、排风机的设置应符合下列规定：

——应与其他普通型的风机、除尘器分开设置；

——宜按单一粉尘分组布置。

处理有爆炸危险粉尘和碎屑的除尘器、过滤器、管道，均应设置泄压装置。净化有爆炸危险粉尘的干式除尘器和过滤器应布置在系统的负压段上。

排除、输送有燃烧或爆炸危险气体、蒸气和粉尘的排风系统，均应设置导除静电的接地装置，且排风设备不应布置在地下、半地下建筑（室）中。

排除有爆炸或燃烧危险气体、蒸气和粉尘的排风管应采用金属管道，并应直接通到室外的安全处，不应暗设。

排除和输送温度超过80℃的空气或其他气体以及易燃碎屑的管道，与可燃或难燃物体之间应保持不小于150mm的间隙，或采用厚度不小于50mm的不燃材料隔热。当管道互为上下布置时，表面温度较高者应布置在上面。

下列情况之一的通风、空气调节系统的风管上应设置防火阀：

——穿越防火分区处；

——穿越通风、空气调节机房的房间隔墙和楼板处；

——穿越重要的或火灾危险性大的房间隔墙和楼板处；

——穿越变形缝处的两侧；

——垂直风管与每层水平风管交接处的水平管段上，但当建筑内每个防火分区的通风、空气调节系统均独立设置时，该防火分区内的水平风管与垂直总管的交接处可不设置防火阀。

防火阀的设置应符合下列规定：

——除另有规定者外，动作温度应为70℃；

——防火阀宜靠近防火分隔处设置；

——防火阀安装时，应在安装部位设置方便检修的检修口；

——在防火阀两侧各2.0m范围内的风管及其绝热材料应采用不燃材料；

——防火阀应符合GB 15930《防火阀试验方法》的有关规定。

通风、空气调节系统的风管应采用不燃材料，但下列情况除外：

接触腐蚀性介质的风管和柔性接头可采用难燃材料；

设备和风管的绝热材料、用于加湿器的加湿材料、消声材料及其粘结剂，宜采用不燃材料；当确有困难时，可采用燃烧产物毒性较小且烟密度等级小于或等于50的难燃材料。

风管内设置电加热器时，电加热器的开关应与风机的启停联锁控制。电加热器前后各0.8m范围内的风管和穿过设置有火源等容易起火房间的风管，均应采用不燃材料。

【标准条款】

5.3.5.4.2　通风柜的维护

在提供通风柜的地方，从通风柜到排风口的整个系统都应定期进行检查和维护。应制定维护计划，维护和检测的结果应予以保存。宜有合适的通道接近排风系统，包括排风口、除尘器、过滤器和风扇，视检，测试和维护应由具备资格的人员实施。

注：当难以接近排风系统时会造成维护不充分甚至是不可能进行维护。

【理解与实施】

一、通风柜的定期维护

实验室应根据使用情况制定合适的维护计划，维护和检测的结果应予以保存。当维护和检测正在进行中，必须切断通风柜的供电电源以防其被启动。维护过程中，通风柜必须被贴附上"系统维护中 请勿使用"字样的标签，并且保证通风柜中所有的化学品被移走。建议维护周期为每半年一次，年度维护结果报告必须提交实验室负责人。

（一）每周一次

所安装的空气清洁设备应该按照维护手册的要求进行检验和维护，同时保证沉积的污染物被安全的清除。

（二）每半年一次

应进行下列测试和维护：

1. 进行烟雾测试的程序

（1）将观察窗开启到最大工作孔。

（2）与表面开孔成一直线在通风柜入口处整个范围内释放烟雾。烟雾应该平稳的进入并穿过烟柜。如果出现漩涡或涡流则证明室内湍流或通风柜屏蔽存在问题。

（3）在所有通风柜内部安装了的仪器、设备、容器和水槽周围释放烟雾。等待是否出现涡流将烟雾携带至通风柜前部或外部。如果在排水槽上部安装了可移动的基座，观察排水槽与基座之间的区域，确保没有气流反流出排水槽而且排水槽排放良好。

（4）从通风柜前部开始，沿着地板逐渐加大释放烟雾的量。等待是否出现涡流将烟雾携带至通风柜前部或外部，特别是基座边缘区域。如果出现涡流，可通过在其附近移动烟雾源来进一步观察。

（5）沿着通风柜内部墙壁释放烟雾，等待是否出现涡流将烟雾携带至通风柜前部或外部。

（6）跨越开孔的宽度选择几个点在观察窗后部或靠近观察窗的位置释放烟雾。等待是否在通风柜内部形成与观察窗或观察窗手柄成一直线或在其前部的涡流。

（7）将观察窗关闭至一半的位置。

（8）跨越开孔的宽度选择几个点在观察窗后部或靠近观察窗的位置释放烟雾。等待是否在通风柜内部形成与观察窗成一直线或在其前部的涡流。

（9）将观察窗移动到最小开孔位置，观察是否有涡流。

（10）通风柜的性能可能会受到非正常的条件影响，例如，门窗的开关、空调、通风、气流或其他设备的阻塞。必须通过抽查来检验这些外部因素是否影响到了通风柜内部烟尘的屏蔽。如果受到影响，则必须在这些情况下重复（4）到（11）的步骤，并记录下结果。测试的时候通风柜内安装的所有仪器都必须纪录在通风柜的图纸上，详细说明其尺寸，形状和位置。

（11）如果通风柜是嵌入实验室墙壁的，则沿着所有连接点、供应输入点和观察窗及开孔周围释放烟雾检查是否有空气泄漏。泄入通风柜的高速喷射气流，不论是从墙壁洞穴处还是从天花板空间，都会对通风柜性能造成伤害。

（12）简要的记录下烟尘扩散的符合要求与不符合要求的观察结果

2. 完成烟雾测试后进行相对速度测试的程序

（1）打开观察窗至最大表面开孔位置；

（2）为了不影响气流，后退到距离通风柜前表面大约 0.5m 的位置，转向一边；

（3）在观察窗平面上距离四个角 100mm 的点和如栅格状的图 4-5 所示的点处测量气流相对速度（标注的栅格点的位置之间的间隔是相同的，垂直间隔不超过 250mm，水平不超过 500mm）；

（4）仔细调整风速计探头的位置使探针口朝向气流的方向。当风速计与观察窗孔平面垂直时可得到最大值；

注意：风速计要保持平稳，因仪器探头的移动或震动会导致错误的读数。

（5）在每一点的风速计速度读取时间不少于 15s。对于风速计读数的观察时间要足够长以确定最大值和最小值。这些读数必须被记录下来。在速度测试报告中计算并记录下平均值。在报告结果之前，仪器校准修正因数必须被记录下来并应用于速度读数和平均值的

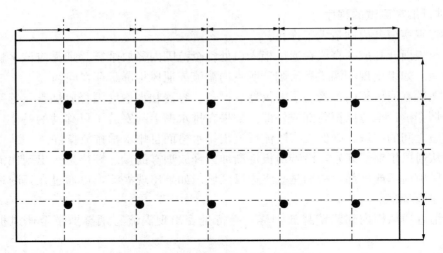

图4-5 测量气流相对速度测试点

计算。

3. 检查和维护

（1）检查和维护风扇的发动机、驱动机（包括传送带）和轴承。需要时进行润滑；

（2）检查除尘器和清洗设备功能是否良好；

（3）检查防火节气闸和排气系统，必要时更换熔线；

（4）检查所有空气清洁系统是否工作正常，必要时进行维护；

（5）检查热度计和洒水喷头的状态；

（6）拆卸挡板并清洁挡板和通风柜后部。

（三）年度维护和测试

除了在（二）中建议的每半年一次的维护和测试项目之外，年度维护和测试还必须添加下列项目：

（1）用稀释的去污溶液清洗整个通风柜腔的内表面，包括风板，如有故障进行修理；

（2）检查所有通风柜的供应系统，确保所有系统的标示和操作方法都是正确的；

（3）检查烟道的稳定性和状态；

（4）检查排烟管道，特别是联接处，确保排放口畅通；

（5）检查补充空气平衡；

（6）检查通风柜控制系统的状态以及是否能正常操作；

（7）检查紧急隔离装置以及对于供应的隔离是否有效；

（8）通过供应不充足气流来检查自动隔离是否有效；

（9）系统必须被测试以确保完全符合本标准；

（10）在通风柜上贴附一个不粘胶标示，表明检验的日期、检验者姓名、报告号、所有测试结果（通过或者失败）以及下一次检验的日期。

注意：有必要使用特殊的方法（选择材料或保护涂层）来确保这些标示在两次检验之间的时期都可以保持清晰可辨。

二、安装要求

通风柜宜有合适的通道接近排风系统，包括排风口、除尘器、过滤器和风扇。通风柜安装地点的选择应考虑维护操作者的舒适和可操作性，应该为维修预留足够的空间并符合制造商要求。

三、维护人员要求

视检、测试和维护应由具备资格人员实施。进入维护区的视检、测试和维护人员应了解该区域内试剂和设备固有的危害特性，掌握必要的净化程序，做出相应的防范（例如在排烟口附近的屋顶上工作）。

四、局部排风通风系统的其他要求

为实验室通风而安装的局部排风系统还应符合如下要求：

（1）排风排放的位置应置于避免受污染空气重新被吸进室外空气进气口或通风通路。

（2）在监管部门能接受的地方，含有毒污染物的废气排放应最大限度的将污染物安全分散，并尽量远离建筑物周围排放。如不能充分地分散污染物，以避免对人体、动物、环境或邻近建筑物不利的危害暴露或不利影响，在排放污染物之前应对其进行处理消除此种不安全暴露。排放的废气所含的污染物不得超过监管部门规定的对该场所的限值水平。

（3）处理空气污染物的排风系统排放的空气不应再循环进入实验室区域，除非污染物从气流中被清除使得排放的气体对于职业暴露是安全的。

（4）从实验室某源排放出来的受污染空气不应在从入口到排放系统之间的其他空间进行非管道排放。排放污染物的通风管道与相关的邻近实验室空间比较应维持在负气压。如果实验室区域需要正气压，管道系统应包围在一个机械式排风的维护用通风管道里。管道位于建筑物以内居住区域以外的部分，可运行在正压下，只要长度最短并采取预防措施以防止空气从正压管道泄漏。

（5）处理有害污染物的软性或刚性管道不得有凹陷处，以免材料聚集在凹陷处。管道材料的选择应避免当其暴露在污染物中材料的过早退化。

（6）风扇电动机和控制装置不得设在处理可燃或腐蚀性物质的排放系统的气流中，除非这些部件为特制材料，当其暴露在污染物中可避免退化或危险运行。

（7）维护人员站在屋顶或通道平台时，处理有害污染物的排放管道应暂停越过其呼吸区域排放。有特殊风险的地方应有警告标识和入口护栏。

五、通风柜的使用

应按照相关规定使用通风柜。宜遵守以下建议：

（1）实验过程中，不宜在通风柜中放置过多的物质和容器。如果有必要保留某种物质，宜确保其不会成为危险来源。

（2）当某一设备被共享使用时，宜显示预约提示，以及必要时，危险警告提示。

（3）实验结束后，宜清洗仪器和通风柜，以便下一次实验用。

通风柜不得用作有害物质的储存。实验室内宜安装一个独立的通风储存柜，用于独立储存挥发的腐蚀性物质，与易燃物质隔离开来。有氧化能力的化学品不得与有机物存于一处。

应确保所有通风柜运行良好，同时按照规定进行定期检查。在关闭通风柜排风扇前，宜对柜内将进行的实验和实验所需的基本设施（如水、电），进行全面彻底的检查。

【标准条款】

> **5.3.6　电气安装**
>
> **5.3.6.1　总则**
>
> 　　实验室电气安全的详细信息见 GB/T 27476.2。
>
> **5.3.6.2　临时安装和电气系统的保护**
>
> 　　实验室临时线路的安装和电气系统的保护要求见 GB/T 27476.2。

【理解与实施】

实验室电气安全的详细信息可参见 GB/T 27476.2。

实验室临时线路的安装和电气系统的保护，要求见 GB/T 27476.2。

临时线路应按照固定布线的要求来安装。

实验室的电气系统应提供充分的保护，包括防触电保护、漏电保护、接地保护、防短路保护、防电弧保护等。所有的没有永久连接到固定布线的电气设备都宜被保护，可通过工作在特低电压下的降压变压器、剩余电流装置（RCD）、接地监视器或工作在低压下的隔离变压器来实现。

宜考虑实验室内对所有最后的次级线路的保护。

【标准条款】

> **5.3.7　防雷**
>
> 　　实验室的建筑物应符合 GB 50057 的要求，特殊场所可能需要增加要求。应对建筑物电子设备系统所处环境进行雷击风险评价，确定防雷等级。火灾自动报警及消防设施的防雷与接地应能防止其被雷击误触发。
>
> 　　实验室的设备应实现等电位连接和接地保护。
>
> 　　实验室应每年至少一次检查防雷系统，包括系统的腐蚀情况检查，并测量接地电阻。

【理解与实施】

一、防雷设计要求

实验室的建筑物应符合建筑物防雷设计规范 GB 50057—2010 的要求，实验室电子信息系统应符合 GB 50343—2004《建筑物电子信息系统防雷技术规范》的要求，实验室安防系统应符合 GA/T 670—2006《安全防范系统雷电浪涌防护技术要求》的要求。

二、实验室防雷等级的评价

应对实验室的建筑物中电子设备系统所处环境进行雷击风险评价，确定防雷等级。实验室的建筑物应符合建筑物防雷设计规范 GB 50057—2010 规定，根据建筑物重要性、使用性质、发生雷电事故的可能性和后果，按防雷要求分为三类，分别为第一类、第二类、第三类防雷建筑物。对于不使用、贮存、检测火炸药及其制品的实验室，属于第三类防雷建筑物；对于使用、贮存、检测火炸药及其制品的实验室，属于第二类防雷建筑物。

三、实验室的设备的等电位连接和接地保护

等电位连接是指将分开的金属物体直接用连接导体或经电涌保护器连接到防雷装置上以减小雷电流引发的电位差。电气和电子设备的金属外壳、机柜、机架、金属管、槽、屏蔽线缆外层、信息设备防静电接地、安全保护接地、浪涌保护器（SPD）接地端等均应以最短的距离与等电位连接网络的接地端子连接。

四、防雷设施的维护与管理

1. 维护

（1）防雷装置的维护分为周期性维护和日常性维护两类。周期性维护的周期为一年，每年在雷雨季节到来之前，应进行一次全面检测，包括系统的腐蚀情况检查，并测量接地电阻，系统的接地电阻应不大于 4Ω。日常性维护，应在每次雷击之后进行。在雷电活动强烈的地区，对防雷装置应随时进行目测检查。

（2）检测外部防雷装置的电气连续性，若发现有脱焊、松动和锈蚀等，应进行相应的处理，特别是在断接卡或接地测试点处，应进行电气连续性测量。

检查避雷针、避雷带（网、线）、杆塔和引下线的腐蚀情况及机械损伤，包括由雷击放电所造成的损伤情况。若有损伤，应及时修复；当锈蚀部位超过截面的三分之一时，应更换。

（3）测试接地装置的接地电阻值，若测试值大于规定值，应检查接地装置和土壤条件，找出变化原因，采取有效的整改措施。

（4）检测内部防雷装置和设备（金属外壳、机架）等电位连接的电气连续性，若发现连接处松动或断路，应及时修复。

（5）检查各类浪涌保护器的运行情况：有无接触不良、漏电流是否过大、发热、绝缘是否良好、积尘是否过多等，出现故障，应及时排除。

2. 管理

（1）防雷装置，应由熟悉雷电防护技术的专职或兼职人员负责管理。

（2）防雷装置投入使用后，应建立管理制度。对防雷装置的设计、安装、隐蔽工程图纸资料、年检测试记录等，均应及时归档，妥善保管。

【标准条款】

> **5.3.8 安防**
> 　　实验室应设置安防措施，避免无授权人员进入，如门禁系统。安防系统设计应优先考虑消防、应急要求。关于进入实验室的权限，也应考虑实验室活动的保安需求。

【理解与实施】

一、实验室设置安防措施的必要性

实验室设置安防措施是满足法规要求和保障自身经营秩序的需要。中华人民共和国国

务院第 421 号令《企业事业单位内部治安保卫条例》第二条规定"单位内部治安保卫工作贯彻预防为主、单位负责、突出重点、保障安全的方针。"检测实验室所进行的检测工作具有其特殊性，实验室应设置必要的安防措施，如门禁系统，保护实验室人员人身、财产和样品安全，避免无授权人员进入。

二、实验室设置安防设施的原则

（1）"人防、物防、技防相结合"的原则。

（2）安防措施的防护级别与风险等级相适应的原则。

实验室内各类建筑物由于使用目的的不同，面临的安全风险各异，同一建筑物内不同的区域，由于使用目的、所处位置不同，其安全风险也不同，而防护级别与风险等级的确定，应依据国家或部门的相关法规、规章进行界定。

（3）安防系统设计突出保护实验室人员的人身安全原则，应优先考虑消防、应急等人员紧急逃生的设施。

（4）安全防范系统的配置应采用先进而成熟的技术、可靠而适用的设备。

（5）安全防范系统中使用的设备必须符合国家法规和现行相关标准的要求，并经检验或认证合格。

三、实验室安防设施的构成和通用要求

1. 安全防范设施一般由安全管理系统和若干个相关子系统组成

（1）入侵报警系统：应符合 GA/T 368《入侵报警系统技术要求》等相关标准的要求。应能根据被防护对象的使用功能及安全防范管理的要求，对设防区域的非法入侵、盗窃、破坏和抢劫等，进行实时有效的探测与报警。高风险防护对象的入侵报警系统应有报警复核（声音）功能。系统不得有漏报警，误报警率应符合工程合同书的要求。

（2）视频安防监控系统：应符合 GA/T 367《视频安防监控系统技术要求》等相关标准的要求。系统应能根据建筑物的使用功能及安全防范管理的要求，对必须进行视频安防监控的场所、部位、通道等进行实时、有效的视频探测、视频监视，图像显示、记录与回放，宜具有视频入侵报警功能。与入侵报警系统联合设置的视频安防监控系统，应有图像复核功能，宜有图像复核加声音复核功能。

（3）出入口控制系统：系统应能根据建筑物的使用功能和安全防范管理的要求，对需要控制的各类出入口，按各种不同的通行对象及其准入级别，对其进、出实施实时控制与管理，并应具有报警功能。出入口控制系统的设计应符合 GA/T 394《出入口控制系统技术要求》等相关标准的要求。人员安全疏散口，应符合国家现行标准 GB 50016《建筑设计防火规范》的要求。防盗安全门、访客对讲系统、可视对讲系统应分别符合国家现行标准 GB 17565《防盗安全门通用技术条件》、GA/T 72《楼寓对讲电控防盗门通用技术条件》和 GA/T 678《联网型可视对讲系统技术要求》的技术要求。

（4）电子巡查系统：系统应能根据建筑物的使用功能和安全防范管理的要求，按照预先编制的保安人员巡查程序，通过信息识读器或其他方式对保安人员巡逻的工作状态（是否准时、是否遵守顺序等）进行监督、记录，并能对意外情况及时报警。

（5）其他子系统：应根据安全防范管理工作对各类建筑物、构筑物的防护要求或对建

筑物、构筑物内特殊部位的防护要求，设置其他特殊的安全防范子系统，如防爆安全检查系统、专用的高安全实体防护系统、各类周界防护系统等。这些子系统（设备）均应遵照本规范和相关规范要求。

2. 安全防范设施所用设备、器材的安全性指标应符合现行国家标准 GB 16796《安全防范报警设备　安全要求和试验方法》和相关产品标准规定的安全性能要求

3. 安全防范设施的设计应防止造成对人员的伤害，并应符合下列规定：

（1）所用设备及其安装部件的机械结构应有足够的强度，应能防止由于机械重心不稳、安装固定不牢、突出物和锐利边缘以及显示设备爆裂等造成对人员的伤害。系统的任何操作都不应对现场人员的安全造成危害。

（2）所用设备，所产生的气体、X 射线、激光辐射和电磁辐射等应符合国家相关标准的要求，不能损害人体健康。

（3）系统和设备应有防人身触电、防火、防过热的保护措施。

（4）监控中心（控制室）的面积、温度、湿度、采光及环保要求、自身防护能力、设备配置、安装、控制操作设计、人机界面设计等均应符合人机工程学原理。

4. 安全防范设施的设计应符合其使用环境（如室内外温度、湿度、大气压等）的要求

（1）系统所使用设备、部件、材料的环境适应性应符合 GB/T 15211《报警系统环境试验》中相应严酷等级的要求。

（2）在有腐蚀性气体和易燃易爆环境下工作的系统设备、部件、材料，应采取符合国家现行相关标准规定的保护措施。

（3）在有声、光、热、振动等干扰源环境中工作的系统设备、部件、材料，应采取相应的抗干扰或隔离措施。

【标准条款】

> **5.3.9　安全标志**
>
> **5.3.9.1　一般要求**
>
> 实验室应根据活动类型设置相应安全标志，包括：通用安全标志、消防标志、化学品作业场所安全警示标志、工业管道标志、气瓶标志、设备标志等。紧急通道和出入口应设置醒目标志。实验室应定期检查和维护安全标志和警告。
>
> 安全标志及其使用见 GB 2894，消防安全标志及其设置见 GB 13495 和 GB 15630。气瓶标志见 GB 7144。工业管道标志见 GB 7231。
>
> **5.3.9.2　安全告示牌**
>
> 应在建筑物内部以及外墙上放置适当的安全告示牌。
>
> 工作区的安全告示牌应包括以下内容：
>
> a）列出应急方法；
>
> b）强调所有的特殊危险。
>
> 告示牌也可用于事故通报。

【理解与实施】

一、安全标志的设置

安全标志包括通用安全标志、消防标志、化学品作业场所安全警示标志、工业管道标志、气瓶标志、设备标志等。实验室应根据活动类型设置相应安全标志。紧急通道和出入口应设置醒目标志。实验室应定期检查和维护安全标志和警告。

1. 安全标志和报警信号设置原则

GB/T 12801—2008 对安全标志和报警信号提出具体的设置原则规定：

（1）凡容易发生事故的地方，应按 GB 2894 的要求设置安全标志，或在建筑物及设备上按 GB 2893 的要求涂安全色；

（2）在易发生事故和人员不易观察到的地方、场所和装置，应设置声、光或声光结合的事故报警信号；

（3）生产场所、作业点的紧急通道和出入口，应设置醒目的标志；

（4）设备和管线应按有关标志的规定涂识别色、识别符号和安全标识。

2. 安全标志分类

在检测实验室领域，适用的安全标志包括了通用安全标志、消防标志、化学品作业场所安全警示标志、工业管道标志、气瓶标志、设备标志等。安全标志分类和适用标准见表 4-13。

安全标志的设置、使用、检查与维修要求应满足如下：

（1）标志牌设置的高度应尽量与人眼的视线高度相一致；

（2）标志牌应设在与安全有关的醒目地方；

（3）标志牌不应设在门、窗、架等可移动的物体上；标志牌前不得放置妨碍认读的障碍物；

（4）标志牌的平面与视线夹角应接近 90 度；

（5）标志牌应设置在明亮的环境中；

（6）多个标志牌在一起设置时，应按警告、禁止、指令、提示类型的顺序，先左后右、先上后下排列；

（7）安全标志牌至少每半年检查一次，如发现有破损、变形、褪色等不符合要求时应及时修整或更换。修整或更换激光安全标志时应有临时的标志替换，以避免发生意外的伤害。

表 4-13　安全标志和适用标准

No.	安全标志	主要的适用标准
1	通用安全标志	GB 2894—2008《安全标志及其使用导则》 GB 2893—2008《安全色》 GB/T 14778—2008《安全光通用规则》
2	消防标志	GB 15630—1995《消防安全标志设置要求》 GB 13495—1992《消防安全标志》
3	化学品标志	GB 13690—2007《化学品分类和危险性公示 通则》 GB 15258—2009《化学品安全标签编写规定》 GB 16483—2008《化学品安全技术说明书编写规范》 GB 190—2009《危险货物包装标志》

表 4 - 13（续）

No.	安全标志	主要的适用标准
4	工业管道标志	GB 7231—2003《工业管道的基本识别色、识别符号和安全标识》
5	气瓶标志	GB 7144—1999《气瓶颜色标志》
6	起重机械设备标志	GB 15052—2010《起重机械危险部位与标志》
7	机械设备标志	GB 18209.1—2010《机械安全 指示、标志和操作 第1部分：关于视觉听觉和触觉信号的要求》 GB 18209.2—2010《机械安全 指示、标志和操作 第2部分：标志要求》

安全标志基本要素包括图形符号、安全色、几何形状（边框）或文字。图形符号根据不同的管理对象，在具体标准中规定，安全色对所有的安全标志均适用。

安全色是使用红、蓝、黄、绿四种颜色传递安全信息含义，分别用来表示禁止、警告、指令、指示，使人们能够迅速发现或分辨安全标志。GB 2893—2008《安全色》规定的安全色含义和用途见表 4 - 14。

表 4 - 14　安全色的含义和用途

颜色	含义	用途举例
红色	禁止、停止、危险或提示	禁止标志； 停止信号：机械停止按钮、机械设备转动部件的裸露部位 消防设备设施
蓝色	必须遵守规定的指令	指令标志：如必须佩带个人防护用具
黄色	注意、警告	警告标志； 警戒标志：如厂内危险机械和坑池边周围的警戒线； 安全帽
绿色	安全提示	提示标志； 车间内的安全通道、急救站、疏散通道； 消防设备和其他安全防护装置的位置

为使安全色更加醒目，使用黑白两种颜色作为对比色。黑色用于安全标志的文字、图形符号和警告标志的几何边框，与黄色安全色一起使用。白色用于红、蓝、绿的背景色，也可用于安全标志的文字和图形符号。

二、通用安全标志

实验室适用的通用安全标志的设置和使用原则应符合 GB 2894—2008《安全标志及其使用导则》。

（1）安全标志分为禁止标志、警告标志、指令标志和提示标志等四类，各类标志的定义和含义见表 4 - 15。

表4-15 安全标志、含义和示例

序号	安全标志和含义	示例
1	**禁止标志** 禁止人们的不安全行为的图形标志，基本形式是带斜杠的圆边框，图形为黑色，禁止符号与文字底色为红色，共40种，见GB 2894—2008表1。	1-8 禁止合闸
2	**警告标志** 提醒人们对周围环境引起注意，以避免可能发生危险的图形标志，基本形式是正三角边框，图形、警告符号及字体为黑色，图形底色为黄色，共39种，见GB 2894—2008表2。	2-7 当心触电
3	**指令标志** 强制人们必须做出某种动作或采用防范措施的图形标志，基本形式是圆形边框，图形为白色，指令标志底色均为蓝色，共16种，见GB 2894—2008表3。	3-16 必须拔出插头
4	**提示标志** 向人们提供某种信息（如标明安全设施或场所等）的图形标志，基本形式是正方形边框，消防提示标志的底色为红色，文字、图形为白色，共8种，见GB 2894—2008表4，包括紧急出口（左向和右向）、避险处、应急避难场所、可动火区、击碎板面、急救点、应急电话、紧急医疗站。 提示目标位置可加方向辅助标志。	4-1 紧急出口

（2）文字辅助标志与安全图形标志配合使用，基本型式为矩形边框，可根据需要采用横写或竖写。使用要求见表4-16。

表4-16 文字辅助标志

形式	使用要求
横写	文字辅助标志写在标志下方，可以与标志连在一起或分开。 颜色要求：• 禁止标志、指令标志：白色字，衬底色为标志颜色； • 警告标志：黑色字，衬底白色
竖写	辅助标志写在标志杆上部，各种标志均为白色衬底，黑色字

（3）实验室适用的禁止标志见表 4－17。实验室适用的警告标志见表 4－18。实验室适用的指令标志见表 4－19。实验室适用的提示标志见表 4－20。

表 4－17　实验室适用的禁止标志

GB 2894—2008 中表 1 的编号	标志名称（图形标志见 GB 2894—2008）	涉及的地点（举例）	GB 2894—2008 中表 1 的编号	标志名称（图形标志见 GB 2894—2008）	涉及的地点（举例）
1－1	禁止吸烟	全部	1－10	禁止叉车和厂内机动车通行	办公楼
1－2	禁止烟火	全部	1－11	禁止乘人	货梯
1－3	禁止带火种	发电房、材料试验室、制冷实验室、压缩机实验室	1－12	禁止靠近	高压房、变压器房、高压试验区
1－4	禁止用水灭火	发电房、变压器房、材料试验室、制冷实验室、压缩机实验室	1－13	禁止入内	变压器房、高压试验区、环境试验室洁净区
1－5	禁止放置易燃物	材料试验室、制冷实验室、压缩机实验室	1－24	禁止触摸	电机试验室、材料试验室
1－6	禁止堆放	消防器材存放处、消防通道及实验室主通道	1－26	禁止饮用	材料试验室
1－7	禁止启动	停用的设备	1－33	禁止佩戴心脏起搏器者靠近	EMC 实验室
1－8	禁止合闸	设备或线路检修时，相应的开关附近			

表 4－18　实验室适用的警告标志

GB 2894—2008 中表 1 的编号	标志名称（图形标志见 GB 2894—2008）	涉及的地点（举例）	GB 2894—2008 中表 1 的编号	标志名称（图形标志见 GB 2894—2008）	涉及的地点（举例）
2－1	注意安全	全部	2－5	当心中毒	材料试验室、环境试验室
2－2	当心火灾	全部	2－7	当心触电	全部
2－3	当心爆炸	电线电缆试验室、电池实验室、电容器试验室	2－15	当心吊物	电机试验室、环境试验室
2－4	当心腐蚀	材料试验室	2－17	当心挤压	大厅、电梯

表4-18（续）

GB 2894—2008 中表1的编号	标志名称（图形标志见GB 2894—2008）	涉及的地点（举例）	GB 2894—2008 中表1的编号	标志名称（图形标志见GB 2894—2008）	涉及的地点（举例）
2-20	当心夹手	大厅、电梯	2-29	当心激光	信息电子试验室、风扇实验室
2-23	当心弧光	制冷试验室、压缩机试验室	2-30	当心微波	小家电试验室
2-25	当心低温	电线电缆试验室	2-31	当心叉车	全部试验室主通道
2-27	当心电离辐射		2-36	当心跌落	楼梯（在楼梯的第一级和最后一级的踏步前沿）

表4-19 实验室适用的指令标志

GB 2894—2008 中表1的编号	标志名称（图形标志见GB 2894—2008）	涉及的地点（举例）	GB 2894—2008 中表1的编号	标志名称（图形标志见GB 2894—2008）	涉及的地点（举例）
3-1	必须戴防护眼镜	材料试验室	3-11	必须带防护手套	电线电缆试验室、环境试验室、材料试验室、进行高压试验
3-2	必须佩戴遮光护目镜	老化实验室	3-12	必须穿防护鞋	进行高压试验
3-3	必须戴防尘口罩	环境试验室	3-13	必须洗手	材料试验室
3-4	必须戴防毒面具	材料试验室、环境试验室	3-14	必须加锁	化学品仓库
3-5	必须戴护耳器	环境试验室	3-15	必须接地	EMC试验室、供电电源
3-6	必须戴安全帽	环境试验室	3-16	必须拔头插地	设备维修、停用设备
3-10	必须穿防护服	小家电试验室在进行微波炉试验时			

表 4 – 20　实验室适用的提示标志

GB 2894—2008 中表1 的编号	标 志 名 称（图 形 标 志见 GB 2894—2008）	涉及的地点（举例）	GB 2894—2008 中表 1 的编号	标志名称（图形标志见 GB 2894—2008）	涉及的地点（举例）
4 – 1	紧急出口	全部通向紧急出口的通道、楼梯口	4 – 6	急救点	各楼层
4 – 4	可动火区	制冷试验室、压缩机试验室	4 – 7	应急电话	安装应急电话的地点

三、消防安全标志

消防安全标志分为火灾报警和手动控制装置、火灾时疏散途径、灭火设备和具有火灾、爆炸危险的地方或物质 4 种标志，消防标志分类和名称见表 4 – 21。消防安全标志是由安全色、边框、以图像为主要特征的图形符号或文字构成的标志，消防安全标志的颜色应符合安全色。消防安全标志的设置场所、原则、要求和方法应符合 GB 15630—1995《消防安全标志设置要求》。消防安全标志及其标志牌的制作、设置位置等应符合 GB 13495—1992《消防安全标志》的要求。

实验室可能涉及的消防标志有：消防手动启动器（编号 3.1.1）、火灾电话（编号 3.1.3）、紧急出口（编号 3.21）、滑动门（编号 3.2.2）、推门（编号 3.2.3）、拉开（编号 3.2.4）、击碎面板（编号 3.2.5）、禁止阻塞（编号 3.2.6）、禁止锁闭（编号 3.2.7）、灭火设备（编号 3.3.1）、灭火器（编号 3.3.2）、消防水带（编号 3.3.3）、地下消火栓（编号 3.3.4）、地上消火栓（编号 3.3.5）、消防水泵合器（编号 3.3. 6）、消防梯（编号 3.3.7）、当心火灾—易燃物质（编号 3.4.1）、当心火灾—氧化物（编号 3.4.2）、当心爆炸—爆炸性物质（编号 3.4.3）、禁止用水灭火（编号 3.4.4）、禁止吸烟（编号 3.4.5）、禁止烟火（编号 3.4.6）、禁止放置燃物（编号 3.4.7）、疏散通道方向（编号 3.5.1）、灭火设备或报警装置的方向（编号 3.5.2），以上编号为 GB 13495—1992《消防安全标志》中的编号，相关图形标志也见 GB 13495—1992。

表 4 – 21　消防标志分类和名称

序号	标志分类	标志名称
1	火灾报警和手动控制装置标志	消防手动启动器、发声报警器、火灾电话
2	火灾时疏散途径标志	应急出口、滑动开门、推开、拉开、击碎板面、禁止阻塞、禁止锁闭
3	灭火设备标志	灭火设备、灭火器、消防水带、地下消火栓、地上消火栓、消防水泵接合器、消防梯
4	具有火灾、爆炸危险的地方或物质标志	当心火灾—易燃物质、当心火灾—氧化物、当心爆炸—爆炸性物质、禁止用水灭火、禁止吸烟、禁止烟火、禁止放易燃物、禁止带火种、禁止燃放鞭炮

四、工业管道的基本识别色、识别符号和安全标识

实验室使用的气管、水管、消防管道应按照 GB 7231—2003《工业管道的基本识别色、识别符号和安全标识》规定进行标示，包括基本识别色、识别符号、安全标识。

管道识别色是识别管道内物质种类的颜色。根据管道内物质一般性能分为八类，基本识别色和相应颜色标准编号及色样应符合 GB 7231—2003 中表 1 的规定。

识别符号是识别管道内物质名称和状态的记号。识别符号由物质名称、流向和主要工艺参数等组成。

如果管道内的物质属于 GB 13690—2007《化学品分类和危险性公示通则》所列的危险化学品，其管道还应设置危险标识。

消防标志表示管道内的物质专门用于灭火，应遵守 GB 13495《消防安全标志》的规定，在管道上标识"消防专用"识别符号。

【应用案例 4－6】管道标志识别（见表 4－22）

表 4－22　管道标志识别

物质种类	基本识别色	标识方法
气管	淡灰色 （颜色标准编号为 B03）	a) 管道全长上标识； b) 在管道上以宽为 150mm 的色环标识； c) 在管道上以长方形的识别色标牌标识； d) 在管道上以带箭头的长方形识别色标牌标识； e) 在管道上以系挂的识别色标牌标识。 注： 1) 采用 a)、b)、c)、d) 方法时，两个标识的最小距离为 10m； 2) 采用 b)、c)、d) 标牌的最小尺寸应以能清楚观察识别色来确定；
水管	艳绿 （颜色标准编号为 G03）	3) 采用 a)、b)、c)、d) 方法时，其标识的场所应该包括所有管道的起点、终点、交叉点、转弯点、阀门和穿墙孔两侧等的管道上和其他需要表示的部位
消防管道		在管道上标识"消防专用"

五、气瓶标志

实验室使用的充装气体气瓶应按照 GB 7144—1999《气瓶颜色标志》管理，按标准要求对外表面涂色和标出字样的识别标志，在气体的采购文件、验收检查、在用气瓶的检查以及人员应知应会等环节予以落实。

气瓶颜色标志由文字、色环和颜色组成。气瓶外表面涂敷的字样内容、色环数目和涂膜颜色按充装气体的特性作规定的组合，是识别充装气体的标志。文字指瓶内气体的名称，GB 7144—1999 中表 2 规定了各种气体的子样和字色等。色环是公称工作压力不同的气瓶同一种气体而具有不同重装压力或不同重装系数的识别标志。气瓶应按 GB 7144—1999 中表 2 的规定涂色环。气瓶涂膜颜色，应依据 GB 7144—1999 中表 1 规定的颜色编

号、名称和色卡。

按照国家特种设备管理要求，气瓶应定期检验，符合要求方能投入使用。我国采用检验色标作为识别工具。检验色标示在气瓶检验钢印标志上的年份颜色标志，具体规定见表4-23。

表4-23 气瓶检验色标

检验年份	颜色	形状
2005	粉红	矩形
2006	铁红	
2007	铁黄	
2008	淡紫	
2009	深绿	
2010	粉红	椭圆形
2011	铁红	

【应用案例4-7】实验室气瓶颜色标志

按照GB 7144的要求，对实验室使用的气体进行识别，见表4-24。对表4-24识别出的气体气瓶，应按照GB 7144管理。

表4-24 实验室使用的气体按GB 7144的识别

序号	充装气体名称	瓶色	字样	字色	色环
1	乙炔	白	乙炔不可近火		大红
2	氧	淡（酞）兰	氧	黑	$P=20$，白色单环；$P=30$，白色双环
3	氮	黑	氮	淡黄	
4	空气	黑	空气	白	
5	氯	深绿	液氯	白	
6	一氟二氯甲烷	铝白	液化氟氯烷21	黑	
7	二氟氯甲烷	铝白	液化氟氯烷22	黑	
8	甲烷	棕	甲烷	白	
9	天然气	棕	天然气	白	
10	丁烷	棕	液化丁烷	白	
11	异丁烷	棕	液化异丁烷	白	
12	液化石油气	棕	液化石油气	白	
13	氩	银灰	氩	深绿	$P=20$，白色单环；$P=30$，白色双环
14	氖	银灰	氖	深绿	
15	二氧化硫	银灰	液化二氧化硫	黑	
16	硫化氢	银灰	液化硫化氢	大红	

六、安全告示牌

应在建筑物内部以及外墙上放置适当的安全告示牌。安全告示牌在对于危险品适用过程中起到重要的警示及救援参照作用。一旦发生安全事故，安全告示牌就能为事故救缓起到重要的指示作用。每个工作区的安全告示牌应包括以下内容：

（1）列出应急方法。

（2）强调所有的特殊危险。

【标准条款】

> **5.3.10　隔离状态下工作**
>
> 应对在隔离状态下进行的所有工作进行风险评价。评价应考虑计划的工作涉及人员的经验、健康、培训以及应急反应能力。对于刚开始在隔离状态下工作的人有必要进行附加的培训与指导。
>
> 当风险评价评定为高风险时，在隔离状态下工作的人员不得承担这些任务，这也适用于分包方、参观者或学生。
>
> 按照法律规定，某些任务无论何时都不允许单独执行。
>
> 对于患有由于在隔离状态下工作可能引发危险或威胁生命的疾病的员工，宜告知监督人员自身的身体状况。
>
> 应为隔离状态下工作的员工提供呼救方式，并在工作期间应随时以适当的方式监视呼救。

【理解与实施】

一、隔离状态工作定义

隔离状态下工作指工作人员在工作中与其他员工不能通过普通的方式（如语言、视觉）进行直接接触，应警惕已存在的危险源所导致的潜在风险。包括工作时间以内或工作时间以外在隔离区域或远场所工作。

二、隔离状态下工作的风险评价

应依据本标准条款 5.1 对隔离状态下进行的所有工作进行风险评价，考虑计划的工作涉及人员的经验、健康、培训以及应急反应能力应依据本标准条款 5.2 人员要求。对于刚开始在隔离状态下工作人员有必要进行附加的培训与指导。

当风险评价评定为高风险时，在隔离状态下工作的人员不得承担这些任务，这也适用于分包方、参观者或学生。可能遇到的高危情况包括以下方面：

（1）操作设备和机器，包括可能造成严重危险的车间机器，如链锯、车床和电锯。

（2）处理有毒的爬行动物、昆虫、节肢动物或鱼类。

（3）操作那些不是用来食用或观察的大型动物。

（4）操作或靠近有毒或腐蚀性物质，这些物质是那些在考虑使用容量的情况下他们对暴露在其中的物质具有重大的危险。

（5）使用仪器，该仪器暴露或破裂或高能量碎片的释放、大量有毒或对环境有害的物质。

（6）爬塔或爬高梯子。

（7）操作那些暴露的额定电压交流超过 50V 或直流超过 120V 的电气或电子系统。

注意：这些限制是对干燥的室内环境条件，在其他条件下应采用补偿的方法。

（8）操作放射性核。

（9）操作那些危险组为 3 或更高的微生物。

（10）操作第 3 类及其以上的激光。

（11）在没有大气压力的环境下操作。

注：按照法律规定，某些任务无论何时都不允许单独执行。

风险评估的记录应该符合条款 4.12 的要求。

三、隔离状态下事故的处理

对于患有由于在隔离状态下工作可能引发危险或威胁生命的疾病的员工，宜告知监督人员自身的身体状况，便于在必要时采取合适的救助措施。

应为隔离状态下工作的员工提供呼救方式，并在工作期间应随时以适当的方式监视呼救，例如对讲、视频监控等。

四、隔离状态下工作的示例

1. 简单的区域隔离

如电气强度试验的隔离，为防止试验时因高压或其他潜在因素对周围人员、设备造成危险，而单独划分的功能区域，不需要物理上的完全隔离，仅需在地上划分分隔线或用简易的隔离装置分开即可。此类隔离采取的安全措施包括：

（1）首先应对试验人员进行培训，获得该项能力资格后再允许进行试验。

（2）必要的操作规程及警示：应确认在隔离区域内无其他非相关的人员、设备等再进行试验。

（3）当发生因意外而闯入隔离区域事件时，有相应的分级应对措施，如停止试验等。

（4）试验后隔离状态的处置。

2. 完全的隔离状态

为满足特定的试验要求，必须独立一个封闭空间用以进行相应试验的隔离，如潮热试验箱、消音室、空调焓差室等。采取的安全措施包括：

（1）隔离空间应设置有从里面打开门的装置或设置有可对外联络的装置，以防止在做试验前的准备工作时门意外关闭而造成事故。

（2）对平时处于封闭状态下的区域，每次使用前应先确认隔离区域内的环境条件，试验人员才能进入以完成试验前的相关准备工作。

（3）在隔离区域开始试验后，应有防止区域非正常打开的措施，除非试验允许或打开后不致引起危险；对试验时封闭区域可能产生危险时，如压力试验、高温试验等，应有明确的试验正在进行等相关指示。

（4）应编制隔离区域试验操作规程及安全注意事项。

应定期检查隔离区域的隔离完整、有效性，以保证试验质量及人员安全。

【标准条款】

> **5.3.11　内务管理**
>
> 　实验室应保持良好内务，必要时所制定的程序应考虑安全的要求。

【理解与实施】

　　实验室必须保持良好的内务，必要时，可考虑制定内务管理程序。详细的内务管理要求可见本标准附录 B、GB/T 27476.3、GB/T 27476.5 的相应条款要求。

　　实验室良好内务包括但不仅限于以下方面：

　　1. 环境卫生管理

　　（1）实验室应注重环境卫生，保持环境清洁整齐、门窗明亮。禁止在实验室内进行与检测无关的活动，存放与检测无关的物品。实验室逃生通道和走廊不得堆放样品杂物，确保时刻通畅。

　　（2）严禁在测试区域吃喝食物。使用化学药品后需先洗净双手并确认安全后方能进食，食物不得储藏在装有化学药品的冰箱或储藏柜内。

　　2. 危险物品管理

　　（1）易燃、易爆药品、试剂应设专库妥善存放，严禁混存，并由专人保管。实验需用时，要随用随领，控制实验室内的存放量。

　　（2）仓储保管剧毒品、易爆品应严格执行"五双"制度（双人管、双人发、双人运、双把锁、双人用）。剧毒品的领用须经批准并详细登记领用日期、用量、剩余量，并有领用人签字备案。

　　（3）库内危险品试剂应科学分类存放，基本原则是：毒、爆炸品存保险箱分格安放；易燃品及性质互相抵触或灭火方法不同的试剂应分库分类堆放或上货架。货架下层放液态试剂，中层放固体类试剂；上层放小包装试剂。易受光照变质的试剂必须放在库内最阴暗处。

　　（4）高压气体钢瓶应符合国家《气瓶安全监察规程》的规定，设专用库房和地点按种类分开整齐排列安放，并定期进行技术检验，逾期不得使用，实验室内气瓶必须放在专门室内，严禁安放在露天、走廊，或使用区域，严禁远距离输气。

　　（5）实验室使用的压力容器应严格按《压力蒸汽灭菌器安全使用操作规范》操作，并有专用的使用场所和使用上岗考核合格人员，使用过程中应密切注意观察，以防危险事故的发生。

　　（6）菌（毒）种应由专人负责保管，专用冰箱存放，双人双锁。

　　3. 用电管理

　　（1）实验室内的电气设备的安装和使用管理，必须符合安全用电管理规定，大功率实验设备用电必须使用专线，严禁与照明线共用，谨防因超负荷用电着火。

　　（2）实验室用电容量的确定要兼顾事业发展的增容需要，留有一定余量。

　　（3）实验室内的用电线路和配电盘、板、箱、柜等装置及线路系统中的各种开关、插座、插头等均应经常保持完好可用状态，熔断装置所用的熔丝必须与线路允许的容量相匹配，严禁用其他导线替代。室内照明器具都要经常保持稳固可用状态。

　　（4）可能散布易燃、易爆气体或粉体的建筑内，所用电器线路和用电装置均应按相关规定使用防爆电气线路和装置。

（5）安全负责人应对实验室内可能产生静电的部位、装置心中有数，要有明确标记和警示，对其可能造成的危害要有妥善的预防措施。

（6）实验室内所用的高压、高频设备要定期检修，要有可靠的防护措施。凡设备本身要求安全接地的，必须接地；定期检查线路，测量接地电阻。自行设计、制作对已有电气装置进行自动控制的设备，在使用前必须验收合格后方可使用。自行设计、制作的设备或装置，其中的电气线路部分，也应请专业人员查验无误后再投入使用。

（7）实验室内不得使用明火取暖，严禁抽烟。必须使用明火试验的场所，须经批准后，才能使用。

（8）手上有水或潮湿请勿接触电器用品或电器设备；严禁使用水槽旁的电器插座（防止漏电或感电）。

（9）检验室内的专业人员必须掌握本室的仪器、设备的性能和操作方法，严格按操作规程操作。

（10）机械设备应装设防护设备或其他防护罩。

（11）电器插座不能接太多插头，以免超负荷或接触不良，引起电器火灾。如电器设备无接地设施，请勿使用，以免产生感电或触电。

（12）供电设施由专人管理，临时供电线路由具备资格的人员负责连接，但不准乱拉乱接电线。长期运行无人看管的设备应有监管，放在实验室内试验装置在无人照看下运行时，应该标示"正在运行"的标签。

4. 消防设施

应在实验室内或楼道内配备足够的消防设施。并维护消防设施使其处于正常使用状态。

第四节 设 备

【标准条款】

5.4 设备

5.4.1 安全设备

5.4.1.1 安全设备的配置和使用原则如下：

　　a）实验室应配备必要的安全设备，并确保实验室区域所有人员在需要时能够获得相关安全设备；

　　b）安全设备应定期检查和维护，必要时更换；

　　c）应规定和执行与实验室良好工作行为一致的实验室服装、饰品（如珠宝）、发型和鞋的要求；

　　d）应为实验室人员和参观者提供防护服和安全设备。对于参观者的要求可根据其活动和风险大小有所改变；

　　e）应制定相关的安全设备采购、验收等文件，以确保实验室采购和使用的安全设备符合要求；

　　f）安全设备的安装、调试、使用和维护应由具备资格的人员进行；

　　g）安全设备在使用前，人员应经过相关培训；

　　h）应考虑设备维护人员的安全，安全措施应提前告知维护人员；

　　i）用于紧急事故处理的设备，如没有得到授权，严禁用作其他用途。

【理解与实施】

本节规定了检测实验室对安全设备的原则和使用要求、个体防护装备的要求，以及测试设备的采购、安装、调试和使用、操作、维护等方面的安全要求。条款5.4.1.1规定了安全设备的配置和使用一般原则。

安全设备指保障人类生产、生活活动中的人身或设施免于各种自然、人为侵害的设备。安全设备的配置和使用原则见条款5.4.1.1。实验室应配置必要的安全设备，如灭火器、急救设施和物品、溢出处理桶等，确保实验室相关区域所有人员需要时能够方便的获得和使用。安全设备应定期检查，符合报废条件的应予以报废，如需继续使用，必须对设备进行检测以确保其性能符合标准要求。安全设备应按相关要求进行维护，以确保其性能始终维持正常使用状态，安全设备的维修应按相关要求进行，维修后需再次检测。实验室人员的服装、饰品、发型和鞋的要求应符合实验室的安全工作行为。实验室有责任为员工和外来人员配备必要的安全设备和个体防护装备，并对使用者进行充分的培训，确保他们正确使用。对于参观者可根据活动和风险大小实施入门培训。实验室应制定文件化程序规定对安全设备的采购、验收要求，实验室所采购和使用的安全设备应符合标准要求，具体要求见本书后续内容。

安全设备在投入正常使用前，应由具备相应资格的人员进行安装、调试；投入正常使用后，应由具备相应资格的人员操作、使用、维护保养和维修；安全设备应定期检查和维护保养，必要时更换。应考虑设备维护人员的安全，设备维护中可能涉及的危险及相应安全防护措施应提前告知维护人员；用于紧急事故处理的设备，如没有得到授权，严禁拆除、改制或用作其他用途。比如用于紧急事故通知的广播，没有得到授权，应禁止用于娱乐。

【标准条款】

5.4.1.2 以下安全设备对于实验室区域内所有员工应是可用和易得到的：

　　a）灭火器。应按照GB 50140配置、设计及安装；

　　b）充足的急救设施和物品；

　　c）合适的溢出处理桶（见GB/T 27476.5）。

使用有害物质的实验室应配置洗眼和安全喷淋装置。从实验室到达该设施的通道应保持通畅。

GB/T 27476的其他部分可能包含更多安装、配置和使用安全设备的特殊要求。

【理解与实施】

本条款规定了实验室必须配备的安全设备，包括灭火器、充足的急救设施和物品、溢出处理桶，以及使用化学有害物质的实验室应配备洗眼和安全喷淋装置（见图4-6）。这些是实验室配备安全设备的基本要求。实验室应确保配备的安全设备性能维持正常，并确保对于实验室的所有员工容易得到和方便使用这些安全设备。

灭火器是实验室必须配备的安全设备之一。灭火器的选择、配置、设计和安装应符合GB 50140—2005《建筑灭火器配置设计规范》。灭火器的类型较多，包括水型灭火器、干粉灭火器、泡沫灭火器、卤代烷灭火器、二氧化碳灭火器、及专用灭火器等。正确选择灭火器的类型是灭火器配置设计的关键之一。灭火器的选择应考虑：配置场所的火灾种类；配置场所的危险等级；灭火器的灭火效能和通用性；灭火剂对保护物品的污损程度；灭火

图 4 - 6   安全设备示例

器设置点的环境温度；使用灭火器人员的体能等，见表 4 - 25。灭火器应设置在位置明显和便于取用的地点，且不得影响安全疏散；当有视线障碍时应设置便于识别的标志如发光标志；不得设置在超出其使用温度范围的地点。灭火器设置点的位置和数量应根据灭火器的最大保护距离确定，在一个灭火器配置的计算区域内配置灭火器不得少于 2 具，并应保证最不利点至少在 1 具灭火器的保护范围内。灭火器的维修和报废应符合 GA 95—2007《灭火器维修与报废规程》。

表 4 - 25   灭火器的选择

火灾	火灾种类	可选择的灭火器类型
A 类火灾	固体物质火灾	水型灭火器、磷酸铵盐干粉灭火器、泡沫灭火器或卤代烷灭火器
B 类火灾	液体火灾或可熔化固体物质火灾	泡沫灭火器、碳酸氢钠干粉灭火器、磷酸铵盐干粉灭火器、二氧化碳灭火器、灭 B 类火灾的水型灭火器或卤代烷灭火器
C 类火灾	气体火灾	磷酸铵盐干粉灭火器、碳酸氢钠干粉灭火器、二氧化碳灭火器或卤代烷灭火器
D 类火灾	金属火灾	扑灭金属火灾的专用灭火器
E 类火灾	物体带电燃烧的火灾	磷酸铵盐干粉灭火器、碳酸氢钠干粉灭火器、卤代烷灭火器或二氧化碳灭火器，不得选用装有金属喇叭喷筒的二氧化碳灭火器

实验室应根据工作内容、危险特征、人员情况等，配备充足适宜的用于急救的设施和物品，以便应急使用，如呼吸器、急救箱、急救药品等，并建立合适的急救管理制度。

化学检测中，如有化学品的泄漏或溢出应及时控制，并进行清洗。实验室应制定处理泄漏或溢出控制的工作要求，便于发生泄漏或溢出时及时处理。关于化学品泄漏和溢出控制的更多要求见 GB/T 27476.5。对于安全作业类文件，考虑到油脂、化学品的泄漏或溢出可能导致其损坏的风险，宜有不被泄漏或溢出损坏的措施。

使用化学品尤其是危险化学品的实验室，应考虑配备洗眼器和安全喷淋装置，以便紧急情况下迅速、方便的使用。实验室要特别注意，确保到达洗眼和安全喷淋装置的通道保持通畅。有关应急洗眼和安全喷淋装置的相关要求可见 ANSI Z358.1：2004。

【标准条款】

> **5.4.1.3** 除实验室内的安全设备外，在每个主实验室或综合实验室的入口通道处宜有一个安全站，里面包含与工作类型相应的安全设备，如：
>   a) 眼护具；
>   b) 安全帽；
>   c) 一次性衣物；
>   d) 灭火器（适用于电和化学类火灾）；
>   e) 化学泄漏物的吸收材料；
>   f) 防护手套，如隔热、耐化学腐蚀；
>   g) 合适类型的手电筒，如适用于危险区域；
>   h) 护听器；
>   i) 适当时，维护良好的自给式呼吸器。

【理解与实施】

　　除条款 5.4.1.2 实验室必须配置的安全设备以外，为方便实验室迅速获得一些与其工作性质相关的安全设备、个体防护装备等，在综合实验室的入口通道处，建议设置一个安全站，用于储存和放置相关安全设备。安全站内的安全设备与实验室的工作类型相关，如眼护具、安全帽、一次性衣物、灭火器、化学泄漏物的吸收材料、防护手套、手电筒、护听器、自给式呼吸器等。

　　眼护具指防御烟雾、化学物质、金属火花、飞屑和粉尘等伤害眼睛、面部的防护用品。包括眼镜、眼罩、面罩。安全帽能有效保护头部，安全帽的尺寸应能满足各人的要求。进入有一定洁净度要求的实验室的人员，应穿上符合洁净要求的外套，为外来人员准备洁净的一次性服装，包括鞋套。化学实验室应准备化学泄漏物的吸收材料，如活性炭、吸收用砂土、不燃材料、吸附棉片或其他惰性材料等。实验室应配置适用于电类和化学类的灭火器，灭火器的相关要求见条款 5.4.1.2 的解释。危险区域应配备合适类型的手电筒，例如金属外壳或非金属外壳的手电筒。护听器是保护听觉、使人免受噪声过渡刺激的防护用品。自给式呼吸器是靠佩带者呼吸克服部件阻力的带过滤功能的呼吸防护用品。条款 5.4.2 给出了有关眼护具、安全帽、服装、防护手套、护听器、呼吸器等的具体要求。

【标准条款】

> **5.4.2　个体防护装备**
> **5.4.2.1　总则**
> 　　实验室应识别和确定个体防护装备的需求，并配备充分的个体防护装备。应根据实验类别和个体防护装备的防护性能选用合适的个体防护装备。实验室应定期检查个体防护装备，确保其状态完好。应根据 GB/T 11651—2008 的要求更换和报废个体防护装备，避免使用过期和失效的个体防护装备。
> 　　实验室内使用个体防护装备的最低要求是穿着实验服和封闭性的鞋子，必要时，佩戴护目镜，除非已有风险评价确认可降低要求。

> 实验室应根据所进行的风险评价，结合从相关的 SDS 和 GB/T 27476 系列标准以及 GB/T 11651—2008 中获取的信息，决定是否需要使用额外的或更专业化的个体防护装备。然而，个体防护装备的使用，不应取代安全管理系统的实施，或更高层次的风险控制手段。
>
> 使用个体防护装备前，应对所有使用者进行充分的培训。应按照相关标准或制造商提供的指引维护装备，确保其在有效的工作状态下。

【理解与实施】

本条款是对实验室涉及的个体防护装备（PPE）的总体要求。根据条款 5.1.4 的要求，风险控制措施的层次按有效性顺序选择，在采用其他有效控制措施不可行时，使用合适的个体防护装备。个体防护装备是检测实验室常用的风险控制手段，然而，采用个体防护装备是属于有效性层次较低的控制措施。个体防护装备的使用，不应取代安全管理系统的实施，或更高层次的风险控制手段。实验室应根据所进行的风险评价，确定个体防护装备的需求，结合作业类别和个体防护装备的防护性能，为工作人员选择和配备充分的个体防护装备，有关信息可参考相关 SDS、GB/T 11651 以及本系列标准中的相关内容。实验室应建立选择、使用、维护和报废个体防护装备的程序性要求，并实施日常检查和定期检查/检验，确保其性能符合标准要求，并按要求更换和报废，避免使用过期和失效的个体防护装备。条款 5.4.2 分别对服装、眼面部防护、护听器、手套、安全鞋类、呼吸防护、安全帽、其他个体防护装备等作出了详细的规定。

一、概述

个体防护装备指从业人员为防御物理、化学、生物等外界因素伤害所穿戴、配备和使用的各种护品的总称。个体防护装备有时又称劳动防护用品，指生产经营单位为从业人员配备的，使其在劳动过程中免遭或者减轻事故伤害及职业危害的个人防护装备。劳动防护用品分为特种劳动防护用品（表 4-26）和一般防护用品。

表 4-26 特种劳动防护用品目录

序号	类别	产品
1	头部护具类	安全帽
2	呼吸护具类	防尘口罩、过滤式防毒面具、自给式空气呼吸器、长管面具
3	眼（面）护具类	焊接眼面防护具、防冲击眼护具
4	防护服类	阻燃防护服、防酸工作服、防静电工作服
5	防护鞋类	保护足趾安全鞋、防静电鞋、导电鞋、防刺穿鞋、胶面防砸安全靴、电绝缘鞋、耐酸碱皮鞋、耐酸碱胶靴、耐酸碱塑料模压靴
6	防坠落护具类	安全带、安全网、密目式安全立网

特种劳动防护用品（PPE）实行安全标志管理（见表 4-27）。由国家安全生产监督管理总局指定的特种劳动防护用品安全标志管理机构核发安全标志。使用单位必须采购和使用带安全标志的特种劳动防护用品。购买的特种劳动防护用品须经本单位的安全生产技术部门或者管理人员检查验收。特种劳动防护用品以外的为一般劳动防护用品。实验室常用

的一般劳动防护用品包括：普通防护服、普通工作帽、普通工作鞋、劳动防护手套、防寒服、胶靴、耳塞等。

表4-27 特种劳动防护用品安全标志及说明

安全标志	适用范围与规格说明
图一 图二 图三 图四	• 焊接护目镜、焊接面罩、防冲击护眼具，规格为18mm×12mm（如图一所示）； • 安全帽、防尘口罩、过滤式防毒面具面罩、过滤式防毒面具滤毒罐（盒）、自给式空气呼吸器、长管面具，规格为27mm×18mm（如图二所示）； • 阻燃防护服、防酸工作服、防静电工作服、防静电、导电鞋、保护足趾安全鞋、胶面防砸安全鞋、耐酸碱皮鞋、耐酸碱胶靴、耐酸碱塑料膜压靴、防穿刺鞋、电绝缘鞋，规格为39mm×26mm（如图三所示）； • 安全带、安全网、密目式安全立网，规格为69mm×46mm（如图四所示）

实验室管理和使用个体防护装备的基本原则要求如下：

（1）实验室应根据风险评价，按GB/T 11651—2008《个体防护装备选用规范》和国家劳动用品配备标准及有关规定，为实验室人员配备个体防护装备；

（2）配备的个体防护装备应符合国家标准或行业标准，不得超过使用期限；

（3）实验室应对使用者开展充分的培训，确保使用人员正确佩戴和使用个体防护装备；

（4）员工在工作过程中，应按照安全生产规章制度和相关使用规定，正确佩戴和使用个体防护装备，未按规定佩戴和使用个体防护装备，不得上岗。

（5）实验室应建立个体防护装备的采购、保管、发放、使用、报废等管理制度。

实验服和封闭性的鞋子是实验室应配备和使用个体防护装备的最低要求，以保护实验室工作人员的基本安全。合适的工作服应能覆盖人体的主要肢体（一般情况下可不包括头、手和脚）。对于某些测试来说，佩戴护目镜也是必不可少的。实验室应能按照相关标准或制造商提供的指引维护装备，确保其随时处于良好状态。

二、个体防护装备的选用

实验室应根据GB/T 11651—2008的规定，从作业类别和个体防护装备的防护性能两方面结合考虑，选用个体防护装备。GB/T 11651—2008按照工作环境中主要危险特征及工作条件特点，识别出39种作业类别，参见该标准中表1作业类别及主要危险特征举例，比如编号A01的作业类别为存在物体坠落、撞击的作业，可能造成的事故类型为物体打击与碰撞，现实举例见建筑安装、桥梁建设、采矿、钻探、造船、起重、森林采伐等。PPE的选用与实验室的工作环境、作业类别有关，实验室在危险源识别和风险评价基础上，根据识别出来的风险，参照GB/T 11651—2008中表1选择合适或接近的作业类别，再结合参考该标准中表2的个体防护装备的防护性能，参照选择需要配备的合适的个体防护装备。需要注意的是，实验室常常对个体防护装备的防护性能了解不够，导致个体防护装备的选择不合适或者误用。例如，对护目镜的选择根据防护性能分为防水护目镜、防冲击护目镜、防强光/紫外线/红外线护目镜、防腐蚀护目镜、防激光护目镜、防微波护目镜等，实验室应根据需求，区分不同的个体防护装备的防护性能差异，加以合理选用。个体防护装备的防护性能可参考 GB/T 11651—2008 中表 2，该标准将个体防护用品的防护性能分为 B01～B72 共 72 种。

依据 GB/T 11651—2008《个体防护装备选用规范》，个体防护装备的选择程序见图 4-7。

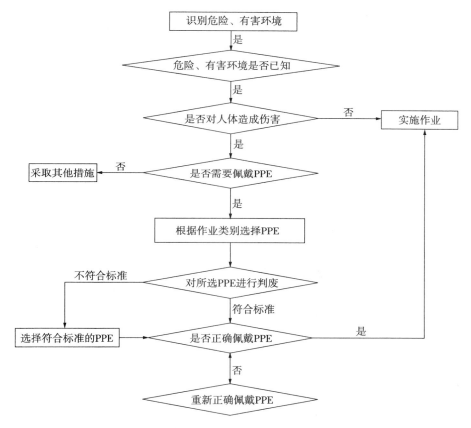

图 4-7　个体防护装备的选用程序

三、个体防护装备的采购、验收和使用

实验室在采购、验收、使用个体防护装备时，应遵从以下：

（1）识别和确认作业类别和合理配置的 PPE；

（2）列入特种劳动保护用品目录的 PPE 只能采购具有安全标志的产品；

（3）只能购买符合国家标准或行业标准的产品，不符合标准的产品不得使用；

（4）采购的 PPE 必须经过检查验收方能使用；

（5）须执行相关的管理制度，使用人员接受相关培训，掌握应知应会；

（6）正确佩戴和使用劳动防护用品。未按规定佩戴和使用劳动防护用品的，不得上岗作业；

（7）使用前检查 PPE，在规定的周期内，检查 PPE 的防护性能，保证性能符合要求；

（8）PPE 损坏或到期，更换 PPE。

四、个体防护装备的报废

PPE 的使用有一定的有效期限，不得超过 GB/T 11651 规定的有效期使用，最长不得超过产品说明书规定的使用期限。PPE 的使用年限可参考 GB/T 11651—2008 中表 B.1。

对使用或者储存期内遭到损害或判废、超过有效使用期限等情况的个体防护装备，进行判废；判废的个体防护装备应立即封存，并建立记录。

按照 GB/T 11651—2008《个体防护装备选用规范》，个体防护装备的判废程序见图 4 - 8。

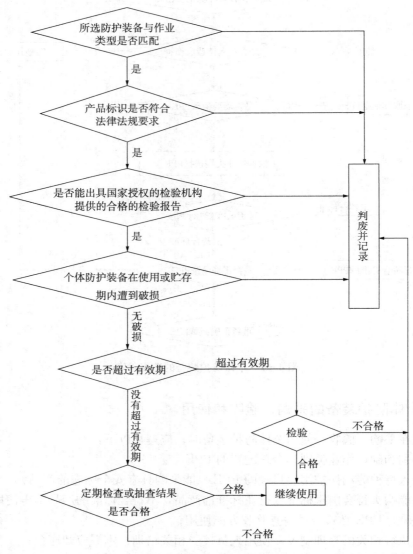

图 4 - 8　个体防护装备的判废程序

当出现下列情况之一时，包括：

（1）所选用的个体防护装备技术指标不符合国家相关标准或行业标准；

（2）所选用的个体防护装备与所从事的作业类型不匹配；

（3）个体防护装备产品标识不符合产品要求或国家法律法规的要求；

（4）个体防护装备在使用或保管储存期内遭到破损或超过有效使用期；

（5）所选用的个体防护装备定期检验和抽查为不合格；

（6）当发生使用说明书中规定的其他报废条件时，应按照 GB/T 11651—2008 中 A.2 个体防护装备判废程序即予判废。

【案例 4－2】 使用防护用品

玩具检测项目邻苯二甲酸酯，依据标准 CPSC-CH-C1001－09.2，其中使用到化学品二氯甲烷，属于危险化学品，潜在的致癌物。

危险特性：遇明火高热可燃。受热分解能发出剧毒的光气。若遇高热，容器内压增大，有开裂和爆炸的危险。

燃烧（分解）产物：一氧化碳、二氧化碳、氯化氢、光气。

防护措施：

呼吸系统防护：空气中浓度超标时，应该佩戴直接式防毒面具（半面罩）。紧急事态抢救或撤离时，佩戴空气呼吸器；

眼睛防护：必要时，戴化学安全防护眼镜；

身体防护：穿防毒物渗透工作服；

手防护：戴防化学品手套；

其他：工作现场禁止吸烟、进食和饮水。工作毕，沐浴更衣。单独存放被污染的衣服，洗后备用。注意个人清洁卫生。

【应用案例 4－8】 个体防护用品的管理程序

个体防护用品的管理程序

1. 目的

为了加强对个体防护用品的规范管理，保证个体防护用品的正确选用，其采购、验收、保管、发放、使用、报废等满足相关法规标准要求，保障实验室人员以及外来人员的人身安全，特制定本程序文件。

2. 范围

本程序文件适用于本机构的个体防护用品的选用、采购、验收、保管、发放、使用、报废管理。

3. 职责

3.1 本机构所有实验室人员应负责本程序文件得以贯彻实施。

3.2 质量控制中心应负责并监督本程序文件的正确实施。

4. 定义

4.1 个体防护用品。从业人员为防御物理、化学、生物等外界因素伤害所穿戴、配备和使用的各种护品的总称。

4.2 特种劳动防护用品。国家安全生产监督管理总局确定并公布的特种劳动防护用品目录里规定的劳动防护用品。

4.3 一般劳动防护用品。未列入目录的劳动防护用品。

---

5. 管理程序

5.1 个体防护用品的选用：

5.1.1 由试验室技术负责人根据本实验室的工作环境、作业类别，进行危险源识别，在风险评价的基础上，根据识别出的风险，参考个体防护用品的防护性能，提出需要配备的个体防护用品。

5.2 个体防护用品的采购：

5.2.1 应按照关键物质的采购程序进行申购；

5.2.2 特种劳动防护用品应采购和使用带由国家安全生产监督管理总局指定的特种劳动防护用品安全标志管理机构核发的安全标志的特种劳动防护用品；

5.2.3 采购的劳动防护用品应由国家授权的检验机构检验合格，符合国家标准或者行业标准。

5.3 个体防护用品的验收

5.3.1 应按照关键物质的验收程序进行验收。

5.4 个体防护用品的保管和发放

5.4.1 个体防护用品的保管和发放应按照关键物质的储存并发放；

5.4.2 个体防护用品应由实验室统一保管、专人管理。

5.5 个体防护用品的发放

5.5.1 个体防护用品的发放应按照关键物质的发放要求。

5.6 个体防护用品的使用

5.6.1 个体防护用品的使用者包括实验室人员以及进入实验室相关区域的外来人员，如维护人员、参观者、学生、清洁工和保安人员；

5.6.2 个体防护用品的使用者在使用前应接受相关培训；

5.6.3 实验室人员应正确佩戴和使用劳动防护用品，未按规定佩戴和使用劳动防护用品者，不得上岗作业；

5.6.4 个体防护用品使用前应检查。规定周期内，应检查个体防护用品的防护性能，以保证个体防护用品的防护性能；检查或抽查合格的个体防护用品才能继续使用，对检查或抽查不合格的个体防护用品进行判废；

5.6.5 个体防护用品的使用期限不得超过产品说明书的使用年限和附表二中规定的使用年限；

5.6.6 损坏或到期的个体防护用品应更换。

5.7 个体防护用品的报废

5.7.1 对使用或者储存期内遭到损害或判废、超过有效使用期限等情况的个体防护用品，进行判废；

5.7.2 判废的个体防护用品应立即封存，并建立记录。

附录：个体防护装备使用年限规定

参考文件：

1）国家安全生产监督管理总局第 1 号令《劳动防护用品监督管理规定》

2）《劳动防护用品配备标准（试行）》

3）《特种劳动防护用品安全标志实施细则》

4）中华人民共和国国务院第 352 号令《使用有毒物品作业场所劳动保护条例》

5）GB/T 11651—2008《个体防护装备选用规范》

【标准条款】

> **5.4.2.2　服装**
>
> 　　员工应根据实验穿着适当的防护服，防护服的选择可参照标准 GB 12014、GB 8965.1 和 GB 8965.2。为了避免污染其他非实验区域，员工在离开实验室前应脱下防护服和其他防护装备。
>
> 　　一般的实验操作中，建议穿长袖棉质或棉质/聚酯的工作服、外披型长褂或其他实验服。外披型长袍褂建议采用能快速解开的纺织物系带方式。尼龙制品在热或酸环境下容易被破坏，建议不要选用。许多合成纤维的防渗透性较差，液体可完全透过而极少量被吸收或不被吸收。同样，在火灾中，合成纺织品易熔化而烧伤人体。同时，还宜考虑到合成材料服装产生的静电危害。
>
> 　　防护服不宜放在室内洗涤。

【理解与实施】

　　实验室的所有人员，包括外来人员应根据实验区工作类型，穿着合适的防护服，以保护自己不受伤害或减少/轻伤害。在离开实验室前应脱下防护服和其他防护装备，避免污染其他非实验区域。

　　在一般的实验操作过程中，工作服（衣服和长裤）应能覆盖人体的主要肢体（一般情况下可不包括头、手和脚），应选用棉质或棉质/聚酯的工作服、外披型长褂或其他实验服。由于尼龙制品在热或酸环境下容易被破坏，建议不要选用。合成纤维制品在火灾中易熔化而烧伤人体，也不能选用。工作服所选用材料还要考虑对静电的防护，合成材料制成的服装会产生静电危害，应注意在某些场所不能选用。工作服应选择合适的，符合工作环境、工作对象特征要求的服装。

　　工作服的类别包括但不限于防静电服、阻燃服、焊接服等。防静电服指为了防止服装上的静电积聚，用防静电织物为面料，按规定的款式和结构而缝制的工作服。防静电服适用于可能引发电击、火灾及爆炸危险场所穿着。防静电服的测试要求应满足 GB 12014—2009《防静电服》。阻燃服指在接触火焰及炽热物体后，在一定时间内能阻止本身被点燃、有焰燃烧和阴焰的防护服，适用于服用者从事有明火、散发火花、在熔融金属附近操作和有易燃物质并有发火危险的场所穿着。阻燃服的测试要求应满足 GB 8965.1—2009《阻燃防护　第 1 部分：阻燃服》。焊接服用于焊接及相关作业场所，由可能遭受熔融金属飞溅及其热伤害的作业人员穿着防护。焊接服根据使用场合及作业要求分为 A、B、C 三个级别，参见表 4–28。焊接服的测试要求应满足 GB 8965.2—2009《阻燃防护　第 2 部分：焊接服》。

表 4–28　焊接服级别

防护级别	应用环境描述	使用场合
A	操作人员头部及躯干具备或整体暴露于焊接机相关作业过程中产生的由上而下坠落的熔滴飞溅环境之中，或操作人员由于操作位置或空间的限制法务有效躲避熔滴飞溅和弧光辐射	各种仰焊位置、空间或狭窄空间操作的明弧焊接（自动焊接除外）、火焰切割、碳弧气割以及炉前工和其他接触高辐射热、明火、熔融金属飞溅的场合

表4-28（续）

防护级别	应用环境描述	使用场合
B	操作人员身体具备暴露于焊接及相关作业过程中产生熔滴飞溅和弧光辐射中	除A级规定的操作位置及环境以外的明弧焊接（自动焊接外）、火焰切割、碳弧气割等
C	焊接或切割操作过程汇总没有或很少火焰或弧光辐射，金属熔滴飞溅很少	除A、B级规定外的各种焊接及相关作业方法

防护服宜放在合适的环境洗涤，不应在可能产生再次污染的室内洗涤，应考虑消除洗涤过程和之后对非实验区域的污染。

【标准条款】

> **5.4.2.3 眼面部防护**
>
> 当存在对眼睛造成损伤或通过眼睛对人体产生损害的风险时，实验人员应使用眼护具。根据不同类型的损害来源，比如冲击、液体喷溅、异物进入眼睛或辐射损害等，应按照GB/T 3609.1、GB/T 3609.2和GB 14866的规定，选用不同的眼面部防护用具。当存在液体喷溅对眼睛造成损伤或通过眼睛对人体产生损害的风险时，应佩戴专业化的眼护具（如封闭型眼罩或护目镜）。
>
> 在任何情况下，佩戴隐型眼镜或其他的光学眼镜都不能代替眼护具。
>
> 注：当灰尘、有害液体或蒸汽进入眼中时，隐型眼镜反而会加剧对眼睛的伤害。光学眼镜（区别于专门的眼部防护镜）一般情况下也不足以抵挡飞入的物体或微粒，有时甚至会引起更大的伤害。
>
> 对于既需矫正视力又需眼部防护的员工，规定的眼护具能提供低的冲击防护。眼镜外围型防护装备、眼罩或面罩（如适用）可佩戴在普通光学眼镜外，或合适的眼护具也能佩戴在隐型眼镜外。
>
> 下述情况宜使用面部防护装备（如面罩）：
>
> a）玻璃器皿放气、充气或加压；
>
> b）倾倒腐蚀性物质；
>
> c）使用超低温液体；
>
> d）进行燃烧操作；
>
> e）存在爆炸或内爆的风险；
>
> f）使用可能对皮肤造成直接损伤的化学品；
>
> g）使用能通过诸如皮肤、眼睛或鼻子等任何渠道迅速被人体吸收的化学品。
>
> 对于某些工作而言，宜使用具有额部防护或颌部防护或两者兼有的面罩。选择何种层次的防护装备，还应考虑附近正在进行的其他工作，在该距离可能对工作人员的眼睛或面部造成伤害，而操作者已隔离的情况。

【理解与实施】

眼护具是实验室人员使用个体防护装备的最低要求之一。当存在液体喷溅对眼睛造成损伤或通过眼睛对工作人员的眼部产生损害的风险时，应该配置和佩戴合适类型的专业化的眼护具。眼护具指防御烟雾、化学物质、金属火花、飞屑和粉尘等伤害眼睛、面部的防护用品。眼面部的防护对于实验室人员来说非常重要。实验室应根据危险源类型，比如冲击、液体喷溅、异物进入眼睛或辐射损害等，以及相关标准要求，选择和使用合适类型的眼护具，有效防护眼睛和面部。常用的眼面部防护装备的定义、分类、功能、技术要求等见表4-29。相应的技术性能要求和测试方法见GB 14866—2006《个人用眼护具技术要求》、GB/T 3609.1—2008《职业眼面部防护　焊接防护　第 1 部分：焊接防护具》、GB/T 3609.2—2009《职业眼面部防护　焊接防护　第 2 部分：自动变光焊接防护滤光镜》等。

表 4 - 29　眼面部防护装备

PPE	定义	功能	分类	适用人员	技术要求
眼护具	防御烟雾、化学物质、金属火花、飞屑和粉尘等伤害眼睛、面部的防护用品	提供保护或降低遭受：①不同强度的冲击；②可见辐射光；③熔融金属飞溅；④液体雾滴和飞溅；⑤粉尘；⑥刺激性气体，或这些类型伤害的任何组合	按外形结构类型可分为眼镜、眼罩、面罩。眼镜分为普通型、带侧光板型；眼罩分为开放型、封闭型；面罩分为手持式（全面罩）、头戴式（全面罩、半面罩）、安全帽与面罩组合式（全面罩、半面罩）、头盔式	适用于除核辐射、X 光、激光、紫外线、红外线及其他辐射以外	GB14866—2006
焊接防护具	保护佩带者免受由焊接或其他相关作业的有害光辐射及其他特殊危害的防护用具（包括焊接眼护具和滤光片）	防御有害弧光、熔融金属飞溅或粉尘等有害因素对眼睛、面部伤害	按外形结构分为：焊接工防护面罩、焊接工防护眼罩、焊接工防护眼镜	焊接工作的人员	GB/T 3609.1—2008
自动变光焊接滤光镜	当焊接瞬间产生电弧时，可以自动将遮光标号从较低值（明态遮光号）转换成较高值（暗态遮光号）的防护滤光镜	预防有害强光、紫外辐射和红外辐射对眼部的伤害		做大电流、强弧光或焊接与停止转换频繁的焊接工作的人员	GB/T 3609.2—2009

因个人需要佩戴的隐型眼镜或其他的光学眼镜不能代替眼护具。配置和佩戴合适类型的眼护具，能有效防护灰尘、有害液体或蒸汽进入眼睛对其带来的伤害。当灰尘、有害液体或蒸汽进入眼中时，隐形眼镜反而会加剧对眼睛的伤害，而普通的光学眼镜一般情况下也不足以抵挡飞入的物体或微粒，如引起镜片破碎甚至可能引起更大的伤害。实验室人员应意识到佩戴专用眼护具的重要性，而不是被个人的意愿所替代。

对于既需矫正视力又需眼面部防护的员工，特定的眼护具能提供低的冲击防护。眼镜外围型防护装备、眼罩或面罩（如适用）可佩戴在普通光学眼镜外，或合适的眼护具也能佩戴在隐型眼镜外。实验室人员可选择和使用戴在已佩戴的眼镜和面部上的合适类型的眼护具，起到有效防护眼睛和面部的作用。

应识别出风险且使用面部防护装备，下述情况宜使用面部防护装备（如面罩）：

（1）玻璃器皿放气、充气或加压，可能造成玻璃器皿破碎的碎片对眼面部的伤害；

（2）倾倒腐蚀性物质及其与其他物质产生过激反映对眼面部可能造成的伤害；

（3）使用超低温液体，可能对眼面部可能造成灼伤；

（4）进行燃烧操作，火焰及物质对眼面部可能的灼伤；

（5）存在爆炸或内爆的风险，对眼面部可能造成的伤害；

（6）使用可能对皮肤造成直接损伤的化学品，如氢氟酸等；

（7）使用能通过诸如皮肤、眼睛或鼻子等任何渠道迅速被人体吸收的化学品，如硫酸等。

在某些工作场合建议使用能有效防护额部或颌部或两者兼有的面罩。对个体防护不仅要考虑个体工作类型、特征和环境，还应关注个体工作周边的其他正在工作的工作类型、特征和环境，这些周边的工作，其操作者可能已做好防护，然而，还应考虑周边的工作可能在该距离内对其他工作人员的眼睛或面部造成伤害。

【标准条款】

> **5.4.2.4　护听器**
>
> 当噪音会损伤或削弱听力或有法规规定的情况下，应佩戴护听器。有关护听器的更多信息见 GB/T 23466。
>
> 示例：超声波清洁器具是实验室中常见的一种噪音源。

【理解与实施】

当噪声会损伤或削弱听力或有法规规定的情况下，应佩戴护听器。护听器是保护听觉、使人免受噪声过渡刺激的防护用品。护听器主要包括耳罩：由围住耳廓四周而紧贴在头部遮住耳道的壳体所组成的一种护听器；耳塞：插入外耳道内，或置于外耳道口的护听器。当有效的 A 计权声压级≥85dB（A）时，作业人员应佩戴护听器进行听力防护，当＜85dB（A）时，若作业人员有佩戴护听器的要求时，宜为其提供合适的护听器。

选择护听器的原则：（1）安全与健康原则：选择护听器要充分考虑使用环境和佩戴个体的条件，保证佩戴护听器过程中的人员安全与健康；（2）适用原则：护听器应在提供有效听力保护的同时不影响作业的进行，避免过度保护；（3）舒适原则：护听器应具有较好的佩戴舒适性，避免由于不舒适导致佩戴者不按正确的方式使用护听器，从而降低听力的防护作用。选择合适的护听器还要考虑环境温度的高低、空间大小、使用的时间长短、是否同时要与外界交流、噪声的强弱、个体特征及尺寸、与脸面部及眼部等其他防护的协调性。有关护听器的更多信息见 GB/T 23466—2009《护听器的选择指南》。

噪声有多种，例如，实验室中常见的超声波清洁器具是一种噪声源。GB/T 27476.4 介绍了更多的噪声源。

【标准条款】

> **5.4.2.5　手套**
>
> 对于某些实验操作，宜使用适当材料、长度和重量的手套，如处理超低温物质。某些情况下，劳动护肤剂可提供充分的防护，但不宜用其来替代手套的防护。有关不同危险源该选择何种手套的信息，可参考相关 SDS 和制造商提供的渗透能力表，以及 GB/T 12624、GB/T 17622、GB/T 22845 和 GB/T 18843 等标准。
>
> 注：手套也能暂时阻挡皮肤过敏，同时有效阻挡灰尘和纤维。

【理解与实施】

对于实验室中的某些实验操作，包括处理超低温物质的操作，应根据防护对象和功能要求选择使用适当材料、长度和重量的防护手套，例如用于隔热、耐化学腐蚀、防静电、绝缘手套等。不能用一种防护功能的手套代替另外一种防护功能的手套。同时，还要考虑手套本身的无害性，不应有损使用者的安全和健康。

防护手套至少应能起到"最低危害防护"的作用，其防护的危害类型主要有：

——影响皮肤表面的机械工作；

——清洁剂等轻腐蚀的影响；

——操作灼热工件时，操作者暴露在不超过 50℃ 的高温；

——既非异常又非极端的自然大气条件；

——不会产生致命影响也不会产生无法消除影响的小型冲击和震动。

带电作业用绝缘手套，适用于交流 35kV 及以下电压等级的电气设备上进行带电作业时使用，见 GB/T 17622—2008《带电作业用绝缘手套》。防静电手套，是用于需要戴手套操作的防静电环境，用防静电针织物为面料缝制或用防静电纱线编织而成的手套，见 GB/T 22845—2009《防静电手套》。在某些情况下，劳动护肤剂可提供充分的防护，但不宜用其来替代手套的防护功能。有关不同危险源该选择何种手套的信息，可参考相关 SDS 和制造商提供的渗透能力表，以及 GB/T 12624、GB/T 17622、GB/T 22845 和 GB/T 18843 等标准。

一般的手套也具有一定的防护功能，例如，能暂时阻挡皮肤过敏，阻挡与灰尘和纤维直接接触。但不能作为具有更高要求的专用防护手套。

【标准条款】

> **5.4.2.6 安全鞋类**
>
> 特定的危险源要求使用专门的安全鞋，应按 GB 21146、GB 21147、GB 21148 和 GB 12011 标准的相关规定选择安全鞋。

【理解与实施】

特定的危险源要求使用专门的安全鞋。实验室应按照工作环境中特定的危险源及工作特点等，参照 GB/T 20991、GB 21146《个体防护装备 职业鞋》、GB 21147《个体防护装备 防护鞋》、GB 21148《个体防护装备 安全鞋》和 GB 12011《足部防护 电绝缘鞋》等标准的相关要求，选择和配备合适的工作鞋，以保护实验室工作人员脚部的基本安全，合适的工作鞋应是封闭性的且能覆盖人体脚部大部分。工作鞋的类别包括但不限于表 4 – 30。

表 4 – 30 安全鞋类

安全鞋	定义	功能	技术要求
职业鞋	具有保护特征、未装有保护包头的鞋，用于保护穿着者免受意外事故引起的伤害	用于保护穿着者免受意外事故引起的伤害	GB 21146—2007
导电鞋	按照 GB/T 20991—2007 中 5.10 测量时电阻值小于 100kΩ 的鞋	在尽可能的最短时间内将静电荷减至最小	GB/T 20991—2007

表 4 - 30（续）

安全鞋	定义	功能	技术要求
防静电鞋	按照 GB/T 20991—2007 中 5.10 测量时电阻值大于或等于 100kΩ 和小于或等于 1000MΩ 的鞋	通过消散静电荷来使静电积累减至最小，从而避免诸如易燃物质和蒸气的火花引燃危险	GB/T 20991—2007
电绝缘鞋	适用于在电气设备上工作时作为辅助安全用具的防护鞋	通过阻断经由脚穿过身体的危险电流的通路保护穿着者免受电击	GB 12011—2009
防护鞋	具有保护特征的鞋，用于保护穿着者免受意外事故引起的伤害，装有保护包头，能提供至少 100J 能量测试时的抗冲击保护和至少 10kN 压力测试时的耐压力保护	用于保护穿着者免受意外事故引起的伤害	GB 21147—2007
安全鞋	具有保护特征的鞋，用于保护穿着者免受意外事故引起的伤害，装有保护包头，能提供至少 200J 能量测试时的抗冲击保护和至少 15kN 压力测试时的耐压力保护	用于保护穿着者免受意外事故引起的伤害	GB 21148—2007

【标准条款】

5.4.2.7 呼吸防护

当实验室中存在有害的灰尘、雾、烟和蒸汽时，应按 GB/T 18664、GB 2890、GB 6220、GB 2626 和 GB/T 16556 标准的相关规定选择并使用合适的呼吸防护用品。当某一操作需要持续性（每天）使用呼吸器时，宜调整该操作以最大限度降低或消除其对呼吸系统的危害。

【理解与实施】

当实验室中存在有害的灰尘、雾、烟和蒸汽时，应根据工作环境和工作特征选择合适的呼吸防护用品，做好呼吸防护。呼吸防护用品，是防御缺氧空气和空气污染物进入呼吸道的防护用品，适用于为预防作业场所缺氧和空气污染等对人体的危害所使用的呼吸防护用品。当实验室中的某一操作需要持续性地（每天）使用呼吸器时，则实验室宜考虑调整该操作或改善措施，以最大限度降低或消除其对呼吸系统的危害。实验室应按 GB/T 18664、GB 2890、GB 6220、GB 2626 和 GB/T 16556 等标准的相关规定选择并使用合适的呼吸防护用品，避免或减少因实验室存在有害的灰尘、雾、烟和蒸汽所造成的危害。

一、呼吸防护用品的分类

呼吸防护用品可分为自吸过滤式呼吸防护用品、送风过滤式呼吸防护用品、供气式呼吸防护用品、携气式呼吸防护用品等，分类见表 4 - 31。

表 4－31 呼吸防护用品分类

呼吸防护用品分类			定义	功能	技术要求
过滤式呼吸防护用品	自吸过滤式	半面罩、全面罩	指靠佩带者呼吸克服部件气流阻力的带过滤功能的呼吸防护用品	防御有毒、有害气体或蒸汽、颗粒物（如毒烟、毒雾）等危害其呼吸系统或眼面部的净气式防护用品	GB 2890—2009《呼吸防护 自吸过滤式防毒面具》
	送风过滤式		指靠动力（如电动风机或手动风机）克服部件阻力的过滤式呼吸防护用品		GB 30864—2014《呼吸防护 动力送风过滤式呼吸器》
隔绝式呼吸防护用品	供气式	正压式、负压式	指佩戴者靠呼吸或借助机械力通过导气管引入清洁空气的隔绝式呼吸防护用品		GB/T 18664—2002《呼吸防护用品的选择、使用与维护》
	携气式	正压式、负压式	指佩戴者携带空气瓶、氧气瓶或生氧器等作为气源的隔绝式呼吸防护用品		GB/T 18664—2002《呼吸防护用品的选择、使用与维护》
		自给开路式压缩空气呼吸器	利用面罩与佩戴人员面部周边密合，使人员呼吸器官、眼睛和面部与外界染毒空气或缺氧环境完全隔离，具有自带压缩空气源供给人员呼吸所用的洁净空气，呼出的气体直接排入大气中的一种呼吸器		GB/T 16556—2007《自给开路式压缩空气呼吸器》

二、呼吸防护用品的选择

1. 选择呼吸防护用品的一般原则

（1）任何人都不应在没有保护的情况下暴露在能够或可能危害健康的空气环境中；

（2）应对工作环境中的空气进行评价，识别有害环境性质，判断危害程度；

（3）应选择国家认可的、符合标准要求的呼吸防护用品；

（4）根据环境空气的特征、个体特征及尺寸、使用的时间长短、专人或非专人使用等情况，配备维护良好的自吸式呼吸器供使用，并建立规范的呼吸保护计划。

2. 根据有害环境选择

应识别作业中的有害环境，了解以下情况：

（1）是否能够识别有害环境；

（2）是否缺氧及氧气浓度值；

（3）是否存在空气污染物及其浓度；

（4）空气污染物存在形态，是颗粒物、气体或蒸气，还是它们的组合：

——若是颗粒物，应了解是固态还是液态，其沸点和蒸气气压，在作业温度下是否明显挥发，是否具有放射性，是否为油性，可能的分散度，是否有职业卫生标准，是否有 IDLH 浓度（见 GB/T 18664—2002 附录 B），是否还可经皮肤吸收，是否对皮肤致敏，是否刺激或腐蚀皮肤和眼睛等；

——若是气体或蒸气，应了解是否具有明显的刺激性或警示性气味等（见 GB/T 18664—2002 附录 C），是否符合职业卫生标准，是否有 IDLH 浓度（见 GB/T 18664—2002 附录 B），是否还可经皮肤吸收，是否对皮肤致敏，是否刺激或腐蚀皮肤和眼睛等。有害环境评价需要考虑的因素见图 4-9。

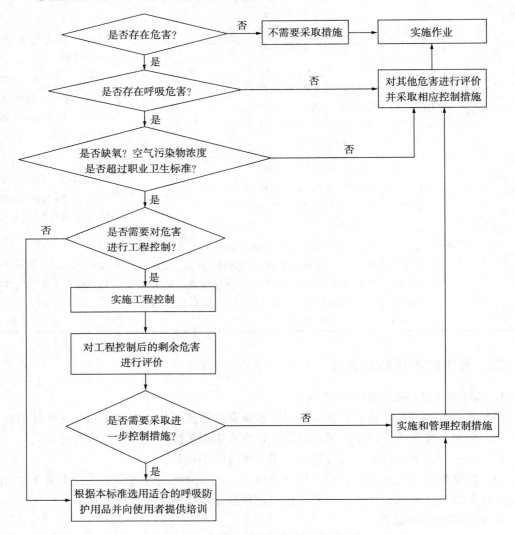

图 4-9 有害环境评价需要考虑的因素

3. 判定危害程度

按照下述方法判定危害程度：

（1）如果有害环境性质未知，应作为 IDLH 环境；

（2）如果缺氧，或无法确定是否缺氧，应作为 IDLH 环境；

（3）如果空气污染物浓度未知、达到或超过 IDLH 浓度，应作为 IDLH 环境；

（4）若空气污染物浓度未超过 IDLH 浓度，应根据国家有关的职业卫生标准规定浓度按式（4-1）确定危害因数；若同时存在一种以上的空气污染物，应分别计算每种空气污染物的危害因数，取数值最大的作为危害因数。

$$危害因数 = \frac{空气污染物浓度}{国家职业卫生标准规定浓度} \qquad 式（4-1）$$

呼吸防护用品的选择可参照 GB/T 18664—2002《呼吸防护用品的选择、使用与维护》的流程，见图 4-10。

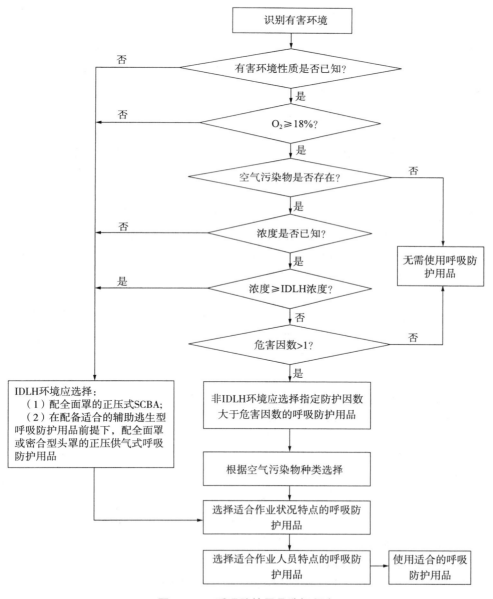

图 4-10 呼吸防护用品选择程序

163

【标准条款】

> **5.4.2.8 安全帽**
>
> 　　当存在坠落物或可能对头部产生冲击的危险时，应选择符合 GB 2811 要求的安全帽。
>
> 　　**注：**安全帽有限定的使用期限。

【理解与实施】

　　当实验室存在坠落物或可能对头部产生冲击的危险时，在该场所的人员应选择并佩戴符合 GB 2811 要求的安全帽。安全帽一般可分为普通和含特殊性能的安全帽。普通安全帽适用于大部分工作场所，包括建设工地、工厂、电厂、交通运输等场合。含特殊性能的安全帽的性能的种类及对应的工作场所，包括阻燃性适用于短暂接触火焰、短时局部接触高温物体或暴露于高温场所；抗侧压性能适用于可能发生侧向挤压的场所，包括发生塌方、滑坡、物体翻倒、速度较低的冲撞的场所；防静电性能适用于对静电高度敏感、可能发生引爆燃的危险场所，包括油船船舱、瓦斯煤矿、天然气田等场所；绝缘性能适用于可能接触 400V 以下三相交流电的工作场所；耐低温性能适用于实验室头部需要保温且环境温度不低于−20℃的工作场所；其他可能存在的特殊性能适用于上述未包括的其他性能要求。普通安全帽适用于工作中通常使用的，是对人体头部受坠落物及其他特定因素引起的伤害起防护作用的帽，主要由帽壳、帽衬、下颏带、附件组成。安全帽能有效保护头部，安全帽的尺寸应能满足各人的要求，例如能戴在各种头型、发型的头部。安全帽不得使用有毒、有害或引起皮肤过敏等人体伤害材料。选购安全帽时，要关注安全帽上的永久标识和产品说明书。除非按制造商的建议进行，否则对安全帽配件进行的任何改造和更换都会给使用者带来危险。还应关注 GB 2811—2007 中规定的安全帽的报废判别条件和保质期限等。

　　安全帽有限定的使用期限，应按照产品说明书的报废判别条件和保质期限佩戴安全帽，当安全帽在经受严重冲击后，即使没有明显损坏也必须更换，不得继续使用。

【标准条款】

> **5.4.2.9 其他个体防护装备**
>
> 　　在某些有害操作中（如从大容器中取样或处理有害物质时），如需使用其他额外的个体防护装备，如靴子、绑腿、围裙、护套、鞋套或及肘的手套等，应确保这些装备可被获得。

【理解与实施】

　　在实验室中的某些有害操作中，如需使用其他额外的个体防护装备，如靴子、绑腿、围裙、护套、鞋套或及肘的手套等，应确保这些装备完好并正确使用。上述列举的个体防护装备除了眼护具、服装、防护手套、护听器、自吸式呼吸器、安全鞋、安全帽等，还应考虑当进行某些具有较大安全风险的操作时，需配备和使用适合较大安全风险的操作所需的个体防护装备，例如，从大容器中取样或处理有害物质时还需配备靴子、绑腿、围裙、护套、鞋套或及肘的手套等；进行超高电压操作时，需配备和使用耐超高电压的绝缘鞋、工作服、手套等合适的个体防护装备。

个体防护装备图例如下：

安全帽		过滤式防毒面具	
带挡板的防毒面具		防尘口罩	
医用口罩		护目镜	
UV 防护镜		防强光护目镜	
防冲击护目镜		耳塞	
防噪声耳罩		绝缘手套	
劳动防护手套		耐酸碱手套	

续表

高温隔热手套（防机械伤害）		棉纱手套	
绝缘靴		防化学品靴	

【标准条款】

5.4.3 设备的安全

5.4.3.1 设备的采购

采购之前宜进行风险评价以识别潜在的危险源，确保风险控制措施的充分和有效。风险评价宜按照 5.1 的要求进行。

选择设施和设备时，应确认其适用性，同时应确认制造商对安全操作的设计进行了充分的考虑。设备应适用于中国电网，设施和设备的噪音规定应符合相关要求。采购文件中应有关于设施和设备安全要求的说明。采购时宜考虑的安全因素见 GB/T 27476.3。

【理解与实施】

本条款从设备的安全角度，按照设备采购、安装和调试、安全操作和维护保养过程中可能产生的不安全因素，主要危险特征及工作条件等特点，规定了设备的安全规定及要求。

实验室在设备采购之前应对拟采购的仪器设备的安装和调试、操作使用或运行、维护保养过程进行危险源辨识和风险评价，识别出潜在的危险源，制定并确保风险控制措施的充分、有效。风险评价应按照条款 5.1 的要求进行，通过危险源辨识、风险评价、风险控制等步骤，消除由设备原因影响实验室安全的危险源，确保实验室的安全。

在采购前选择实验室设施和设备时，首先应确认其适用性，同时还应确认制造商对安全操作的设计进行了充分的考虑。特别是用电驱动的设备应适用于中国的电网要求，例如，三相交流电源额定容量一般为 380V，50Hz，16～63A；单相交流电源额定容量一般为 220V，50Hz，10A，最大不超过 16A，否则应该选用三相交流电源。设施和设备的噪声规定应符合相关要求。采购文件中除了应有关于设施和设备的功能要求以外，还应有关于安全要求的说明。采购时宜考虑的安全因素见 GB/T 27476.3，机械安全因素包括：

（1）用于处理可燃物（例如：防火电机）或病原体的特殊装置；

（2）对运动部件失效的防护装置；

（3）安全联锁装置；除非机盖和保护装置已正确关闭，否则无法启动设备的联锁装置，防止对运动部件在动作时被触及的防护装置；

（4）发生异常情况下自动切断电源的装置；

（5）可能危及人身安全的运动部件的防护装置；

（6）相应的安全设备的辅助装置（例如：真空泵的油雾滤清器）。

【标准条款】

> **5.4.3.2　设备的安装、调试和使用**
>
> 　　设备应根据制造商的安装指南进行安装，或由制造商的技术人员进行安装。
>
> 　　宜要求设备制造商提供详细的安装及操作说明书。相关人员在操作设备前应详细阅读使用说明书。使用及维护说明书应便于取阅。
>
> 　　设备的安全操作基于正确的安装。相关注意事项见 GB/T 27476.3。
>
> 　　如果需要，宜开发适当的设备清理和报废程序。

【理解与实施】

实验室应根据制造商的安装、调试指南安装、调试设备，或由制造商的技术人员进行安装、调试。因设备安装、调试的质量直接关系到以后的安全操作和使用，同时设备安装、调试本身也关系到实验室的安全。

实验室宜要求设备制造商提供详细的安装及操作说明书，以便相关人员根据制造商的安装及操作说明书或指南正确、顺利、安全地安装、调试设备，也便于保障实验室的安全。操作人员应详细阅读操作或使用说明书后才能操作和使用设备。设备的操作或使用及维护说明书应放置在便于取阅的部位。

只有正确安装设备，才能正确和安全操作设备。安全操作相关注意事项见 GB/T 27476.3。其中对于设备的安装与试运行的要求包括：

实验室应根据制造商的安装指南安装设备，或由制造商的技术人员进行安装。

应要求制造商提供详细的安全及操作说明书。说明书必须语言清晰、明确。有关人员操作前，应正确理解说明书的内容。

设备的安全操作基于正确的安装。当对设备进行安装或试运行时，应遵守以下注意事项：

（1）确保设备有足够的安全装置和控制措施以满足风险评估和有关安全的要求。

（2）为设备选择一个合适的安装环境，包括充足的场地、空间、通风、照明条件，与其他设备及操作的隔离。

（3）确认设备正常运行所需要的全部资源。

（4）确保有效的噪声、振动控制措施。

（5）确保已建立合适的设备操作和维护规程，其中明确操作时应佩戴的个体防护装备。

（6）确保设备在其设计范围内使用。

（7）确保设备经过对其设计符合性和防护装置的试运行。确保设备在使用前，经过对其设计符合性和防护装置安全性的验证。

（8）确保安装的符合性，应采取核查、检查措施。

实验室宜有适当的设备清理和报废要求或程序。所制定的仪器设备管理程序中，应包括采购、安装、调试和使用、操作、维护和封存及报废的有关内容。

【标准条款】

> **5.4.3.3　设备的安全操作**
>
> 　　应按照各种仪器设备的操作规程安全使用实验室仪器。与设备操作及替代操作有关的风险评价见 GB/T 27476.3。
>
> 　　应对无人照看设备在人员减少或工作时间外的安全运行作出安排。

【理解与实施】

　　应按照各种仪器设备的操作要求或规程安全操作仪器设备，这关系到实验室的仪器设备的操作与实验室的安全。与操作仪器设备有关的危险通常能够用低危险性的操作来替换该操作以减小危险。为达到上述目的，必须在操作前进行风险评估，以确认替代的操作并评估其安全操作的可行性。

　　应对无人照看设备在人员减少或工作时间外的安全运行作出安排。包括对实验室昼夜长时间自动运行的，也无需操作人员始终关注的"无人照看的设备"的安全运行制定安全措施，例如委派或委托相关人员定期查看或值班监视。

【标准条款】

> **5.4.3.4　设备的维护**
>
> 　　所有的维护工作应由具备资质人员根据设备制造商的说明书和实验室/组织的操作规程执行。宜在开始工作前告知维护人员关键的健康与安全要求，使其有所准备。
>
> 　　**注：** 例如在实验室穿着密闭的鞋子、佩戴护目装备等。
>
> 　　开始工作前，维护人员应被告知实验室的危险源，以及维护工作可能对实验室现场人员造成的危险。
>
> 　　维护完成后，宜对设备进行核查以确保其正常使用。
>
> 　　应关注对维护人员的安全防范，具体要求见 GB/T 27476.3。

【理解与实施】

　　设备的维护工作关系到实验室的安全，应由具备资质人员根据设备制造商的说明书或技术要求、按照操作规程开展维护工作。开始前应做好所有准备，同时告知维护人员关键的健康与安全要求，使其有所准备，如穿着密闭性鞋子、佩戴护目镜等。若维护工作需签订合同或服务协议，应包含健康与安全的期望值、监视与责任条款。使用合同人员或服务人员时，合同或服务协议应包括选择与管理他们的标准，并对他们的健康和安全表现进行评估。维护完成后，应对设备进行核查以确保其正常使用。

　　设备维护工作开始前，实验室应告知维护人员相关的实验室的危险源，和维护工作可能对实验室现场人员造成的危险。同时，应告知实验室的相关人员由于设备维护可能出现的危险并加以防护。

　　设备维护完毕后，应对设备做功能或性能方面的核查，当有不利的情况出现却又能被继续使用的应告知实验室的相关人员，以确保能被继续正常使用。

　　在设备维护保养之前和过程中，应关注维护人员的安全防范，包括以下：

　　当进行维护时，应断开设备的动力源供应。联锁保护装置或其他安全装置不能保护维护人员时，应通过严格的"允许工作"系统来保护维护人员的安全，即进行维修时，电源与液压系统不能在不经意间启动。若为了维护工作的进行，必须使设备在安全联锁装置失效的状态下运行，应在维护任务开始前进行风险评价。维护人员应意识到某些设备存有能量，开始工作前，设备的运动部件应已被限制动作，或确认设备已卸能。

自动设备能防止或减少操作人员发生事故，也能对维护人员产生伤害。

实验室可能存在危险物质，在维护工作开始前，应清洁设备，去除危险物质，并告知维护人员。

除非经实验室负责人批准，维护人员不得移动实验室的任何设备。移动前，应清洁所有设备。

维护工具与测试设备应在使用前后进行清洁。在某些情况下，工具可能需要被熏蒸。

在维护人员不直接操作的设备上，他们应被告知关闭设备和电源的风险。

对维护人员的安全防范具体要求见 GB/T 27476.3。

【应用案例 4-9】精密机械设备的维护保养（表 4-32）。

表 4-32 精密机械设备维护保养规程

保养类别 保养内容	日常维护保养	一级保养	二级保养
电气系统	1. 检查机床各机构是否与自动循环联锁（电气联锁）。 2. 检查电气控制面板上各按钮所控制的动作是否正常。 3. 电气控制柜（箱）及电气线路是否有出现烧焦或异味。 4. 电机运转是否正常	1. 清扫电气控制柜（箱）。 2. 检查各电气元件动作及线头接触是否良好。 3. 检查各电气安全装置是否有效可靠	1. 整理线路，更换不良电气元件线路，做到无漏电现象。 2. 检查电机轴承是否异常，检查或更换润滑油脂，测定电机的绝缘性。 3. 更换破损的电气安全装置
机械传动、进给系统、安全防护装置	1. 检查主轴、工件主轴工作是否正常。 2. 检查机床各动作是否正常，包括上下动作、工件旋转、时间控制等。 3. 检查各运动副、传动机构是否有异常磨损、拉沟现象。工作时是否有超温现象。 4. 安全防护装置是否齐全有效、完整	1. 彻底清洗擦拭设备外表，做到外表清洁无黄袍。 2. 清除各运动副导轨面毛刺。 3. 调整紧固各行程限位开关。 4. 修复缺损的安全防护装置	1. 彻底清洗擦拭设备外表及死角，做到外表清洁无黄袍。 2. 清除各运动副导轨面毛刺。 3. 清洗工件轴轴承、轴承及滑套，径向跳动≤0.02mm。 4. 检查工件轴与心轴的锥度面的配合情况。 5. 更换磨损零部件、标准件
液压系统	1. 检查各电磁阀动作是否正常。 2. 检查各液压元件是否有非正常泄漏现象。 3. 检查油泵工作是否正常。 4. 清理堵塞的滤油器、过滤网。 5. 检查油质是否已乳化变质或混入机械杂质，油量是否充足	1. 检查油箱油质，油量是否充足到位。 2. 检查油泵，清洗或更换滤油器、过滤网，疏通油管。 3. 检查各油管接头，确保无漏油现象	1. 清洗油箱，过滤或更换液压油。 2. 清洗或更换动作不良之电磁阀、密封元件、标准件，疏通油管及接头。 3. 检查油泵，清洗或更换滤油器、过滤网，疏通油管

表4-32（续）

保养类别 保养内容	日常维护保养	一级保养	二级保养
润滑 冷却 系统	1. 各注油点加注润滑油。 2. 煤油箱油量是否充足。 3. 煤油油泵工作是否正常	1. 检查煤油油泵，清洗或更换过滤网，疏通油管。 2. 各润滑部位加注润滑油	1. 彻底清洗煤油油箱。 2. 清洗或更换煤油油泵、接合器。 3. 检查、疏通或更换煤油油路油管、接头、过滤网
仪器、 仪表指示	压力：0.5～2MPa，是否有超压或减压现象	检查压力表是否灵敏有效	检查压力表是否灵敏有效

仪器设备维护保养记录单如表4-33所示。

表4-33 仪器设备维护保养记录单

				开机状态确认	维护保养日期： 20 年 月 日	工时： ___小时
1	设备名称：	型号：	编号：			
	工作内容：	开机情况：□正常 □不正常 结论：□正常 □不正常 不正常情况描述：			维护人员：	验收人员：
2	设备名称：	型号：	编号：	开机状态确认	维护保养日期： 20 年 月 日	工时： ___小时
	工作内容：	开机情况：□正常 □不正常 结论：□正常 □不正常 不正常情况描述：			维护人员：	验收人员：
3	设备名称：	型号：	编号：	开机状态确认	维护保养日期： 20 年 月 日	工时： ___小时
	工作内容：	开机情况：□正常 □不正常 结论：□正常 □不正常 不正常情况描述：			维护人员：	验收人员：

第五节　检测方法

【标准条款】

5.5　检测方法

5.5.1　实验室选择检测方法时应考虑方法的安全性，优先选用风险较低的检测方法。应选用风险较小的工作流程。

【理解与实施】

一、检测方法要求是实验室安全运行控制的重要方面

实验室一旦获得了对其安全危险源的了解，就宜实施必要的运行控制措施，以管理相关的风险并符合适用的法律法规和其他要求。

安全运行控制措施的总体目标是为了管理安全风险以满足安全方针。

在建立和实施运行控制措施时，所需考虑的信息包括：

——安全方针和目标；

——危险源辨识、风险评价、现存控制措施评估和新措施确定的结果；

——变更过程管理；

——内部规范（例如，关于材料、设备、设施布局的规范等）；

——现行的运行程序信息；

——法律法规和组织应遵守的其他要求；

——与采购货物、设备和服务相关的产品供应链控制措施（见条款 4.6）；

——参与和协商的反馈；

——承包方和其他外部人员所执行任务的性质和范围；

——访问者、送货员、服务承包方等可进入的工作场所。

在制定运行控制措施时，宜优先选择在防止人身伤害和健康损害方面具有较高可靠性的控制措施方案，并符合控制措施的等级分类顺序，即首先考虑重新设计检测设备、工装、检测方法和工作流程，以消除或减少危险源；其次考虑改进标志和警示，以回避危险源；然后考虑改进管理程序和培训，以减少因未充分控制危险源而导致人员处于有害暴露的频次和持续时间；最后考虑使用个体防护装备（PPE），以降低人身伤害或有害暴露的严重程度。

比如，实验室在选择检测方法时应考虑方法的安全性，优先选用风险较低的检测方法。应选用风险较小的工作流程。

二、检测方法选择示例

以铝及铝合金中镁含量测定为例，GB/T 20975.16—2008《铝及铝合金化学分析方法第 16 部分：镁含量的测定》推荐了两种试验方法。

方法一：CDTA 滴定法。这种测定方法使用 20 余种的化学品，其中包括剧毒物品氰化钾（用量 8mL（浓度 250g/L））。测定范围为 0.100%～12%。

方法二：原子吸收分光光度法。这种测定方法使用 10 余种的化学品，不包括剧毒物品。测定范围为 0.0020%～5.00%。

如果预测被测范围在 0.100%～5.00%，则可以优先考虑选用原子吸收分光光度法，这样可以避免在试验中使用剧毒物品氰化钾。

再如，在有些实验中需要加热易燃液体，严禁使用明火加热，应使用温度可控的电热板，使用水浴法或油浴法进行加热。油浴常用的介质有豆油、棉籽油等。油浴最高温度比水浴高，一般在 100℃～250℃之间。油浴操作方法与水浴相同，不过进行油浴尤其要操作谨慎，防止油外溢或油浴升温过高，引起失火。

以家用电器的试验流程为例，GB 4706.1《家用和类似用途电器的安全 通用要求》在"试验的一般条件"中规定，除非另有规定，试验均按各章条的顺序进行。其中就包含了工作安全的考虑，如先做标志和说明、对触及带电部件的防护项目，再做通电的试验项目。

再如，物质含量的测定可以先用排除法检测是否含有某种有害物质，如没有就可以判定合格；如果有，再采用进一步的方法判定其含量是否有超出。

以实施限制使用有害物质指令（ROHS 指令）为例，需要检测电器产品中的铅、汞、镉、六价铬、多溴二苯醚（PBDE）和多溴联苯（PBB）六种有害物质含量。

在获得样品之后，必须作出决定，应采用扫描测试程序还是采用验证测试程序。

扫描测试过程可以定量或定性的方式进行。定性扫描将指出，某一物质是否存在，但不可能给出有关物质含量浓度的精确信息。定量扫描将给出有关物质含量浓度的结果。

在扫描测试过程后，可以决定，样品是否满足基于该电器被限物质的标准的限值，或者是否需要进一步的测试。

验证测试过程利用各种为被限物质定制的分析程序和样品材料（或者是聚合材料、金属材料或者是以集成印刷电路板或部件形式的电子产品）执行验证测试程序。

使用特定验证测试过程的目的是为了保证可能的最精确的结果，验证测试过程之后，能决定样品是否满足基于该电器被限物质的标准的限值。然而，它的执行也最可能花费较多的资源，相应地带来更大的安全风险。

【标准条款】

> **5.5.2** 实验室开展的活动应制定文件化的安全操作规程。具体的实验室安全操作相关要求见附录 B。
>   安全操作规程应包括检测流程中的安全检查和安全预警，如试验前进行安全检查，必要时用声、光发出预警，通知周边人员离开试验区域。

【理解与实施】

一、建立和实施运行控制措施

对于运行区域和活动，如采购、研究与开发、销售、服务、办公活动、非现场工作、家庭工作、制造、运输和维护等，宜建立和实施必要的运行控制措施，以管理安全风险，使其保持可接受的水平。运行控制措施可采用各种不同的方法，例如，物理装置（如屏障、进入控制等）、程序、工作指令、图示、警报和标志。

采用警告标示更为可取，因为警告标志基于公认的设计原则，强调使用标准化的图形符号和尽可能少的文本，即使需使用文本，也有诸如"危险"或"警告"等公认的文字标志可供使用。进一步的指南可见条款 5.3.9。

实验室宜建立运行控制措施，以消除或减少和控制可能由员工、承包方、其他外部人员、公众和（或）访问者引入工作场所的安全风险。运行控制措施可能还需考虑到安全风险扩展至公共区域或他方控制区域（如本实验室员工在客户现场工作的时候等）的情况。

在此情况下，有时有必要与外部方面进行协商。

检测活动安全风险的区域及其相关控制措施的典型示例如下：

1. 一般控制措施

——设施、机械和设备的定期维护和修理，以预防不安全状况的产生；

——通畅的人行通道的管理和维护；

——交通管理（如车辆和行人的分离管理等）；

——工作台的提供和维护；

——热环境（温度、空气质量）的保持；

——通风系统和电气安全系统的维护；

——应急计划的保持；

——健康方案（医疗监护方案）；

——与特定控制措施的使用有关的培训和意识方案（如工作许可证制度等）；

——进入工作场所的控制措施。

2. 危险材料的使用

——所确立的库存水平、存储位置和存储条件；

——危险材料的使用条件；

——危险材料可用区域的限制；

——安全储存的规定和入库的控制措施；

——材料安全数据及其他相关信息的提供和访问；

——辐射源的防护；

——生物污染物的隔离；

——应急设备的使用知识和可利用性。

3. 设施和设备

——设施、机械和设备的定期维护和修理，以预防不安全状况的产生；

——干净畅通的走道的管理和维护以及交通管理；

——个体防护装备（PPE）的提供、控制和维护；

——安全设备如防护装置、防坠落系统、停机系统，受限空间救援设备、锁定系统、火灾探测和灭火设备、有害暴露监视装置、通风系统和电气安全系统等的检查和测试；

——材料搬运设备（吊车、铲车、起重器械和其他起重设备）的检验和测试。

4. 货物、设备和服务的采购（见条款 4.6）

5. 承包方（见条款 4.5）

6. 工作场所的其他外部人员或访问者（见条款 4.7）

二、规定运行准则

实验室宜规定预防人身伤害和健康损害所必要的运行准则。运行准则宜具体针对实验室及其运行和活动，并与组织自身的安全风险相关，如果缺乏，则可能会导致对安全方针和目标的背离。

1. 运行准则的示例

（1）对于危险作业

——指定设备的使用及其使用程序或工作指令；

——能力要求；

——特定的入口控制过程和设备的使用；

——临近作业开始前的个人风险评价的权限、指南、指令和程序；

（2）对于危险化学品

——被认可的化学品清单；

——有害暴露的限制；

——明确的库存限制；

——指定的储存场所和条件；

（3）对于包含进入危险区域的作业

——个体防护装备（PPE）要求规范；

——指定的进入条件；

——健康和适宜条件；

（4）对于包含承包方执行任务的作业

——安全绩效准则规范；

——承包方人员的能力和（或）培训要求的规范；

——提供设备的承包方的规范/检查；

（5）对于访问者的安全危险源

——进入工作场所的控制措施（出入标志、准入限制）；

——个体防护装备（PPE）要求；

——现场安全简报；

——应急要求。

2. 实验室安全工作行为

实验室开展的活动应制定文件化的安全操作规程。本标准附录B实验室安全工作行为给出了实验室安全操作总则，提出了实验活动应遵守的一些具体要求。

在实验室的一些具体操作方面，还应注意遵守相关的具体要求，实验室可以结合实际的检测活动将相关要求编制在实验室的安全操作规程等作业指导文件中。

需要关注的是，本标准附录B虽然是作为资料性附录，以及本书中在附录B的理解与实施部分给出的对实验室的具体操作方面的一些补充要求，该部分内容对于实验室的具体操作具有重要的指导意义，实验室在具体操作中应遵守该部分内容。

3. 安全操作规程

安全操作规程是涉及安全的作业指导书。安全操作规程可以单独编制，也可以与质量方面的操作规程、作业指导书一起编制，特别是当某一活动既需要安全方面的考虑又需要质量方面的考虑的时候。

编制安全操作规程还应注意包括识别出的检测流程中的安全检查和安全预警作业，如试验前进行要求安全检查，必要时用声、光发出预警，通知周边人员离开试验区域。

下面是某型号的耐压测试仪的操作规程，文件中包含了质量方面的规定，也包含了安全方面的规定。

耐压测试仪操作规程

一、运行检查测试

（1）将0.7MΩ标准电阻的一端连接耐压仪的地线。

（2）接通电源，将仪器、报警漏电流设定在 5mA。

（3）开启仪器，用测试棒击标准电阻另一端，调整电压在 3410V 至 3590V 内仪器发出报警，则判定该仪器处于正常工作状态，若不在 3410V 至 3590V 范围内仪器报警的，则仪器工作不正常。

（4）当在运行检查时发现设备功能失效，运行检查结果不能满足规定要求时，操作人员需将上一次运行检查合格以来检测过的产品重新进行检测，并将仪器送去维修。

二、熟悉仪器的各项性能及操作要求

应由固定岗位人员操作、非本岗位人员严禁操作。

三、操作步骤

操作者坐椅和脚下必须垫好橡胶绝缘垫，只有在测试灯熄灭状态下，无高压输出方可进行被测机型连接或拆卸操作。

（1）测试前对仪器进行校准，（方法：漏电电流 5mA 状态下，用 700kΩ 陶瓷电阻跨接于地线夹同高压测试棒探头之间至仪器报警为准。

（2）连接被测机型是在确定电压表指定为"0"，测试灯灭状态下将仪器地线夹夹紧被测机散热架，并按下被测机型的电源开关。

（3）设定仪器测试条件：A、电压：3500V；B、漏电流：5mA；C、测试时间定为：1min。

（4）将测试棒探头紧贴电源线头的任一交流输入金属插片。

（5）按下启动键观察测试结果，在设定时间内，超漏灯不亮，测被测机型为合格。

（6）如果被测机型超过设定漏电流值，则仪器自动切断输出电压，同时锋鸣器报警，超漏灯亮，则被测机型为不合格，按下复位键即可清除报警声，再测试时应重新按启动键。

四、使用注意事项

（1）操作者脚下垫绝缘橡皮垫，戴绝缘手套，以防高压电击造成生命危险；

（2）仪器必须可靠接地；

（3）在连接被测体时，必须保证高压输出"0"及在"复位"状态；

（4）测试时，仪器接地端与被测体要可靠相接，严禁开路；

（5）切勿将输出地线与交流电源线短路，以免外壳带有高压，造成危险；

（6）尽可能避免高压输出端与地线短路，以防发生意外；

（7）测试灯、超漏灯、一旦损坏，必须立即更换，以防造成误判；

（8）排除故障时，必须切断电源；

（9）仪器空载调整高压时，漏电流指示表头有起始电流，均属正常，不影响测试精度；

（10）仪器避免阳光正面直射，不要在高温潮湿多尘的环境中使用或存放。

五、保养与操作规范

注意仪器保养，操作人员离开岗位必须断开仪器电源。

三、保持运行控制措施

运行控制措施宜定期予以评审，以评估其持续适宜性和有效性。已确定的必要变更宜予以实施。

此外，如果需增加新控制措施和（或）对现有控制措施进行修改，则程序宜适当确定环境条件。对现存运行的更改提议，在实施前宜就安全危险源和风险进行评估。当存在对运行控制措施的变更时，组织宜考虑是否有新的或调整的培训需求。

【标准条款】

> **5.5.3**　风险较高的检测活动，应经过批准后开展。

【理解与实施】

实验室在建立和实施运行控制措施时，除了考虑一般控制措施，还应特别注意危险任务的执行。在进行安全风险较高的检测活动时，相关控制措施的典型示例如下：

——程序、工作指令或经核准的工作方法的使用；

——合适的设备的使用；

——对执行危险任务的人员或承包方的资格预审和（或）培训；

——工作许可证制度、事先批准或授权制度的使用；

——控制人员进出危险作业现场的程序；

——预防健康损害的控制措施。

如做压缩机的性能测试时需要使用氧燃气焊接，属于风险较高的检测相关活动，应经过适当权限人员批准后进行。

第六节　物料要求

【标准条款】

> **5.6**　物料
>
> **5.6.1**　物料信息
>
> **5.6.1.1**　总则
>
> 实验室应对检测过程中涉及的物料，包括检测样品、消耗性材料进行安全控制，识别这些物品可能对检测人员和其他相关人员产生的危害，并控制这些危险因素。

【理解与实施】

检测实验室进行检测活动时，不可避免的会涉及到检测样品、消耗性材料以及检测活动过程中产生的其他物料，检测实验室应结合 ISO 17025 和本系列标准的相关要求建立相应管理程序来控制这些物料，同时关注这些物料对人员、设备、及环境所产生的危害，检测实验室应识别并控制有害物料危险因素，并对其进行控制，使在对这些物料进行储存、使用、处置时，不会对相关人员和设备的安全及周围环境产生危害。

对物料管理可以参考 ISO 17025《检测和校准实验室能力的通用要求》中对样品的管理的相关要求，并结合本标准中对检测实验室安全要求制定相应的程序来进行物料管理，确保危险物料得到有效管控。

根据物料的具体理化特性制定相应的管理程序，有效的安全管理方法不限于制定操作管理程序，还应包括：对操作人员的培训监督、对相关区域的授权进入的人员的告知、对物料属性风险的复查、对更改试验步骤顺序的要求、对人员轮岗以避免某一人长期从事某一工作的规定等管理制度。

检测实验室可以根据检测活动可能所涉及的物料列出影响实验室安全的物料来源，建立物料危险源识别表，逐项评估这些危险源，制定相应的管理方式和控制措施。

【示例4-2】电气检测试验室常见的物料有：各类电池、CRT显像管、灯具等玻璃器具、汽油、燃烧气体（甲烷、丁烷等）、热电偶固定用胶水、试验用耗材液体（如SAR组织液）、液氮、绝缘材料或塑料材料、金属材料、印制板材料、导磁材料（高频变压器铁芯）。

化学检测实验室常见的试剂有：易燃易爆试剂（如金属态的钾、钠、锂、钙、赤磷、镁粉、锌粉、铝粉等）；易燃液体试剂（如石油醚、二氯乙烷、乙醚、丙酮、苯、甲醇、乙醇等）；氧化性试剂（如过氧化氢、高氯酸等）。毒害性试剂（如有机磷、有机汞、有机硫及有机腈化合物、生物碱中的马钱子碱、毒芹等）；腐蚀性试剂（如发烟硝酸、发烟硫酸、盐酸、氢氟酸等）；低温存放试剂（如苯乙烯、丙烯腈、甲醛，及其他可聚合的单体、过氧化氢、氢氧化铵、硫酸钠结晶、碳酸铵等）。

在检测实验室中，涉及的物料种类繁多，要求也比较复杂，这些物料不仅是在储存和废弃处理时会对人员和环境产生有害影响，特别是在使用过程中也会出现有害影响。以电子元器件检测实验室为例，涉及的样品包括电容、电阻、电感、变压器、电池、电源线、印制板、塑料外壳、绝缘材料等，涉及检测需要的耗材包括可燃性测试的燃烧气体、对铭牌标识进行耐久性擦拭的有机溶剂等，涉及的样品可能产生的废弃物包括拆卸元器件产生的金属废弃物和绝缘材料废弃物、电池试验后产生的废弃电解液和酸性气体、燃烧试验后产生的燃烧尾气、元器件样品经过检测后剩余的废弃物。以上所述物料均应该列入物料管理和控制，防止其随意被丢弃和排放到环境中，否则会对周围人员和环境产生危害。大部分绝缘材料大自然是很难自然降解的，以及某些元器件如液晶显示屏的灯管中含有重金属汞，处理不当会对环境产生极其严重的影响。

【案例4-3】误服甲醇事故

某化验室收到一瓶用矿泉水瓶装的甲醇样品，并且没有做任何标记，只是口头传达，也没有立即送到分析室，而是放在办公室的窗台上。一会儿，另一名化验员进入办公室，误将样品当作水喝了一口并咽下，发现不对劲紧急送医院进行洗胃处理。

原因分析：这是一起典型的物料信息没有标识导致的事故，很显然装有甲醇液体的瓶子外若有正确的标识就可以避免发生此类事故。

【标准条款】

> **5.6.1.2 化学品安全技术说明书和物品清单**
>
> 实验室应对所使用的危险货物和有害物质的种类、数量及其安全信息进行详细登记，并制定相应物品清单。该物品清单以及化学品安全技术说明书里的安全信息，对于全体员工都应容易得到和易懂的。这些信息也应能被应急服务人员获得并使用。化学品安全技术说明书的相关要求见GB/T 16483。

【理解与实施】

检测实验室应根据自身检测业务领域工作的特点，寻找所使用的危险货物和有害物质，特别是对会影响实验室安全的化学品危险源，物料管理人员应对所使用的危险化学品物料和有害物质的种类、使用数量及其安全信息等进行详细登记，制定相应物料清单，并形成记录。该物料清单的记录表应是动态的，它应随着物料（如检测样品和消耗性材料等）的出入变化而进行相应的动态更新，同时物料清单还应配备相应物料的化学品安全技术说明书，以便出现异常时能够进行正确处理。

化学品安全技术说明书 SDS（safety data sheet for chemical products），或称材料安全数据单 MSDS（The Material Safety Data Sheet），是用以描述化学品的物理和化学特性，并提供化学品安全处理和使用建议的文件，其内容中的建议包括安全、健康和环境保护等方面的信息、暴露控制、安全处理与储存、应急操作步骤及清理等，是实验室化学品安全管理的基础信息来源，SDS 包含化学品 16 个方面的信息，示例见表 4 - 34。

表 4 - 34 手机辐射测试中 SAR 组织液 MSDS 卡包含的内容

序号	项目	内容
1	材料的名称、型号、厂家、用途等基本信息	—
2	组成和成分信息	—
3	危害辨识数据	—
4	急救措施	—
5	消防措施	—
6	意外泄漏处理	—
7	处理和存储	—
8	个人防护	—
9	物理和化学特性	—
10	稳定性和反应	—
11	毒理学信息	—
12	生态学信息	—
13	废弃处理方法	—
14	运输信息	—
15	监管信息	—
16	其他信息	—

SDS（MSDS）一般可通过向化学品供应商索要，也可通过查找相关书籍文献等方法获取，也可以由实验室根据相关信息和要求自行编写详细的化学品安全技术说明书。实验室自行编写或修改 SDS 的情况应有标注。

危险化学品都应有化学品安全技术说明书（SDS），该 SDS 对于接触这些化学品的相关工作人员都能够容易得到和易懂的，这些信息也应能被应急服务人员获得并使用。

物料管理人员在条件允许下，在入库使用或检验前，应该对每种物料进行信息标识，防止物料不慎使用。

【案例 4 - 4】典型的电子检测实验室一般涉及的物料源如下：

检测样品：电池（包括锂电池、铅酸蓄电池、镍氢电池等）、CRT 显像管及灯具等玻璃器具样品、绝缘材料或塑料外壳材料、绝缘润滑油等。

消耗性材料：汽油、燃烧气体、热电偶固定用胶水、试验用耗材液体（例如手机辐射测试的 SAR 组织液)、液氮等。

表 4-35 给出了典型电子检测实验室涉及物料的危险源及其危害的表现。

表 4-35　典型电子检测实验室危险源（物料）及其危害的表现

危险源（物料）	危害的表现
电池（包括锂电池、铅酸蓄电池、镍氢电池等）	电池性能不稳定自身会产生爆炸的危险； 电池内重金属处置不当对周围环境的污染； 电池内部电解液对周围环境的污染
CRT 显像管、灯具等玻璃器具	玻璃碎片对人员的机械伤害
汽油	属于易燃易爆液体，燃爆危害
燃烧气体（甲烷、丁烷等）	易燃易爆气体，燃爆危害
热电偶固定用胶水	对操作人员的皮肤和眼睛具有强烈的刺激性和腐蚀性
试验用耗材液体（例如 SAR 组织液）	对人体的内脏器官具有一定的毒性作用
液氮	对操作人员存在冻伤的风险
电子产品绝缘材料或塑料材料	对环境有长期影响；该材料进行防火测试后的燃烧气体产物对相关工作人员的身体具有严重危害

【标准条款】

> **5.6.1.3　标识和标签**
>
> 物料应有明确的安全标签和标识，应标注充分的信息，用以清晰界定不同物质，且实验室使用人员应熟悉其相关危险特性。化学品安全标签和标识见 GB 15258、GB 13690。
>
> 若物质标签模糊时，应重新加贴标签。
>
> 应在物品上加贴适当的警示。

【理解与实施】

物料的安全标签和标识，标注了充分必要的信息，用以清晰界定不同物料，让实验室使用人员一目了然的识别该物料以及相关危险特性。而化学品安全技术说明书（SDS）规定的 16 个方面的信息，内容较多，不易使用者快速识别，SDS 用于告知使用者该物质可能的危害，提供物质储存、处理和清理等更全面的信息。

标签和标识的编写应根据 GB 15258《化学品安全标签编写规定》和 GB 13690《化学品分类和危险性公示　通则》的相关要求。

标识和标签的内容一般应包括：样品名称、化学成分、UN 号、危险标识、危险图标、危险性说明、储存要求、泄漏处理、急救、灭火处理、防火措施、以及其他必要的信息。

当物料标签在使用过程中发生模糊时，要及时重新贴标签，使实验室使用人员能及时和正确的了解该物料的信息，而不会发生误用或使用不当。

根据物料危害等级及影响，可以在物品上加贴警示，用于警示并将相关的安全信息传递给实验室使用人员。

在物料流转过程中也要做好物料标识的防护，以保证物料交接过程中标识始终保持清晰，不发生模糊或者混淆，必要时可追溯。

GB 15258 对化学品安全标签样例及对应的简化标签如图 4 - 11 所示。

化学品名称　A组分：40%；B组分：60%

危　险

极易燃液体和蒸气，食入致死，对水生生物毒性非常大

【预防措施】
· 远离热源、火花、明火、热表面。使用不产生火花的工具作业。
· 保持容器密闭。
· 采取防止静电措施，容器和接收设备接地、连接。
· 使用防爆电器、通风、照明及其他设备。
· 戴防护手套、防护眼镜、防护面罩。
· 操作后彻底清洗身体接触部位。
· 作业场所不得进食、饮水或吸烟。
· 禁止排入环境。
【事故响应】
· 如皮肤（或头发）接触：立即脱掉所有被污染的衣服。用水冲洗皮肤、淋浴。
· 食入：催吐，立即就医。
· 收集泄漏物。
· 火灾时，使用干粉、泡沫、二氧化碳灭火。
【安全储存】
· 在阴凉、通风良好处储存。
· 上锁保管。
【废弃处置】
· 本品或其容器采用焚烧法处置。

请参阅化学品安全技术说明书

供应商：×××××××××××××××　　　　电话：××××
地　址：××××××××××××××××　　　　邮编：××××
化学事故应急咨询电话：××××××

化学品名称

危险

极易燃液体和蒸气，食入致死，对
水生生物毒性非常大

请参阅化学品安全技术说明书

供应商：×××××××××××××××××××　　　电话：××××××
化学事故应急咨询电话：×××××××××

图 4 - 11　化学品安全标签样例

【标准条款】

> **5.6.2 物料的储存和使用**
>
> 实验室内物料的储存、处理和使用应符合 GB 15603 和 GB/T 27476.5 的要求。
>
> 宜有对物质的储存进行系统检查的规定。发现储备物已过期或不稳定时，如过氧化物转化成其他化学物质，则有必要将其处理。
>
> 单个容器的容量、所存物质的总量及其在实验室中如何隔离储存应符合 GB 15603 的要求。
>
> 应注意容器的材质、标签、容积对防止实验室事故发生至关重要。
>
> 容器的材质应能与所盛物质共存。长时间使用的容器可能会变脆，宜进行更换。为物品更换新容器时，应确保其与新容器材料是可以共存的。可燃性溶剂宜使用特殊的安全罐。
>
> 注：由于玻璃是一种惰性物质，它能用来盛装大多数物质，而金属容器和塑料容器则能更好地防破裂或在非正常使用情况下提供保护。

【理解与实施】

物料在储存、使用、处理过程中会对周围人员及环境产生影响，因此必须对物料的储存和使用建立相应的管理程序加以控制，检测实验室对物料储存、处理和使用应符合 GB 15603《常用危险化学品贮存通则》，同时也应符合本标准及 GB/T 27476.5《检测实验室安全 第 5 部分：化学因素》的相关要求。

检测实验室应结合 ISO/IEC 17025 和本系列标准的相关要求建立相对应的质量管理程序来控制这些物料的储存、使用和处理，管理程序中应有规定可以有效减少危险物料对实验室人员、财产和环境的危害，同时程序还要考虑物料储存过程中可能发生的不稳定的情况。

如电池样品的储存应考虑：电池性能不稳定会产生爆炸的危险、电池内重金属物质、电池内部电解液对周围环境的污染等。也要考虑化学品可能发生变化转变成其他化学物质的情况。如移动电话辐射测试的 SAR 组织液的储存管理，物料管理人员就应定期检查以发现该组织液退化、变质，必要时应立即进行危险的消解处理。

实验室应按照安全管理体系的程序要求进行定期的安全检查，核查这些安全制度与措施的落实情况，确认各种物料的安全在有效的控制之中。检查时应注意储存环境对物料产生的影响，如：环境温度、湿度、光照、通风、雨淋等。例如，移动电话辐射测试用的 SAR 组织液应该在一定的环境温度下储存，并避免阳光直接照射，防止其挥发物对检测人员和设备造成伤害。又如，电池样品的储存应在通风良好的环境中，以避免其挥发出的酸性等物质对人员和设备的伤害。

【示例 4－3】 醚、二氧杂环乙烷和四氢呋喃以及其他少量含有醚团的物质，极易在空气中被氧化生成过氢化物。包含过氧化物的醚易于爆炸。装有醚的不满的瓶子不能长时间放置。装有醚的不满的瓶子很少用的，应用安全的方法处理掉剩余物质。含有过氧化物的醚不能蒸馏，因为在蒸馏的最后阶段，残留的过氧化物聚集会产生爆炸。即使醚中的过氧化物已经被处理过，蒸馏瓶中仅剩 15% 的溶液时，也应停止蒸馏。应避免回收醚。如果可行，在储存前，加入合适的稳定性。一些商品中含有稳定剂。

检测实验室内的耗材，如可燃性气体等危险物料，其单体容量、物质总量及其在实验室中如何隔离储存等应符合 GB 15603《常用危险化学品贮存通则》的要求。避免单个房间储存过多的同种类型物料，防止一个气瓶发生危险时影响全部区域气体储存的安全。条件允许下，储存气瓶的房间应该独立于实验室。

物料的储物容器要确保与储存的物品特性的兼容性，并根据检测实验室内不同样品和消耗性材料的特性来选择与其相适应材质的储存容器，应考虑的因素包括温度、压力、与容器的相容性以及使用者在使用过程的具体操作的便利情况。

燃烧气体一般选择防爆钢瓶、热电偶胶水可选择玻璃瓶或塑料瓶、移动电话辐射测试的 SAR 人体组织液可选择塑料瓶等；常压下的液体气体应始终保存在有真空防护的容器中，若其沸点很低，应在周围充氮气保护。若化学品所使用的存放容器不当（如用金属容器存放过氧化氢），或存放在较差的环境中（如高温或可使存储容器降解的环境）都会存在危险。

实验室储存物料的容器还应注意其材质，应确定容器的材质能与所盛物质共存。在使用任何不明聚合材料贮存物料前，应向生产商或者供应商咨询最合适的储存容器材料。储物容器除了考虑材料的化学特性外，还应考虑以下特点：机械强度能经受储运过程中正常的碰撞、摩擦和挤压；容器的封口应符合要求，特别是危险物品的封口包装必须严密，而有些化学品却要留排气孔，以防容器胀裂。

实验室储存物料的容器长时间使用时，应注意容器可能会变脆，阳光能对某些塑料容器或化学物产生影响（如老化、分解或化学反应），如果阳光能产生某些潜在的安全隐患，则要对这些储物的容器进行适当防护或更换。为物品更换新容器时，应确保其与新容器材料是可以共存的。可燃性溶剂宜使用特殊的安全罐。

贮存物料容器上的标签要求与储物容器上的标签保持一致，并注意标识的清晰性。

检测实验室中常见的容器材料及特性有以下几种：

（1）不加增塑剂的 PVC（聚氯乙烯），它与大多数化学品不发生化学反应，但当温度高于 60℃ 时会开始软化；

（2）有机玻璃，它可能与大多数化学品反应，且可燃；

（3）玻璃，是一种惰性物质，它能用来盛装大多数物质，但会受到氢氟酸等腐蚀，应用铅筒或耐腐的塑料、橡胶容器装运；玻璃破损会对使用者造成伤害，可在玻璃外表面附上塑料薄膜来防护；

（4）金属材质的容器，它是较稳定储存容器，能防止破裂以及在非正常条件下提供防火，但某些酸可能对其造成侵蚀。

【案例 4-5】 硝酸引起拖布燃烧事故

某实验室刚竣工，由于室内地砖上存在建筑污垢，用普通方法难以清除干净，于是有人提议用浓硝酸，有员工就用拖布蘸弄硝酸擦污垢，很快将污垢处理干净，但是室内弥漫大量刺激性气味使在场的人马上离开。大约一小时后，有人发现室内冒出浓烟，蘸有浓硝酸的拖布化为灰烬。幸亏室内没有家具和其他可燃物，否则将出现一次重大的火灾事故。

事故原因：该实验室未按 ISO/IEC 17025 的相关要求对消耗性材料（浓硝酸）的使用进行安全控制。浓硝酸具有强氧化性，与易燃物和有机物（如糖、纤维素、木屑、棉花、稻草或废纱头等）接触会发生剧烈反应，甚至会引起燃烧。

【案例 4-6】 大部分检测实验室都有进行燃烧相关的测试，以下以燃烧测试所使用的高纯度甲烷气体为例说明该物料的储存和使用要求。

甲烷一般以液态的物理形式贮存在钢瓶中，根据甲烷的特性，该气体为无色、无臭、无毒、微溶于水、易燃（燃点 537℃）、能与空气形成爆炸性混合物、爆炸极限为 5％～15％，为符合本标准物料的储存、处理和使用应符合 GB 15603 和 GB/T 27476.5 的要求，检测实验室可在贮存条件规定：甲烷应贮存在遮光通风的房库内，远离火源、热源，与其他化学危险品，特别是易燃品、爆炸品、氧化剂等隔离存放。并在日常养护中做到以下几点：1. 入库验收，如检测钢瓶有效期限、安全帽、防震胶圈是否齐全，是否漏气，木箱包装是否完整、牢固，瓶有无破碎等；2. 堆码苫垫：用专样木架直立放置，平放时阀门在同一方向，垛底高 10～15cm，堆码 1～4 层，木箱堆垛高度不超过 2m。垛距 50cm，墙距、柱距 40cm；3. 在库检查：每日交接班时各检查一次，每季度检查一次并称量；4. 库房温湿度管理：温度不超过 30℃，相对湿度低于 80％；5. 安全作业：钢瓶不得摔、震、撞动或在地面滚动；6. 气体的保管期限：1 年，超出年限可能会发生过期或不稳定，需进行适当的处置；7. 另外还需有应急处理的注意事项：火灾时的处置方法，人体吸入过多后的处理方法。

【案例 4－7】 某实验人员在不清楚重铬酸钾洗液的存储条件的情况下，误用塑料桶配重铬酸钾洗液并放置过夜，结果第二天早晨发现桶底掉了，洗液渗到了楼下。其原因是：重铬酸钾是强氧化剂，具有较强腐蚀性，不可与有机物、易燃物、还原剂、强酸等共贮混运。

【标准条款】

5.6.3 实验废弃物的处理、标识及处置

5.6.3.1 总则

实验室应建立程序确保实验室废弃物的安全收集、识别、存储和处置。实验室员工应清楚处置废弃物的特定设施和程序。所有实验废弃物的收集、标识、储存和处置应按国家及地方法规进行。应对所有处理实验废弃物的人员进行充分的培训。培训内容包括熟悉废弃物类别、废弃物处理程序（包括清理废弃材料的溢出物的程序）、处置废弃物的特定设施及安全防护措施。

【理解与实施】

从检测工作过程中产生或出现的物料残渣和废物都可称为废弃物，有毒有害的检测样品在完成检测工作后应尽可能退还给生产厂家，以便厂家集中处理。有毒有害的检测消耗性材料处置也应和供应商取得联系并咨询如何处理，可以交给专业的废弃物处理公司处置。废弃物的管理必须符合国家及地方的法律法规要求，并确保不会危害到试验人员、公众、环境以及任何相关人群。

废弃物的种类包括：液体废物、气态废物、固态废物、其他废弃物，不同种类的废弃物处理方法和手段是不相同的，有毒有害且对环境会造成长期影响的废弃物（如废旧电池等固态废弃物）应由专业机构进行回收处理，燃烧后的气态废弃物可通过过滤气溶胶或过滤网等方法收集处理，使排放值符合要求。废弃物处理时应注意符合化学品安全处理要求，有的化学品处理方法不当时可能发生危险，如将卤化物（三氯化硼、三溴化硼、三氯化磷、四氯化硅、氯化铝、氯化钛等）直接加入水中，会发生强烈的爆炸反应。因此，不允许在水附近处理这些废弃物，也不允许皮肤接触这些物质。

特别值得注意的是检测实验室废弃物中还包括噪声、电磁波和有害辐射。检测人员长期在强噪声的环境中工作，会引起听力下降甚至耳聋等危险，以及超过标准的电磁波辐射会干扰附近仪器设备的正常工作，导致设备失效等危险，因此该类废弃物应有适当的处理措施。如该消磁处理的样品应考虑进行消磁处理。有存在有害辐射的物质应严格采取辐射的密封隔离措施。

【示例4-3】电子电器检测实验室的废弃物一般有：废旧电池（包括：锂电池、铅酸蓄电池、镍氢电池等）、玻璃碎片、有机溶剂、燃烧气体的排放物、污染后的组织液、电子产品绝缘或塑料材料的废料、金属导体碎片等，其有毒成分主要有铅、镉、汞、铬、含PVC塑料、溴化阻燃物、钡、油墨、磷化物及其他添加物等。

实验室应建立废弃物处置管理程序文件，需要时还应配备特定的废弃物处置设施和设备，使实验室员工能按照规定要求合理和适当的处置废弃物。

实验室检测人员的岗前培训应该包括如下内容：废弃物类别、废弃物处理程序（包括清理废弃物和溢出物的程序）、处置废弃物的特定设施和设备的使用方法，以及安全防护措施。如氰化物是剧毒化合物，不能在敞开的实验区域使用。若酸性氰化物溶剂，如氰化氢被释放时，应格外小心。氰化物只能由熟练的、技术过硬的员工操作，且要穿上适当的防护服，带上手套和呼吸装置。使用氰化物时要在通风橱中，及时排出并更换空气。警示牌应紧挨着工作区域。使用完毕后，通风橱要彻底清洗，剩余的氰化物要放回原加锁的柜子里。实验室应有相关的应急准备，比如随时准备好氰化物解毒剂，并与当地医院保持联系。

废弃物的处理、标识及处置可参照ISO/IEC 17025《检测和校准实验室能力的通用要求》中对样品的管理的相关要求，并结合本标准中对检测实验室安全要求制定相应的程序来进行废弃物的管理，确保废弃物得到有效管控。

【标准条款】

> **5.6.3.2 收集**
> 　　实验废弃物的收集是良好内务管理的基本工作，收集时宜使其对实验室工作人员、废弃物收集人员以及对环境可能存在的危害降至最小。通过实验室区域运送实验废弃物时，宜考虑是否需要专门的安全设备，如溢出处理桶或针对可燃性废弃物的灭火器。废弃物收集后，应将化学废弃物清楚标识、分类并储存在贴标签的的容器内。有关化学废弃物收集的更多要求见GB/T 27476.5。

【理解与实施】

检测实验室要树立起收集实验废弃物的观念，让每个员工都具有收集实验废弃物的习惯和意识。收集废弃物是实验室做好废弃物管理的基本前提，也是良好内务管理的基本工作。为确保废弃物的收集能安全、合理、规范的进行，实验室工作人员应按照制定的废弃物处置程序进行处理，使废弃物对人员以及环境的危害影响减少到最小。

实验室要配置合理的设备和设施进行废弃物的处理，保证废弃物的收集和处理能够科学、合理、安全的进行。例如，金属态的钾、钠、锂、钙等物质遇水有可能引起燃烧甚至爆炸，因此这些物质的废弃物应进行合理的收集。

搬运废弃物时，应该有专门安全搬运设备，保证废弃物在搬运过程中不会溢出洒落到实验室内，或者在搬运过程中不会发生化学反应等危险。化学废弃物的容器应放在通风良好并便于运送的地方。大批量存放废弃物的地方应有防烟、防火和防火堤。

实验室应按照不同的种类或类别的检测样品、消耗性材料购置不同的废弃储存容器（如：分类回收桶），对可回收的绝缘材料与不可回收的绝缘材料应该分开收集。（如：对电池电解液等有毒有害腐蚀性液体应该单独用废弃物储存容器收集，并加贴标识。）不同类别的废弃物储存容器最好固定位置，以防止被误用，或者用醒目的颜色标识区别。如有必要还可对特殊类型的混合物进行细分，例如氰化物、爆炸性材料或石棉。会相互反应废弃物不应一起存放。易形成过氧化物的废弃物在离开实验室前要进行适当的评估和处理。

废弃物容器上要有足够醒目的标识信息，让相关人员能容易区分废弃物种类。图4－12为医疗废弃物容器收集箱。

图4－12 医疗废弃物容器收集箱

【标准条款】

5.6.3.3 分离和标识

　　合适时，宜对实验室废弃物进行分离，并标明特性和来源。

【理解与实施】

实验室应对废弃物进行分离和标识，以区分不同种类和特性的废弃物，并按照其属性特征进行合理的分离处理。实验废弃物可按以下种类进行分离：物理性废弃物（如纸张、塑料、碎玻璃、尖锐物和金属制品等）、化学性废弃物、生物性废弃物（如微生物、细胞毒性物质或动物尸体等）、放射性物质、有毒物质、试验后废弃样品等。

每一类废弃物都应标明特性和来源（部门或实验室）。废弃物标签一般可包括如下内容：来源（部门或实验室）、废弃物种类/警告标识、成份名称、UN号或CAS号、主要成分、特殊控制处置程序。

有些混合废弃物，如生物性、放射性、感染性材料和动物尸体，可以不进行分离，如果实验室不进行分离，则应评估这些废弃物是否可以混合储藏或处理。应防止不同的化学性废弃物之间可能的化学反应。废溶液的处理应避免将酸性液体和碱性液体、氧化性液体和还原性液体、有机溶液和无机溶液混装。应注意混合存放符合有关法规的要求。

比如，测量电子电器产品的温度时所使用的固定热电偶胶水不能与塑料材料废弃物混合，防止发生化学反应。

在给废弃物加贴标识标签时，要注意该标识标签不会受到废弃物的影响和污染，导致相关人员不能有效的获得该废弃物重要信息。

常见废弃物收集装置上的标识如图4-13所示。

图4-13 废弃物收集装置上的标识

【案例4-8】某实验人员由于对废弃物的性质不了解，把双氧水以及一些碱性溶液、有机溶液、无机溶液等混合在一个玻璃废液桶里，并拧紧了盖子，在某个下午玻璃瓶发生了爆炸。原因分析：废溶剂的处理，不要将酸性液体和碱性液体、氧化性液体和还原性液体、有机溶液和无机溶液混装。过氧化氢（俗称双氧水），具强氧化性、呈弱酸性，遇有机物，受热分解放出氧气和水，容易发生爆炸，宜用塑料或不锈钢容器储存，容器宜有排气口。

【案例4-9】某实验人员操作金属钠实验，将切过金属钠的纸直接扔入废纸篓，别人吐了一口痰导致起火！原因分析：金属钠遇水发生反应并放热，产生氢氧化钠和氢气。氢气是可燃性气体，在空气中易被点燃发生爆炸。

【标准条款】

> **5.6.3.4 搬运和储存**
> 宜设置专门的收集区来储存处理前的实验废弃物。应指定一名责任人负责管理废弃物，确保废弃物的安全储存，并监督分包的废弃物处理商的收集程序是否正确。储存可燃性材料时，应采取预防措施来清除区域内的引燃物。
> 在搬运易燃液体时，如果存在静电放电的危险，应提供电气接地。确保通风良好，并远离引燃物（见GB 15603）。仓库宜根据所储存材料的种类张贴适合的警告标志，仓库内宜放置安全设备和溢出处理桶，并在仓库内维护。

【理解与实施】

检测实验室应设有用于储存实验废弃物的收集区，该收集区域最好能独立于工作区或检测区，并加贴明显警告标识，以避免废弃物导致发生的危险。

实验室废弃物管理需要责任到人，应指定一名责任人负责管理，以及监督废弃物处理商能按照程序处理废弃物。

对储存实验废弃物的收集区要制定相关的管理文件，确保环境不会影响废弃物产生变化从而导致危险，实验废弃物收集区如果存在有毒有害、易燃等高风险物质，则要张贴适当的警告标志，确保废弃物得到有效识别，防止误用。

储存废弃物的空间和场所应考虑废弃物挥发和反应所产生的气体，要及时处理和排放这些气体，确保这些场所和空间的通风良好及安全。

在搬运检测样品废弃物、消耗性材料废弃物时，要注意在搬运过程中产生的危险。尤其在搬运易燃液体时，如存在静电放电的危险，应提供电气接地，确保通风良好，并远离引燃物。例如，在搬运经检测后的蓄电池样品时，可能存在电解液泄漏的危险，在搬运过程中要采取措施防止电解液洒落到地面。再如，在搬运灯具等玻璃制作的样品时，要考虑搬运过程中玻璃碎片等带锐利边缘部位对相关人员的危害。

实验室在开展检测活动中，应注意可能产生废弃物的试验物品的用量，应尽可能地使用满足规定要求的最小量。例如，电气检测用于铭牌标识擦拭试验用的汽油，应注意废弃量的大小，每次仅取出一定量用于检测，以避免超出废弃物易燃易爆的最大容量。

【标准条款】

> **5.6.3.5 处置**
> 　　实验废弃物的处理应遵守国家有关法律法规和适用的国家标准要求（如 GB/T 27476.5）。还可咨询产品供应商、环卫公司或废弃物处理公司提供的信息和意见。损坏的气瓶应归还供应商。有害物品的剩余物应归还供应商。

【理解与实施】

检测实验室应收集与本实验室可能产生的废弃物处置相关的法律法规和标准，识别出相关法律法规和标准与本实验室活动的适用性，并在相关工作中遵守其要求。

实验室的废弃物处置方法应遵守国家有关法律、法规和适用的国家标准要求，可根据检测实验室的产生的废弃物具体情况进行落实。

实验室对不十分清楚其性能和危害的废弃物处置，可咨询物料供应商、环卫公司、废弃物处理公司等，充分听取相关专业人士提供的建议，尽可能地将这些废弃物交给专业技术的公司处理。

检测实验室对损坏的气瓶、有害物品的剩余物应归还给相应的供应商处置，切勿修复或者使用损坏的气瓶，以及对有害物品自行进行处置。

电气检测实验室中，使用后废弃的电池检测样品应该与委托方联系，交其取回该检测样品；对灯具等玻璃器具可由废弃物处理公司进行处理；对 SAR 组织液等含有有毒有害物质可咨询供应商，归还废弃物。

对于检测实验室的检测样品，如绝缘材料、塑料外壳、铁氧体、变压器铁心等材质，应分类收集后交由有资质、专业的废弃物处理公司进行处理。

废弃物管理人员应对废弃物的处理方法方式进行记录，并保留该废弃物的处理或清理记录，以便必要时实现废弃物处理过程的可追溯。

第五章 标准的附录

第一节 实验室结构和布局（附录A）

【标准条款】

> 附 录 A
> （资料性附录）
> 实验室结构和布局

【理解与实施】

　　本章介绍本标准的两个附录，附录A实验室结构和布局以及附录B实验室安全工作行为。附录A提供给实验室使其在规划建造或改建和扩建实验室时，考虑实验室的设计和结构，关注实验室安全，以消除或减少实验室的安全风险。实验室的建设是一项复杂的系统工程，实验室设计和结构应关注方方面面的要求，如通用要求（天花板、墙壁、地板、窗户、试验台、走道、楼梯、荷载等）、供电、供水、供气、通风、空气质量、健康和安全要求、消防、照明、报警、环境保护、管网供给、物质储存、标志和标识、实验室结构和布局等，有些内容和要求分散在标准其他章节，如条款5.3等。另外，除附录A的建议外，必须遵守国内建筑法规和有关标准中的相关要求。

【标准条款】

> **A.1　一般规定**
>
> **A.1.1　结构、荷载**
>
> 　　实验室的结构、荷载考虑的因素如下：
>
> 　　a）实验室结构选型及荷载确定时建议考虑建筑物使用的适应性；
>
> 　　b）实验室尽量采用标准单元组合设计，标准单元柱间距考虑实验台及仪器设备尺寸、安装及维护检修的要求；
>
> 　　c）实验室建筑层高包含实验室最小净高、所需设备管道夹层高、结构梁高三者，其中实验室最小净高参见JGJ 91，设备管道夹层高根据夹层内各专业设备管道综合布设后确定；
>
> 　　d）实验室楼层的活荷载及其组合值、频遇值和准永久值系数选取参见GB 50009—2012的5.2，如果有特殊仪器和设备，则据实核算。

【理解与实施】

　　实验室的建设，无论是新建、扩建、或是改建项目，它不单纯是选购合理的仪器设备，还要综合考虑实验室的总体规划、合理布局和平面设计，以及供电、供水、供气、通风、空气净化、安全措施、环境保护等基础设施和基本条件。因此实验室的建设是一项复杂的系统工程，在现代实验室里，先进的科学仪器和专业完善的实验室是提升现代化科技水平、促进科研成果增长的必备条件，实验建筑应根据其特殊性进行结构选型。

1. 实验室的平面布局是实验室结构选型的基础，实验室建设初期应该考虑实验室的特殊性，对实验室的选址、本身功能的特殊性等方面进行分析。在平面布局设计的时候，首先要考虑的因素是"安全"，实验室可能存在发生爆炸、火灾、有毒有害气体泄漏等事故隐患，应尽量保持实验室的通风流畅、逃生通道畅通。因此平面设计需要考虑以下几个方面的因素：

（1）疏散、撤离、逃生通道顺畅无阻。可能的情况下，建议实验室门朝外开，玻璃门的材质最好选择钢化玻璃。

（2）人体学（前后左右工作空间）方面，完美的设备与工作者操作空间范围的协调搭配体现了科学化、人性化的规划设计，也能最大程度的保障实验人员安全。

（3）为了在工作发生危险时易于疏散，实验台间的过道应全部通向走廊。

（4）根据实验室的实验工艺进行平面布局设计，保证实验流程顺畅，避免因实验路径交叉带来的拥挤、碰撞等安全隐患。

2. 实验室尽量采用标准单元组合设计，标准单元柱间距考虑实验台及仪器设备尺寸、安装及维护检修的要求。

标准单元组合设计是为保证实验用房具有适应性的设计原则，即从当前和长远科学实验工作内容、仪器设备及人员的发展变化出发，综合考虑确定实验用房的三维空间尺寸、实验室建筑设备及试验仪器设备的布置、建筑结构选型、公用设施供应方式等。对于框架结构，一个标准单元系指一个柱网围成的面积；对于混合结构，一个标准单元相当于框架结构一个柱网围成的面积。

实验建筑是用于从事科学研究和实验工作的建筑物。一般包括实验用房、辅助用房、公用设施等用房。其中，实验用房指直接用于从事科学研究和实验工作的用房，包括通用实验室、专用实验室和研究工作室。

通用实验室指适用于多学科的以实验台规模进行经常性科学研究和实验工作的实验室。专用实验室指有特定环境要求（如恒温、恒湿、洁净、无菌、防振、防辐射、防电磁干扰等）或以精密、大型、特殊实验装置为主（如电子显微镜、高精度天平、谱仪等）的实验室。研究工作室指用于科研实验人员从事理论研究、准备实验资料、查阅文献、整理实验数据、编写成果报告等的用房。

根据先进实验室的工程经验和国际品牌实验家具规格，常用实验台和设备的尺寸可参照以下数据：

（1）底柜一般为三种宽度，宽度 610mm 底柜一般用于书写台；宽度 762mm 底柜一般用于边台，中央台为边台的两倍；宽度 914mm 底柜一般用于仪器台和高温台。

（2）高柜一般高 2134mm，宽 406mm。

（3）天平台桌面长 889mm，宽 610mm。

（4）标准的通风柜长度一般为 1200mm、1500mm、1800mm 三种尺寸，宽度 944mm。

实验台与隔墙、实验台与通风柜、实验台之间的安全工作间距可参考 JGJ 91—1993：

（1）由 1/2 个标准单元组成的通用实验室，靠两侧墙布置的边实验台之间的净距不应小于 1.60m。当靠一侧墙改为布置通风柜或实验仪器设备时，其与另一侧实验台之间的净距不应小于 1.50m。

（2）由一个标准单元组成的通用实验室，靠两侧墙布置的边实验台与房间中间布置的岛式或半岛式中央实验台之间的净距不应小于 1.60m。当靠侧墙或房间中间改为布置通风柜或实验仪器设备时，其与实验台之间的净距不应小于 1.50m。岛式实验台端部与外墙之间的净距不应小于 6.60m。

（3）按上述两条规定布置的通用实验室，如一侧墙或两侧墙靠近外墙部位开设通向其他空间的门时，其相应的净距应增加 0.10m。

（4）当连续布置两台及以上岛式实验台时，其端部与外墙之间的净距不应小于 1m。

（5）岛式或半岛式中央实验台不宜与外窗平行布置。必须与外窗平行布置时，其与外墙之间的净距不应小于 1.30m。

（6）靠侧墙布置的边实验台的端部与走道墙之间的净距不宜小于 1.20m。中央实验台的端部与走道墙之间的净距不应小于 1.20m。当实验室设置向室内退进的门斗时，则实验台端部与退进门斗的墙之间的净距不应小于 1.20m。

（7）当通风柜的操作面与实验台端部相对布置时，其间的净距不应小于 1.20m。

实验台与实验台通道间隔（通道间隔用 L 表示），也可参考国际人体工程学的标准：

（1）$L > 1000$mm 时，一边可站人操作。

（2）$L > 1200$mm 时，一边可站人，中间可过人。

（3）$L > 1350$mm 时，两边可站人，中间不可过人。

（4）$L > 1800$mm 时，两边可站人，中间可过人。

（5）天平台、仪器台不宜离墙太近，离墙 400mm 为宜。

3. 实验室建筑层高由实验室最小净高、所需设备管道夹层高、结构梁高三者构成，其中实验室最小净高参见 JGJ 91，设备管道夹层高根据夹层内各专业设备管道综合布设后确定。

根据 JGJ 91—1993，对实验室最小净高的要求如下：

（1）通用实验室和研究工作室的室内净高：当不设置空气调节时，不宜低于 2.80m；设置空气调节时，不应低于 2.40m。

（2）专用实验室的室内净高应按实验仪器设备尺寸、安装及检修的要求确定。

（3）走道净高不应低于 2.20m。

建筑层高应得到充分考虑，这是因为一般建筑梁高 0.60m 左右，实验室内各种管道较多，设备夹层除风管外还要布置强弱电、上下水、消防等管线，很多时候宜留出 1.00m 左右的空间，因此建筑层高 4.20m 的话，实验室净高为 2.60m，图 5-1 为实验室建筑层高示意图。专用实验室的室内净高应满足实验仪器设备的尺寸、安装及检修的要求。

4. 实验室楼层的活荷载及其组合值、频遇值和准永久值系数选取参见 GB 50009—2012 中 5.2 条，如果有特殊仪器和设备，则据实核算。

根据规范 GB 50009—2012，楼层荷载有以下三种：

（1）永久荷载，例如结构自重、土压力、预应力等。

（2）可变荷载，例如楼面活荷载、屋面活荷载和积灰荷载、吊车荷载、风荷载、雪荷载温度作用等。

（3）偶然荷载，例如爆炸力、撞击力等。

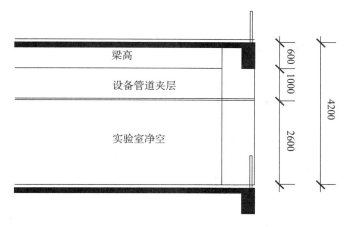

图 5－1 实验室建筑层高示意图

对于实验室来说楼面活荷载是需要重点考虑的，一般通用实验室按 GB 50009—2012 中 5.2 条，工业建筑楼面活荷载相关规定进行设计，实验仪器荷载的要求较高，楼层的活荷载在没有特殊设备和机器时，可考虑小于 3.50kN/m²，以保证工作台和仪器设备共同承重需求，也有利于将来实验室更新其实验内容。

工业建筑楼面在生产使用或安装检修时，由设备、管道、运输工具及可能拆移的隔墙产生的局部荷载，均应按实际情况考虑，可采用等效均布活荷载代替。工业建筑楼面（包括工作平台）上无设备区域的操作荷载，包括操作人员、一般工具、零星原料和成品的自重，可按均布活荷载考虑，采用 2.00kN/m²。有设备区域实验室可参照生产车间的活荷载选择，楼梯活荷载，可按实际情况采用，但不宜小于 3.50kN/m²。参观走廊可采用 3.50kN/m²。

【应用案例 5－1】

实验建筑各类用房宜集中布置，同类实验集中一个区域有利于通风、配电、给排水、供气等专业的布置、有利于人流物流的分离、有利于洁净区域到半污染区域再到污染区域的过渡，图 5－2 为平面分区布局示意图，要做到功能分区明确、布局合理、联系方便、互不干扰，且留有发展空间。

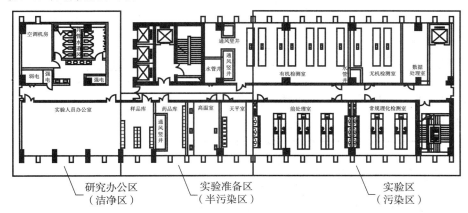

图 5－2 平面分区布局示意图

图 5-2 可以看出，为了安全考虑，整个实验区根据流程分成三块，较洁净的研究办公区、半污染的实验准备区、污染程度较大的实验区，这样的设计保证办公区的人员不会受到实验区的污染，实验区的污染在扩散过程中经过半污染区的缓冲，实验、办公分区明确，不互相干扰。

【标准条款】

> **A.1.2 门窗、走道**
>
> 实验室的门窗、走道考虑的因素如下：
> a) 实验室门洞最小宽度、走道最小净宽的设置参见 JGJ 91；
> b) 有大型仪器设备进出或工作人员密集的实验室建议根据大型仪器设备尺寸、样品和工作人数增加门洞宽度、走道净宽；
> c) 底层、半地下室及地下室的外窗建议采取防虫及防啮齿动物的措施，外门采取防虫及防啮齿动物的措施。

【理解与实施】

实验室门洞最小宽度、走道最小净宽的设置参见 JGJ 91。有大型仪器设备进出或工作人员密集的实验室建议根据大型仪器设备尺寸、样品和工作人数增加门洞宽度、走道净宽。底层、半地下室及地下室的外窗建议采取防虫及防啮齿动物的措施，外门采取防虫及防啮齿动物的措施。

由 1/2 个标准单元组成的门洞宽度不应小于 1.00m，高度不应小于 2.10m。由一个及以上标准单元组成的门洞宽不应小于 1.20m。高度不应小于 2.10m，有特殊要求的房间的门洞尺寸应按具体情况确定。

走廊宽度取决于三个方面：仪器设备和常用样品的尺寸；交通量大小；走廊长度；门窗的形式和开启方式。

走道最小净宽可参考表 5-1 的规定，一般实验室的交通量较小，走廊不宜过宽。

表 5-1 走道最小净宽

走道形式	走道最小净宽/m	
	单面布房	双面布房
单走道	1.3	1.6
双走道或多走道	1.3	1.5

有特殊要求的房间的门洞尺寸应按具体情况确定。

【标准条款】

> **A.1.3 楼梯、电梯**
>
> 实验室的楼梯、电梯考虑的因素如下：
> a) 楼梯、电梯的防火设计参见 GB 50016—2006；
> b) 实验人员经常通行的楼梯，其踏步宽度和高度的设置参见 JGJ 91；
> c) 多层实验建筑建议设物流电梯，电梯位置和数量考虑能分离人流、物流。

【理解与实施】

楼梯、电梯的防火设计参见 GB 50016。实验人员经常通行的楼梯，其踏步宽度和高度的设置参见 JGJ 91。

实验室楼梯、电梯设计注意以下几点：

（1）送风与排风管道不应穿过楼梯、电梯间。

（2）实验室用气管道不应在楼梯、电梯间敷设。

（3）实验室设备、物品不应设置在楼梯、电梯间，影响疏散。

科研实验人员经常通行的楼梯，其踏步宽度不应小于 0.28m，高度不应大于 0.17m。

多层实验建筑建议设物流电梯，电梯位置和数量考虑能分离人流、物流。

实验建筑在水平交通和竖向交通均宜规划分离人流路线和物流路线见应用案例 4－10。

【应用案例 5－2】

图 5－3 是一个多层实验室分流了人流和物流，人流电梯出来后人流分开，去办公区和去实验区，实验样品和试剂耗材由物流电梯运送，避免了人与物的相互污染。实验室尽量布置为南北向，有较多的人工操作需要的通用实验室和研究工作室放南侧以保证良好的气象、采光条件，放置有温度及避光要求的精密仪器或储存特殊试剂的专用实验室放北侧以避免阳光对实验设备直射，亦利于室内温度控制。

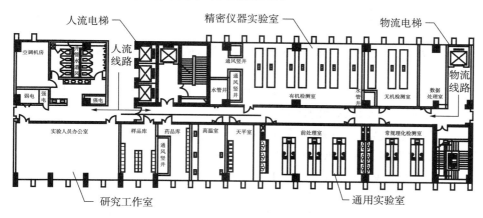

图 5－3 实验建筑结构布局示意图

【标准条款】

A.1.4 防盗与报警

实验室的防盗与报警考虑的因素如下：

a）放射性物质贮存场所，需设置防盗门窗、防盗摄像头及报警装置等设施；

b）集中放置易燃、易爆气瓶的房间，需设置泄漏报警装置，气体管道建议设置低压报警装置；

c）对限制人员进入的实验区或室需在其明显部位或门上设置警告装置或标志；

d）建议设置专用房间对防盗与报警进行监控。

【理解与实施】

放射性物质贮存场所需设置防盗门窗、防盗摄像头及报警装置等设施。集中放置易燃、易爆气瓶的房间，需设置泄漏报警装置，气体管道建议设置低压报警装置。

气体报警器就是气体泄漏检测报警仪器。当工业环境中可燃或有毒气体泄漏时，当气体报警器检测到气体浓度达到爆炸或中毒报警器设置的临界点时，报警器就会发出报警信号，以提醒人员采取安全措施，并驱动排风、切断、喷淋系统，防止发生爆炸、火灾、中毒事故，从而保障安全生产。

工业用固定式气体报警器由报警控制器和探测器组成，控制器可放置于值班室内，主要对各监测点进行控制，探测器安装于气体最易泄漏的地点，其核心部件为内置的气体传感器，传感器检测空气中气体的浓度。探测器将传感器检测到的气体浓度转换成电信号，通过线缆传输到控制器，气体浓度越高，电信号越强，当气体浓度达到或超过报警控制器设置的报警点时，报警器发出报警信号，并可启动电磁阀、排气扇等外联设备，自动排除隐患。

便携式气体检测仪为手持式，工作人员可随身携带，检测不同地点的气体浓度，便携式气体检测仪集控制器，探测器于一体，小巧灵活。与固定式气体报警器相比主要区别是便携式气体检测仪不能外联其他设备。

探测器应安装在气体易泄漏场所，具体位置应根据被检测气体相对于空气的密度决定。

（1）当被检测气体密度大于空气密度时，探测器应安装在距离地面 $30\sim60cm$ 处，且传感器部位向下。

（2）当被检测气体密度小于空气密度时，探测器应安装在距离顶棚 $30\sim60cm$ 处，且传感器部位向下。

（3）为了正确使用探测器及防止探测器故障的发生，请不要安装在以下位置：

——直接受蒸汽、油烟影响的地方；

——给气口、换气扇、房门等风量流动大的地方；

——水汽、水滴多的地方（相对湿度≥90%RH）；

——温度在 $-40℃$ 以下或 $55℃$ 以上的地方；

——有强电磁场的地方。

对限制人员进入的实验区或室需在其明显部位或门上设置警告装置或标志。

化工类实验室常用标志见图 5-4。

建议设置专用房间对防盗与报警进行监控。实验室的数据系统与消防控制室、监控室易结合布置，监控还可包括实验室房间温度、湿度和气压，宜有专人值班监控。

【标准条款】

A.1.5 防火与疏散

实验室的防火与疏散考虑的因素如下：

a) 实验建筑的防火设计参见 GB 50016—2006；

b) 有贵重仪器设备的实验室的隔墙需采用耐火极限不低于 1h 的非燃烧体；

c) 由一个以上标准单元组成的通用实验室的安全出口一般不少于两个；

d) 易发生火灾、爆炸、化学品伤害等事故的实验室的门建议向疏散方向开启；

e) 大型电子机房、重要资料、记录储存区域尽量不使用传统水喷淋。

图 5-4　化工类实验室常用标志

【理解与实施】

实验建筑的防火设计参见 GB 50016。有贵重仪器设备的实验室的隔墙需采用耐火极限不低于 1h 的非燃烧体。由一个以上标准单元组成的通用实验室的安全出口一般不少于两个。易发生火灾、爆炸、化学品伤害等事故的实验室的门建议向疏散方向开启。

实验室建筑物的耐火等级使用以下规定：

（1）建筑物的耐火等级分四级，其构件的燃烧性能和耐火极限不应低于表 5-2 的规定。

（2）二级耐火等级的多层和高层工业建筑内存放可燃物的平均重量超过 $200kg/m^2$ 的房间，其梁、楼板的耐火极限应符合一级耐火等级的要求，但设有自动灭火设备时，其梁、楼板的耐火极限仍可按二级耐火等级的要求。

（3）特殊贵重的机器、仪表、仪器等应设在一级耐火等级的建筑内。

表 5-2　建筑物构件的燃烧性能和耐火极限

名称		耐火等级			
构件		一级	二级	三级	四级
墙	防火墙	不燃烧体 3.00	不燃烧体 3.00	不燃烧体 3.00	不燃烧体 3.00
	承重墙	不燃烧体 3.00	不燃烧体 2.50	不燃烧体 2.00	难燃烧体 0.50
	楼梯间和电梯井的墙	不燃烧体 2.00	不燃烧体 2.00	不燃烧体 1.50	难燃烧体 0.50
	疏散走道两侧的隔墙	不燃烧体 1.00	不燃烧体 1.00	不燃烧体 0.50	难燃烧体 0.25
	非承重外墙	不燃烧体 0.75	不燃烧体 0.50	难燃烧体 0.50	难燃烧体 0.25
	房间隔墙	不燃烧体 0.75	不燃烧体 0.50	难燃烧体 0.50	难燃烧体 0.25

表 5-2（续）

名称	耐火等级			
构件	一级	二级	三级	四级
柱	不燃烧体 3.00	不燃烧体 2.50	不燃烧体 2.00	难燃烧体 0.50
梁	不燃烧体 2.00	不燃烧体 1.50	不燃烧体 1.00	难燃烧体 0.50
楼板	不燃烧体 1.50	不燃烧体 1.00	不燃烧体 0.75	难燃烧体 0.50
屋顶承重构件	不燃烧体 1.50	不燃烧体 1.00	难燃烧体 0.50	燃烧体
疏散楼梯	不燃烧体 1.50	不燃烧体 1.00	不燃烧体 0.75	燃烧体
吊顶（包括吊顶搁栅）	不燃烧体 0.25	难燃烧体 0.25	难燃烧体 0.15	燃烧体

注：二级耐火等级建筑的吊顶采用不燃烧体时，其耐火极限不限。

由一个以上标准单元组成的通用实验室的安全出口一般不少于两个。易发生火灾、爆炸、化学品伤害等事故的实验室的门建议向疏散方向开启，以便发生危险时实验员能迅速逃生。

大型电子机房、重要资料、记录储存区域尽量不使用传统水喷淋。大型电子机房、重要资料、记录储存区域、贵重仪器室等区域不适合使用传统水喷淋作为消防设施，当发生火灾时使用水喷淋会损毁贵重仪器或者导致实验室内发生不可预见性事故，所以这些区域应采用高压细水雾、气体灭火等措施。

细水雾灭火系统在 100bar～120bar 的压力下工作，水雾微粒径小于 100μm。试验证明，细水雾灭火系统可高效、快速灭火，其灭火原理如下：

（1）冷却作用：由于水雾颗粒非常微小，能够迅速蒸发，吸收大量热量。

（2）惰性作用：水雾颗粒吸收高温度烟火热量，生成的蒸汽体积比普通灭火用水高出百倍，因而可完全像惰性气体的抑制作用，控制并熄灭火焰。

（3）隔离作用：喷洒的水雾颗粒可以吸收火焰发出的辐射热，因而可以显著降低着火区周边物品的温度，避免其达到着火点、未经火焰直接引燃从而使火势加剧。

【标准条款】

> **A.1.6 实验辅助设施**
>
> 实验辅助设施考虑的因素如下：
>
> a）用于食品和饮料的存储、准备和食用的设施尽量放在试验区域外，以防止交叉污染，并方便实验室员工使用；
>
> b）实验室内需提供与员工人数和承担任务相适应的充足的洗手设施（参见 GBZ 1）；
>
> c）实验室可根据任务和化学品的使用量，在实验区外配置使用人员便于达到的喷淋设施；
>
> d）建议实验室配置更衣设施，包括储存衣物的设施；
>
> e）使用强酸、强碱的实验室地面应具有耐酸、碱腐蚀的性能；用水量较多的实验室地面设地漏。

【理解与实施】

用于食品和饮料的存储、准备和食用的设施尽量在试验区域外，防止交叉污染，并方便实验室员工使用。实验室内需提供与员工人数和承担任务相适应的充足的洗手设施（参见 GBZ 1）。

实验室可设置为实验人员提供食品、饮料的场所，此场所应靠近办公区或设置在洁净区，如果设置在半污染区应有独立房间与实验区隔离，不应设置在污染区。

实验室可根据任务和化学品的使用量，在实验区外配置使用人员便于到达的喷淋设施。

1. 紧急冲淋、洗眼器的应用场所

（1）当使用者穿着防化服进入现场工作或者抢救后，需要使用紧急冲淋洗眼器进行喷淋和洗眼。

（2）在消防灭火过程中，消防人员身上着火时，可以使用紧急冲淋眼器的喷淋装置进行灭火。

（3）当使用者的面部或者手臂遭受化学物质喷溅的时候，可以使用复合式洗眼器的洗眼系统进行冲洗。

（4）广泛应用于石油、化工、医药、消防、电力、核能、机械制造、汽车轮船修造、铸造、喷漆、印染、医药、医疗等行业。

2. 紧急冲淋、洗眼器简介

（1）组成：产品由喷淋系统、洗眼系统组成。

（2）材质：采用不锈钢无毒材料，防腐蚀性能良好。

（3）样式：手动式/脚踏式。

（4）性能：防腐蚀，防酸、碱、盐溶液。

（5）出水量：洗眼喷头流量 $12\sim18L/min$。喷淋头流量为 $120\sim180L/min$。

3. 紧急冲淋、洗眼器安装要求

（1）必须安装在危险工作区域附近，有效救护半径范围 $10\sim15m$。安装位置宜放于特定位置，比如门边或门上，利于紧急情况下需要者迅速找到。

（2）在复合式洗眼器的 $1.50m$ 半径范围之内，不能有电气开关，以免发生电器短路。

（3）必须连接饮用水，水压不应低于 $3.50kg$。

4. 紧急冲淋、洗眼器的使用

（1）用手轻推开关阀（或者采用脚踏式），洗眼水从洗眼系统自动喷出；用后须将开关阀复位并将防尘罩复位。

（2）用手轻拉阀门拉杆，水从喷淋系统的喷淋头自动喷出；用后须要将阀门拉杆复位。

5. 紧急冲淋洗眼器的结构

（1）洗眼喷头：用于对眼部和面部进行清洗的喷水口。

（2）洗眼喷头防尘罩：用于保护洗眼喷头的防尘装置。

（3）淋浴喷头：用于对全身进行清洗用的喷水口。

（4）开关阀：用来打开和关闭水流的阀门装置，分手推和脚踏两种。

建议实验室配置更衣设施，包括储存衣物的设施。使用强酸、强碱的实验室地面需具有耐酸、碱腐蚀的性能；用水量较多的实验室地面设地漏。

生产车间、仓库、科学实验等场所，常须设置耐腐蚀地面以防止由于酸、碱、盐类和有机溶液等带腐蚀性介质的侵蚀、破坏。这种地面构造层次较多，并有一定的坡度以便排除污废液体。地面的材料常须按耐酸、耐碱、耐油等不同要求选择。地面材料中如采用骨料，则在有耐酸要求时应选用石英角斑岩、安山岩、玄武岩等；有耐碱要求时应选用石灰岩、白云岩等。辉绿岩和花岗岩对耐酸和耐碱的要求均能适应。

不同功用地面介绍如下：

（1）耐酸碱地砖地面。以耐火的金属氧化物及半金属氧化物，经由研磨、混合、压制、施釉、烧结之过程，而形成之一种耐酸碱的瓷质或石质等之建筑或装饰之材料，总称之为瓷砖。其原材料多由黏土、石英沙等混合而成，经高温氧化分解制成的耐腐蚀材料，具有耐酸碱度高，吸水率低，在常温下不易氧化，不易被介质污染等性能，除氢氟酸及热磷酸外，对温氯盐水、盐酸、硫酸、硝酸等酸类及在常温下的任何浓度的碱类，均有优良的抗腐作用。

（2）耐酸碱环氧地坪。耐酸碱地坪适合防腐罐、重型机械表面处理及化工企业易腐蚀区域的地坪，石油工业的防腐工程及污水池化学池等。抗渗透性强，耐强酸、碱、盐及各种有机溶剂，表面硬度高，致密性好。可经受叉车、卡车长期碾压，使地面重度耐腐蚀、耐强酸碱、耐化学溶剂、耐冲击、防地面龟裂。适用范围：电镀厂、电池厂、化工厂、电解池、制药厂、酸碱中和池等场所的地面、墙面及设备表面。

（3）耐酸碱PVC地板。以聚氯乙烯及其共聚树脂为主要原料，加入填料、增塑剂、稳定剂、着色剂等辅料，在片状连续基材上，经涂敷工艺或经压延、挤出或挤压工艺生产而成。具有较强的耐酸碱腐蚀的性能，可以经受恶劣环境的考验，非常适合在医院、实验室、研究所等地方使用。

（4）沥青材料地面。用沥青砂浆或沥青混凝土铺设面层。在常温下对酸、碱介质都具有一定的耐腐蚀能力，也具有一定弹性，原料来源方便，施工操作和维修保养容易，价格便宜，但不耐高浓度强氧化性酸，易被有机溶剂溶解破坏，受重物堆压和温度影响易变形，易老化，颜色较暗，光反射差。

（5）水玻璃耐酸地面。以水玻璃（俗名泡花碱）为胶结料，氟硅酸钠为固化剂加以配制而成。有水玻璃耐酸胶泥、水玻璃耐酸砂浆和水玻璃耐酸混凝土等几种做法。有一定的机械强度，对大多数无机酸和有机酸有较强的耐腐蚀能力，特别是对强氧化性酸和高浓度无机酸的耐腐蚀效果较为显著。缺点是不耐稀酸，耐水和抗渗性能差，也不耐碱，不耐氢氟酸。此外，氟硅酸钠有一定毒性，施工时应采取防护措施。

（6）玻璃钢地面。以合成树脂为胶结料，玻璃纤维布作增强材料多层复合制成的一种耐腐蚀地面。目前应用得较多的是环氧玻璃钢地面，整体性好，重量轻，有较好的耐水和一定的耐酸、碱性能，绝缘性好，施工方便，修补容易。缺点是耐高温性差，抗冲击韧性差。酚醛玻璃钢地面，耐热性较好，更适宜于耐酸性较强的介质，黏结强度不如环氧玻璃钢地面，经过改性，可提高耐碱能力。施工时应有适当的通风，并应预防胺类及游离酚对人的刺激和毒害。

用水量较大的实验室宜设置地漏，为保证实验室气压和废气不倒灌，地漏应选择自密封式防臭地漏。

【标准条款】

> A.2 实验室特殊要求
>
> **A.2.1 实验室内设备、家具的布局要求**
>
> 实验室内设备、家具的布局考虑的因素如下：
>
> a) 在实验室设计阶段，要注意人工操作和工作流程，包括交通路线、交通流量和反复操作；
>
> b) 工作台之间或工作台与放置在地板上的设备之间的工作区域的最小宽度建议满足如下：
>
> 1) 试验人员在过道一侧工作，无他人经过时：至少1000mm；
>
> 2) 试验人员在过道一侧工作，并有他人经过时：至少1200mm；
>
> 3) 试验人员在过道两侧工作，无他人经过时：至少1350mm；
>
> 4) 试验人员在过道两侧工作，并会有他人经过时：至少1800mm；
>
> **注**：有他人经过的情况是指在过道一侧或两侧有实验人员工作的同时，其他人需要通过过道。
>
> c) 工作台和其他大型设备的布置尽量使得试验人员能不被妨碍地工作或避免遭受来自实验室其他工作人员的危险。未经过相应的风险评价，实验室布局完成后工作台和其他大件设备尽量不再移动。工作台的高度和宽度的设计需考虑工作类型；
>
> d) 绝大部分试验操作都是在工作台的正上方进行的。为了使该空间最大化，工作台高度尽量设置为使用者感觉方便的最低高度。坐着进行试验操作时，建议工作台的高度为700mm～750mm；
>
> e) 若实验员站立进行试验操作，建议工作台的高度设为800mm；
>
> f) 整个实验室内，不同的工作台和写字台采用的高度，建议有统一的要求；
>
> **注**：考虑工作台上方可使用的空间，例如，高的仪器应放置在较低的平台上，以便使用者能够安全方便地操控整个仪器。
>
> g) 适当考虑人类工效学和光线问题，工作场所作业面上的照度参见GB 50034。带显示器设备的高度建议调整到使由于过度使用而导致伤害的可能性最低；
>
> h) 固定安装的装置或难以移动的装置周围建议留有足够的维修空间；
>
> i) 工作台的放置一般不宜平行于有采光的外墙，为了在工作发生危险时易于疏散，工作台之间的走道建议全部通向走廊；
>
> j) 放置大型设备的仪器台一般有供电、供气、供水线路的使用需求，所以靠墙放置的仪器台建议留出与墙不少于500mm的距离做管线通道，方便管线的安装、维护；
>
> k) 记录区建议与使用有害材料或承担有害过程的区域隔离。

【理解与实施】

在实验室设计阶段，应注意人工操作和工作流程，包括交通路线、交通流量和反复操作。工作台之间或工作台与放置在地板上的设备之间的工作区域的最小宽度建议满足使用、安全要求。工作台和其他大型设备的布置尽量使得试验人员能不被妨碍地工作或避免遭受来自实验室其他工作人员的危险。未经过相应的风险评价，实验室布局完成后工作台和其他大件设备尽量不再移动。工作台的高度和宽度的设计需考虑工作类型。

工作台之间或工作台与放置在地板上的设备之间的工作区域的最小宽度参考图5-5工作空间的最小宽度。

通用实验室的设施要求如下：

（1）通用实验室一般由一个或一个以上标准单元组成，见图5-6。

（2）通用实验室不宜采用整体式吊顶，宜采用活动板块式或无吊顶式设计，这是因为实验室吊顶内的设备管道很多，需要经常进行检修和维护，整体式吊顶不利于操作；其次

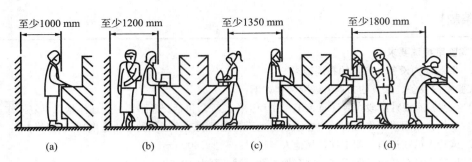

图 5-5　工作空间的最小宽度

图 5-6　通用实验室示意图

在实验室实验内容发生改变时，活动板块或无吊顶式设计更便于设备管道的改造。

（3）通用实验室标准单元开间应由实验台宽度、布置方式及间距决定。实验台平行布置的标准单元，由于通用实验室中常用设备有边台、中央台、通风柜，再保证边台与中央台、中央台与通风柜之间的安全工作间距，其开间不宜小于6.60m。

（4）通用实验室标准单元进深应由实验台长度、通风柜及实验仪器设备布置决定，且不宜小于6.60m；无通风柜时，不宜小于5.70m。

（5）农药残留检测与农药检测、兽药残留检测与兽药检测等会发生交叉污染的两类检测宜分楼层布置，并确保独立的人流物流及暖通系统等。

绝大部分试验操作都是在工作台的正上方进行的。为了使该空间最大化，工作台高度尽量设置为使用者感觉方便的最低高度。坐着进行试验操作时，建议工作台的高度为700mm～750mm。若实验员站立进行试验操作，建议工作台的高度设为800mm。整个实验室内，不同的工作台和写字台采用的高度，有统一的要求。适当考虑人类工效学和光线问题，工作场所作业面上的照度参见GB 50034。带显示器设备的高度调整到使由于过度使用而导致伤害的可能性最低。固定安装的装置或难以移动的装置周围建议留有足够的维修空间。工作台的放置一般不宜平行于有采光的外墙，为了在工作发生危险时易于疏散，工作台之间的走道建议全部通向走廊。放置大型设备的仪器台一般有供电、供气、供水线路的使用需求，所以靠墙放置的仪器台建议留出与墙不少于500mm的距离做管线通道，方便管线的安装、维护。记录区需要与使用有害材料或承担有害过程的区域隔离。

仪器分析室的设施要求如下：

（1）需设置防静电地板的精密仪器房间，见图5-7，如做架空地板需在设计结构时需考虑降板。

图5-7　仪器分析实验室示意图

（2）使用空压机或UPS电源的大型仪器宜集中放置，或在实验室内设专用房间放置空压机或UPS电源。空压机会有噪音和震动，UPS电源产生热量和噪音，集中放置利于消除其对实验的影响，也便于管理，更安全。由于这类设备较重，集中放置区域需复核结构荷载。

（3）有机检测仪器与无机检测仪器应分离布置。有机检测常用使用氢气，而无机仪器检测时会使用火焰或电加热，放置在一起有较大安全隐患，无机检测产生的高温环境对有机检测也会产生一定影响。

天平室的设施要求如下：

（1）天平室应设置面积不小于6m²的前室，并可兼作更衣换鞋间。天平室宜布置在北向，外窗宜做双层密闭窗并设窗帘，这是为了保证天平使用时不会受到温度和气流的影响，参见图5-8。

图5-8　天平室示意图

（2）天平室与前室之间应采用密封的玻璃隔断墙分隔，并宜采用推拉门，平开门会对气流产生一定影响。

（3）天平台台面和台座，应做隔振处理。天平台沿墙布置时，应与墙脱开，台面宜采用平整、光洁、有足够刚度的台板，并不得采用木制工作台。设在楼层上的天平台基座，应设在靠墙及梁柱等刚度大的区域。

（4）高精度天平室除满足上述天平室的要求外，应布置在实验楼底层北向，天平台基应设独立基座（不宜设在地下室楼板上面）。外窗应做双层密闭窗。

（5）高精度天平室其天平台独立基座的允许振动限值，应按制造部门提供的数据选用，无资料时应符合现行的《机器动荷载作用下建筑物承重结构的振动计算和隔振设计规程》的规定。

电子显微镜室的设施要求如下：

（1）电子显微镜室应按所用设备的允许振动速度和防磁要求，远离振动源及磁场干扰源布置，且放大倍数大于 100 万倍的电子显微镜宜布置在建筑物的底层。

（2）电子显微镜室由电镜间、过渡间、准备间、切片间、涂膜间及暗室组成。过渡间面积不应小于 $6m^2$，且应设更衣柜及换鞋柜。

（3）电镜间不宜设外窗，如有外窗需设置遮光措施。

（4）电镜间的室内净高应按设备高度及检修要求确定。

（5）电镜基座应采取隔振措施。与电镜配套使用的有振动的辅助设备及室内空气调节设备等，应设隔振装置。

（6）电镜间、切片间及涂膜间的空气应过滤。人员出入口必须设更衣柜及换鞋柜。

【标准条款】

A. 2. 2　储存区要求

实验室的储存区考虑的因素如下：

a）腐蚀性材料最好有单独的存放区。存放区满足：架子距离地面建议最高不超过 1.0m，墙壁、地面需涂刷能阻止化学品侵袭的防腐涂层，地面建防护堤并设置警告牌；

b）气瓶间、样品库、化学试剂存放室需要考虑避光、温度控制和加大换气次数，挥发性较强的样品和试剂建议存放在带排风功能的试剂柜里；

c）实验室需要的气体建议设置独立气瓶室集中管理、存放和提供，并尽量符合以下：

1）气瓶室内防爆墙、泄爆设施的设置要求参见 GB 50016—2006；

2）气瓶室与其他房间之间，当必须穿过管线时，建议采用不燃烧体材料填塞空隙；

3）气瓶室内易燃气体与助燃气体建议隔离放置；

4）气瓶室远离实验楼设置，如果必须设在楼内，尽量选择人员较少、僻静的位置；

5）气瓶室排风建议单独直接排向室外，并有事故排烟装置。

d）更多危险物质的储存要求见 5.6.2。

【理解与实施】

1. 腐蚀性材料需有单独的存放区。存放区应满足架子距离地面最高 1.0m，墙壁、地面涂刷能阻止化学品侵袭的防腐涂层，地面建防护堤并设置警告牌。气瓶间、样品库、化学试剂存放室需考虑避光、温度控制和加大换气次数，挥发性较强的样品和试剂需存放在带排风功能的试剂柜里。

储存危险物品的区域应考虑以下几个方面：

（1）减低危险物品摆放高度以防止跌落时冲击过大发生爆炸或泄漏。

（2）地面应涂刷能阻止化学品侵袭的防腐涂层、建防护堤并设置警告牌防止建筑结构受到腐蚀。

（3）控制光照和室内温度，防止对光线和温度敏感的试剂、药品或易燃易爆物发生反应。

（4）加大室内换气次数且挥发性较强的样品和试剂存放应考虑带排风功能的试剂柜，控制空气中危险品浓度不超过安全限值。

危险物品的储存宜使用与所储存物品相应的专用储存柜，一般存储易燃易爆液体及危险化学品的储存柜柜体为优质冷轧钢板制作，并经 EPOXY 粉体耐腐蚀处理，防水、抑菌、易于清洁。放置易挥发或有毒有害危险品，可选用钢制试剂柜配置风机及专用气体泄漏报警装置，并安装锁具，兼具防火防盗性能。带排风的试剂柜柜子顶部的通风管道和柜门上的通风格栅保证空气流通。

2. 实验室需要的气体建议设置独立气瓶室集中管理、存放和提供，并尽量符合以下：

（1）气瓶室内防爆墙、泄爆设施的设置要求参见 GB 50016。

（2）气瓶室与其他房间之间，当必须穿过管线时，建议采用不燃烧体材料填塞空隙。

（3）气瓶室内易燃气体与助燃气体建议隔离放置。

（4）气瓶室远离实验楼设置，如果必须设在楼内，尽量选择人员较少、僻静的位置。

（5）气瓶室排风建议单独直接排向室外，并有事故排烟装置。

气瓶间集中存放易燃、易爆气体，其要求参照建筑设计防火规范中有爆炸危险的甲、乙类厂房：

（1）气瓶间宜独立设置，并宜采用敞开或半敞开式的房间。

（2）气瓶间宜采用钢筋混凝土柱、钢柱承重的框架或排架结构，钢柱宜采用防火保护层。

（3）气瓶间应设置必要的泄压设施，泄压设施宜采用轻质屋盖作为泄压面积，易于泄压的门、窗、轻质墙体也可作为泄压面积。作为泄压面积的轻质屋盖和轻质墙体的每平方米质量不宜超过 12kg。

（4）泄压面积与房间体积的比值（m^2/m^3）宜采用 0.05～0.22。爆炸介质威力较强或爆炸压力上升速度较快的房间，应尽量加大比值。体积超过 $1000m^3$ 的建筑，如采用上述比值有困难时，可适当降低，但不宜小于 0.03。

（5）泄压面积的设置应避开人员集中的场所和主要交通道路，并宜靠近容易发生爆炸的部位。

（6）气瓶间宜采用全部或局部轻质屋盖作为泄压设施。顶棚应尽量平整避免死角，上部空间要通风良好。

（7）气瓶间应采用不发生火花的地面。如采用绝缘材料作整体面层时，应采用防静电措施。地面下不宜设地沟，如必须设置时，盖板应严密，并应采用非燃烧材料紧密填实；与相邻房间连通处，应采用非燃烧材料密封。表面应平整、光滑，易于清扫。

（8）气瓶间宜设在单层房间靠外墙或多层房间的最上一层靠外墙处。

（9）有爆炸危险的设备应尽量避开房间的梁、柱等承重构件布置。

（10）气瓶间内不应设置办公室、休息室。如必须贴近其他房间设置时，应采用一、二级耐火等级建筑，并应采用耐火极限不低于 3h 的非燃烧体防护墙隔开和设置直通室外或疏散楼梯的安全出口。

第二节　实验室安全工作行为（附录 B）

【标准条款】

附　录　B

（资料性附录）

实验室安全工作行为

对于那些由于身体状况，可能影响到其在实验室安全工作的能力或可能增加危险性的人员，需告知相关人员。下列内容适用于所有使用和进入实验室的人员：

a）确保消防逃生通道时刻畅通；

b）对潜在危险源时刻保持高度警惕；

c）从事某项实验前，了解该项操作的潜在危险源，并掌握适当的安全预防措施；

d）将所有的实验物质都视为有害，除非已确定其是安全的；

e）根据所进行的实验类型选用合适的防护服和防护装备，个体防护装备应便于实验人员获得；

f）及时向有关人员报告危险、失误、事故和伤害；

g）人员服装需适合于实验室工作，如穿着防滑、密封的鞋类。不要在实验室中穿露趾的鞋子；

h）确保宽松服饰、领带、长发远离开动中设备。不要在实验室中化妆或配戴隐形眼镜，只能佩戴那些不容易被设备卡住、不受有害物质或化学品污染的首饰，或者已经隔离这些危害；

i）保持工作台面、架子和橱柜的干净整洁。仪器和试剂在使用后需清洁，并立即收好；

j）在实验室工作区域内只储存所需的最少量的化学物品；

k）妥善管理，包括立即清理溢出物、处理连包装在内的废弃物等；

l）无论化学品的浓度高低，接触化学品后需清洗接触过的皮肤。建议在离开实验室前洗手；

m）使用安全容器来传递化学品，用容量为 2L 或以上的玻璃或塑料器皿装载。不要同时传递相互间可能产生化学反应的化学物质。传递材料时采取恰当的保护措施，如使用封闭性的容器；

n）特殊的废弃物如碎玻璃器皿、注射器针头或放射性物质，需放在指定类型的容器中分类处理；

o）不要在实验室内准备、处理、储存或消耗个人用食品或饮料；实验室中使用的冰箱、冷柜、烘箱和微波炉上应标明严禁用于个人制作食物或饮料；

p）不要将个人消费的食品或饮料储存在用于存放实验室材料的冰箱、冷柜、橱柜里；

q）不要在实验室从事一些冒失性活动，不要在实验室或走廊中奔跑；

r）不要在实验室内和储存区域附近吸烟；

s）开、关实验室门或进、出实验室时需小心谨慎；

t）在隔离区工作时遵循 5.3.10；

u）定期检查和复核内务环境和要求，给所有安全设施加贴标签并确保其良好的运行状态；

v）定期检查安全设备以确保其正确使用和维持良好状态。

【理解与实施】

一、实验室安全工作行为

本标准的附录 B 规定了实验室工作需要遵守的一些具体、通用的安全行为规定。实验室的一些基本操作，因其操作风险较大，需要遵守安全工作行为。

二、实验室基本操作

1. 玻璃的处理

宜仅在无法获得更安全的材料或操作的情况下使用玻璃。除穿戴必要的个体防护装备外，宜遵守如下程序：

（1）将玻璃碎片放入预备并贴有明确标示的容器中，确保所有可能发生的污染危害都已经考虑到；

（2）将移液管插入移液管座时，在靠近插入处握住吸液管；

（3）清洁或干燥玻璃器皿时宜格外小心；

（4）需要移开破碎表面带尖锐棱角的玻璃制品时，将这些破碎表面在火焰上加热，直至尖角变圆。确保玻璃器皿上和器皿内没有任何挥发性的化学物残留；

（5）尽量不要拿过长的玻璃试管；

（6）切断玻璃试管、玻璃棒或玻璃瓶时，先用急火或玻璃刀作一个切断标志，用布将其包住，两个拇指各握标志一端，然后在远离身体的地方将其猛然折断。大直径的管可在管身的环形切断标志处用红热的杆或金属丝使其断裂；

（7）当需要将玻璃试管或玻璃棒插入塞子中时，先润滑玻璃。插管子时绝不能将塞子放在手掌心上。如果需要用较大的力将管子插入塞子中时，应当把入口弄大一些。

2. 搅拌

如果可能，选择磁力搅拌器优先于手动或固定式搅拌器。使用磁力搅拌器时，在接通搅拌器前，速度控制应设定在低速档。

磁力耦合装置适用于密闭式容器中运转的搅拌轴。在可能产生火花的环境中推荐使用由压缩空气或真空驱动的涡轮搅拌器。

3. 电气引线的使用

包括配电板在内的电气引线，不能因拉力或冲击而降低其安全性能，设备的所有部分都应保持良好的运行状况（见 GB/T 27476.2）。当使用了多插座连接器时，不能超出其额定功率超载运行。宜仅使用带过载保护的连接器。

4. 软管的使用

应按照实验性质来选择使用合适的软管。橡胶和塑料软管应定期检查是否有开裂、硬化及其他损坏。需要暴露在真空或压力环境下时，宜选用加强型的试管。任何供给用途的软管，都需要配有合适的软管钳保护。从玻璃制品上分离软管时，只能用切割的办法。装配仪器时，在合理的范围内试管的长度尽量取最小。由于塑料试管较之橡胶试管不易毁坏，在实验室中一般更多地选用塑料试管。

5. 移液

禁止用嘴吸移液管来移液。应使用吸取设备、自动吸管或其他安全吸取方法。

应考虑到实验中可能会重复吸取，应采取相应的控制措施。

6. 溶剂萃取

那些会释放出可燃性气体的萃取实验应在通风良好的区域内进行，该区域内电气安装应符合 GB 3836.14 标准。

在单独的漏斗内用有机溶剂的萃取时，不同溶剂摇动混合常导致容器内压强增大。宜定期安全地塞好塞子，倒置漏斗，小心地打开活塞，以释放漏斗内部压力。注意进行这一操作时，应将漏斗茎朝着一个安全的方向。

7. 有关压缩气体和液化气的操作

把商业供应的装有压缩气体和液化气体的气瓶与实验室内设备相连接时，应保持气瓶垂直放置，除非供应商有另外的说明。没有连接使用时，气瓶应垂直放立在实验室之外的通风良好的房子内，除非供应商有另外的说明。应采取充分的预防措施保护气瓶、阀门和管网不受机械损害和远离外部热源。外泄气体引起的缺氧会导致人员窒息，即使这种气体本身并无毒。有关气瓶的操作和储存的详细信息见 GB/T 27476.3 和 GB/T 27476.5。

当在实验室内给气瓶充气和维护气瓶时，应参考 GB 14193 和 GB 13591 等的要求。

8. 有关低温液体的操作

任何致冷物质所产生的液体或低温气体都会灼伤皮肤。

如适用，对低温液体的处理应按照 GB/T 27476.5 和 BS 5429 的相关规定进行。宜用平稳的手推车来运送大的低温容器，确保搬运途中平稳不翻倒，同时也能安全方便地装载和卸载。

9. 自动防故障装置的使用

安装自动防故障装置来切断气体、水或电，能减少火灾、爆炸和其他财产损失。除管网安装自动防故障装置，电气设施安装剩余电流保护装置外，还应对设备和将使用的程序进行检查，以确定是否有其他情况下需要安装自动防故障装置。

10. 紫外线灯、电弧和高亮度光源的使用

见 GB/T 27476.4。紫外线灯和其他高亮度光源，如激光和焊接产生的光，可能会对眼睛造成损害。红外加热灯也可能引起灼伤。应优先选择合适的光源罩。暴露在这些射线的人员应使用合适的护眼装备（见 GB/T 3609.1、GB/T 3609.2、GB 14866、GB 7247.1和 GB 18151）和皮肤防护装备。同时也要注意躲避反射射线。实验室入口处应张贴警告标识，告知里面存在的辐射危害类型；此外，还应该在实验室入口处安装警示灯。建议与设备的开启线路连接。

11. 温度测量

宜考虑用其他温度测试方法替代水银温度计的使用。实验室中烘箱和恒温箱宜使用电子温度计替代水银温度计。

三、真空实验

1. 真空蒸馏与蒸发

有机液体的真空蒸馏与蒸发经常要使用到水泵或旋转的油泵。无论那种都宜在泵与仪器间安装汽水分离器或防止返流的阀门，避免水或油被吸回仪器中引发危险。宜安装防护屏来保护操作者。当仪器处于使用状态时，宜有人看守。

蒸馏过程中用缓慢的氮气流净化，有利于去除溶剂和控制烧瓶内物质的突沸。

2. 真空泵的使用

真空系统内外，电动机和水银泵或油泵的加热元器件都可能成为可燃性气体的火源。泵排出的废水应以适当方式排放到外部。

3. 汽水分离器的使用

在真空系统中，汽水分离器可用于：

（1）防止外物进入泵中；和

（2）防止泵中的水和汽进入仪器。

汽水分离器中常用的冷却剂有冷水、盐水、固体二氧化碳、丙酮中的固体二氧化碳、液态氮。

当冷却剂耗尽，冷凝气体被大气加热可能引发危险。汽水分离器中由剩留物质挥发产生的气体量常远远大于汽水分离器有效容积。这些气体会喷爆活塞栓或爆破容器，通过压力表逃逸。

由于一个普通烧瓶很少能保持填充的冷却物超过 24 h，因此，宜严格监控汽水分离器周围冷却剂的高度。

实验中，宜定期监视汽水分离器中的物质容量，以确保不会发生因危险物质集聚太多而泄漏到泵中或实验室中。泵在用完之后需清洁并清空。

4. 真空试验的关闭

宜建立程序将泵设备和真空仪器安全恢复到正常大气压力下。如果安装了氮气净化装置，则可通过加快通往仪器的氮气流速将真空仪器返回到大气压。

5. 过滤

真空环境下过滤易燃液体时会释放蒸汽，如果存在引燃物就会引起燃烧。因此，真空中过滤易燃液体时，应确保周围没有任何引燃物。

6. 真空玻璃制品

（1）安全要求。任何真空下进行的实验都宜采取屏蔽保护措施，确保将操作者及设备附近人员人身伤害降至最低。如果设备未被屏蔽或者屏蔽物有时会被移动，应使用个体防护装备（PPE）。使用特殊的真空设备如电子显微器或真空涂层设施时，应遵照设备制造者的说明书。

（2）仪器的组装。应使用仅为真空实验设计的玻璃仪器。在使用前应检查所有玻璃仪器，确保没有损坏。不得使用一般用途的玻璃制品，如平底烧瓶。在组装一个暂时的系统时，宜使用标准玻璃连接件。干燥的锥形带孔连接件易粘住且密封性不好。当要求装置易于调节或需要灵活性时，可使用球形带孔连接件。当实验不适合用润滑油时，建议在连接件上使用聚四氟乙烯（PTFE）护套。

（3）修理。真空下使用的玻璃仪器的修理应只由有能力的吹玻璃工来完成。送修前，仪器内的所有气体和残留物质都应清理干净。使用过放射性物质的部件宜不修理直接换掉。

（4）使用中的防爆措施。由水泵或旋转的油泵抽取而成的真空可能引起玻璃仪器爆炸。玻璃圆底烧瓶、真空干燥器和真空瓶宜加活栓、保护网或保护盒以防止使用中发生爆炸而损坏。

（5）水银压力计。在真空仪器中快速流动的水银会产生相当大的力撞击弯曲处或顶层表面上，可能导致玻璃器皿破裂。宜小心谨慎地使用活栓或使用带抑制毛细管的器皿来控制水银在仪器内流动的速度。水银压力计宜缓慢旋转，以最大限度地减少液体在器皿内的扩散。

四、内部受压的实验

当无论是在正压或压力可能上升（如化学反应引起压力上升）的环境下安装容器和玻璃器皿时，应配备卸压装置。每次实验都需评估是否需要安装安全阀、防爆片或孔。加热产生高压反应的玻璃器皿宜放在封闭的钢质试管内，打开前小心冷却。与液体相比，高压气体能储存大量的能量。因此，气体压力下仪器出现事故的危害远大于液体压力下的事故。进行仪器内部受压的实验时，事先宜获得充分的安全知识。

如果仪器能在高于标准大气压下的环境下工作时，仪器及其安全设备都应由具备资格人员根据相关标准和法规进行设计和检测。有关仪器安装和防护设施的规定宜从具备资格人员处获得，可能的话，来自法定机构。

五、使用微波设备的实验

应参照制造商提供的说明书，同时参考 GB/T 27476.4。

使用微波设备时，宜评估是否需要安装局部排风装置。在微波炉内进行的任何加热或消化实验宜细心设计步骤，确保样品不会过热（微波炉加热物品的速度远快于常规的加热方法），同时确保样品容器或消化器内积聚的压力能安全消散。

调查是否存在因微波设备损坏、修改或密封材料失效而导致的潜在辐射泄漏危险。

附录　与安全相关的主要法律、法规和标准目录

与实验室安全密切相关的法律、法规和标准，分类列举如下：

一、综合管理

实验室安全涉及安全生产的方方面面，与实验室安全的共性和综合性的管理和能力相关的法律法规和标准，涉及安全管理体系、危险源识别和风险评价方法、国内外实验室安全标准、职业卫生和接触限值、安全标志和个体防护装备等内容。

二、危险化学品使用管理

实验室使用危险化学品的管理主要集中在采购、储存、分发、使用和废弃物的处置等环节。相关的法规和标准涉及危险化学品的分类、采购、储存、标识和标签、安全技术说明书（SDS）、使用、废弃物处置、应急、人员培训和劳动防护等方面的要求。

三、非电离辐射

非电离辐射相关的法规标准主要分为两大部分，一是与环境保护相关的法规、标准，二是与职业健康安全相关的标准。

四、电离辐射

电离辐射相关的主要法规和标准参见附表。

五、实验室结构和布局

实验室结构和布局相关的主要法规和标准参见附表。

六、防雷

实验室防雷法相关的主要法规和标准参见附表。

七、电气

实验室电气安全相关的主要法规和标准参见附表。

八、机械

实验室机械安全相关的主要法规和标准参见附表。

九、消防

实验室消防相关的主要法规和标准参见附表。

附表　实验室安全主要法规和标准

序号	文件名称	发布部门	发布、实施日期	编号
一、综合管理相关法规和标准				
1	中华人民共和国安全生产法	全国人民代表大会常务委员会	2014－08－31发布、2014－12－01实施	主席令第12届第13号
2	劳动防护用品监督管理规定	国家安全生产监督管理总局	2005－07－22发布、2005－09－01实施	安监总局令第1号
3	检测实验室安全第1部分：总则	国家质检总局、国家标准化管理委员会	2014－12－05发布、2014－12－15实施	GB/T 27476.1—2014
4	职业健康安全管理体系 要求	国家质检总局、国家标准化管理委员会	2011－12－30发布、2012－02－01实施	GB/T 28001—2011
5	检测和校准实验室能力的通用要求	国家质检总局、国家标准化管理委员会	2008－05－08发布、2008－08－01实施	GB/T 27025—2008
6	实验室生物安全通用要求	国家质检总局、国家标准化管理委员会	2008－12－26发布、2009－07－01实施	GB 19489—2008
7	医学实验室安全要求	国家质检总局、国家标准化管理委员会	2005－06－06发布、2005－12－01实施	GB 19781—2005
8	化学品理化及其危险性检测实验室安全要求	国家质检总局、国家标准化管理委员会	2009－12－15发布、2010－07－01实施	GB/T 24777—2009
9	生产过程危险和有害因素分类与代码	国家质检总局、国家标准化管理委员会	2009－10－15发布、2009－12－01实施	GB/T 13861—2009
10	机械安全 设计通则风险评估与风险减小	国家质检总局、国家标准化管理委员会	2012－11－05发布、2013－03－01实施	GB/T 15706—2012
11	机械安全风险评价第2部分：实施指南和方法举例	国家质检总局、国家标准化管理委员会	2008－12－29发布、2009－07－01实施	GB/T 16856.2—2008
12	危险化学品重大危险源辨识	国家质检总局、国家标准化管理委员会	2009－03－31发布、2009－12－01实施	GB 18218—2009
13	生产过程安全卫生要求总则	国家质检总局、国家标准化管理委员会	2008－12－15发布、2009－10－01实施	GB/T 12801—2008
14	工业企业设计卫生标准	卫生部	2010－01－22发布、2010－08－01实施	GBZ 1—2010
15	工作场所有害因素职业接触限值第1部分：化学有害因素	卫生部	2007－04－12发布、2007－11－01实施	GBZ 2.1—2007

附表（续）

序号	文件名称	发布部门	发布、实施日期	编号
一、综合管理相关法规和标准				
16	工作场所有害因素职业接触限值第 2 部分：物理因素	卫生部	2007－04－12 发布、2007－11－01 实施	GBZ 2.2—2007
17	安全标志及其使用导则	国家质检总局、国家标准化管理委员会	2008－12－11 发布、2009－10－01 实施	GB 2894—2008
18	安全色	国家质检总局、国家标准化管理委员会	2008－12－11 发布、2009－10－01 实施	GB 2893—2008
19	安全光通用规则	国家质检总局、国家标准化管理委员会	2008－12－15 发布、2009－10－01 实施	GB/T 14778—2008
20	消防安全标志	国家技术监督局	1992－06－12 发布、1993－03－01 实施	GB 13495—1992
21	消防安全标志设置要求	国家技术监督局	1995－07－19 发布、1996－02－01 实施	GB 15630—1995
22	个体防护装备选用规范	国家质检总局、国家标准化管理委员会	2008－12－11 发布、2009－10－01 实施	GB/T 11651—2008
23	化学品分类和危险性公示通则	国家标准化管理委员会	2009－06－21 发布、2010－05－01 实施	GB 13690—2009
24	危险货物包装标志	国家标准化管理委员会	2009－06－21 发布、2010－05－01 实施	GB 190—2009
25	化学品安全标签编写规定	国家标准化管理委员会	2009－06－21 发布、2010－05－01 实施	GB 15258—2009
26	化学品安全技术说明书 内容和项目顺序	国家质检总局、国家标准化管理委员会	2008－06－18 发布、2009－02－01 实施	GB/T 16483—2008
27	工业管道的基本识别色、识别符号和安全标识	国家质检总局	2003－03－13 发布、2003－10－01 实施	GB 7231—2003
28	气瓶颜色标志	国家质量技术监督局	1999－12－17 发布、2000－10－01 实施	GB 7144—1999
29	起重机 安全标志和危险图形符号 总则	国家质检总局、国家标准化管理委员会	2011－01－10 发布、2011－12－01 实施	GB 15052—2010
二、危险化学品使用管理相关法规和标准				
1	危险化学品安全管理条例	国务院	2011－03－02 发布、2011－12－01 实施	国务院第 591 号令

附表（续）

序号	文件名称	发布部门	发布、实施日期	编号
二、危险化学品使用管理相关法规和标准				
2	工作场所安全使用化学品的规定	劳动部、化学工业部	1996－12－20 发布、1997－01－01 实施	—
3	危险化学品名录	国家安全生产监管局	2015－02－27	安监总局公告 2015 年第 5 号
4	易制爆危险化学品名录	公安部	2011－11－25	—
5	高毒物品目录	卫生部	2003－06－11	卫法监发〔2003〕142 号
6	国家危险废物名录	环境保护部、国家发展和改革委员会	2008－06－06	环境保护部令第 1 号
7	危险化学品事故应急预案编制导则（单位版）	国家安全生产监管局	2004－04－08	安监管危化字〔2004〕43 号
8	危险化学品登记管理办法	国家安全生产监督管理总局	2012－07－01	安全监管总局令第 53 号
9	检测实验室安全第 5 部分：化学因素	国家质检总局、国家标准化管理委员会	2014－12－05 发布、2014－12－15 实施	GB/T 27476.5—2014
10	危险货物分类和品名编号	国家质检总局、国家标准化管理委员会	2012－05－11 发布、2012－12－01 实施	GB 6944—2012
11	危险货物品名表	国家质检总局、国家标准化管理委员会	2012－05－11 发布、2012－12－01 实施	GB 12268—2012
12	化学品分类和危险性公示 通则	国家标准化管理委员会	2009－06－21 发布、2010－05－01 实施	GB 13690—2009
13	危险化学品重大危险源辨识	国家质检总局、国家标准化管理委员会	2009－03－31 发布、2009－12－01 实施	GB 18218—2009
14	工作场所有害因素职业接触限值第 1 部分：化学有害因素	卫生部	2007－04－12 发布、2007－11－01 实施	GBZ 2.1—2007
15	工作场所空气中有害物质监测的采样规范		2004－05－21 发布、2004－12－01 实施	GBZ 159—2004
16	工作场所空气有害物质测定（系列标准）	卫生部	2004－12－01 实施	GBZ/T 160.1～160.81—2004

附表（续）

序号	文件名称	发布部门	发布、实施日期	编号
二、危险化学品使用管理相关法规和标准				
17	常用化学危险品贮存通则	国家技术监督局	1995－07－26 发布、1996－02－01 实施	GB 15603—1995
18	易燃易爆性商品储存养护技术条件	国家质检总局、国家标准化管理委员会	2013－12－17 发布、2014－07－01 实施	GB 17914—2013
19	腐蚀性商品储藏养护技术条件	国家质检总局、国家标准化管理委员会	2013－12－17 发布、2014－07－01 实施	GB 17915—2013
20	毒害性商品储藏养护技术条件	国家质检总局、国家标准化管理委员会	2013－12－17 发布、2014－07－01 实施	GB 17916—2013
21	危险废物贮存污染控制标准（第 1 号修改单（XG1－2013））	环境保护部	2001－12－18 发布、2002－07－01 实施	GB 18597—2001
22	包装容器危险品包装用塑料桶	国家标准化管理委员会	2008－09－18 发布、2009－09－01 实施	GB 18191—2008
23	包装容器 危险品包装用塑料罐	国家标准化管理委员会	2008－09－18 发布、2009－09－01 实施	GB 19160—2008
24	化学品安全技术说明书 内容和项目顺序	国家质检总局、国家标准化管理委员会	2008－06－18 发布、2009－02－01 实施	GB/T 16483—2008
25	化学品分类和标签规范（系列标准）	国家质检总局、国家标准化管理委员会	2013－10－10 发布、2014－11－01 实施	GB 30000.2～29—2013
26	化学品安全标签编写规定	国家标准化管理委员会	2009－06－21 发布、2010－05－01 实施	GB 15258—2009
27	化学品分类和危险性象形图标识 通则	国家质检总局、国家标准化管理委员会	2009－12－15 发布、2010－07－01 实施	GB/T 24774—2009
28	危险货物包装标志	国家标准化管理委员会	2009－06－21 发布、2010－05－01 实施	GB 190—2009
三、非电离辐射相关法规和标准				
1	电磁辐射环境保护管理办法	国家质检总局、国家标准化管理委员会	1997－03－25	质检总局第 18 号令
2	电磁环境控制限值	国家质检总局、环境保护部	2014－09－23 发布、2015－01－01 实施	GB 8702—2014
3	检测实验室安全 第 4 部分：非电离辐射因素	国家质检总局、国家标准化管理委员会	2014－12－05 发布、2014－12－15 实施	GB/T 27476.4—2014

附表（续）

序号	文件名称	发布部门	发布、实施日期	编号
三、非电离辐射相关法规和标准				
4	工作场所有害因素职业接触限值 第2部分：物理因素	卫生部	2007 – 04 – 12 发布、2007 – 11 – 01 实施	GBZ 2.2—2007
5	作业场所激光辐射卫生标准	卫生部	1989 – 02 – 24 发布、1989 – 10 – 01 实施	GB 10435—1989
6	作业场所微波辐射卫生标准	卫生部	1989 – 02 – 24 发布、1989 – 10 – 01 实施	GB 10436—1989
7	作业场所超高频辐射卫生标准	卫生部	1989 – 02 – 24 发布、1989 – 10 – 01 实施	GB 10437—1989
8	作业场所工频电场卫生标准	卫生部	1996 – 04 – 03 发布、1996 – 09 – 01 实施	GB 16203—1996
9	作业场所紫外辐射职业接触限值	卫生部	2001 – 12 – 04 发布、2002 – 05 – 01 实施	GB 18528—2001
10	作业场所高频电磁场职业接触限值	卫生部	2001 – 12 – 04 发布、2002 – 05 – 01 实施	GB 18555—2001
11	工作场所物理因素测量 第1部分：超高频辐射	卫生部	2007 – 04 – 12 发布、2007 – 11 – 01 实施	GBZ/T 189.1—2007
12	工作场所物理因素测量 第2部分：高频电磁场	卫生部	2007 – 04 – 12 发布、2007 – 11 – 01 实施	GBZ/T 189.2—2007
13	工作场所物理因素测量 第3部分：工频电场	卫生部	2007 – 04 – 12 发布、2007 – 11 – 01 实施	GBZ/T 189.3—2007
14	工作场所物理因素测量 第4部分：激光辐射	卫生部	2007 – 04 – 12 发布、2007 – 11 – 01 实施	GBZ/T 189.4—2007
15	工作场所物理因素测量 第5部分：微波辐射	卫生部	2007 – 04 – 12 发布、2007 – 11 – 01 实施	GBZ/T 189.5—2007
16	工作场所物理因素测量 第6部分：紫外辐射	卫生部	2007 – 04 – 12 发布、2007 – 11 – 01 实施	GBZ/T 189.6—2007
17	工作场所物理因素测量 第7部分：高温	卫生部	2007 – 04 – 12 发布、2007 – 11 – 01 实施	GBZ/T 189.7—2007

附表（续）

序号	文件名称	发布部门	发布、实施日期	编号
三、非电离辐射相关法规和标准				
18	工作场所物理因素测量　第 8 部分：噪声	卫生部	2007－04－12 发布、2007－11－01 实施	GBZ/T 189.8—2007
19	激光产品的安全　第 1 部分：设备分类、要求	国家质检总局、国家标准化管理委员会	2012－12－31 发布、2013－12－25 实施	GB 7274.1—2012
20	家用和类似用途电器的安全 微波炉，包括组合型微波炉的特殊要求	国家质检总局、国家标准化管理委员会	2008－12－15 发布、2010－01－01 实施	GB 4706.21—2008
四、电离辐射相关法规和标准				
1	中华人民共和国放射性污染防治法	全国人民代表大会常务委员会	2003－06－28 发布、2003－10－01 实施	主席令第 10 届第 6 号
2	中华人民共和国环境保护法	全国人民代表大会常务委员会	2014－04－24	主席令第 12 届第 9 号
3	放射工作卫生防护管理办法	卫生部	2002－07－01	—
4	放射工作人员职业健康管理办法	卫生部	2007－06－03	卫生部令第 55 号
5	放射事故管理规定	公安部 卫生部	2001－08－26	卫生部令第 16 号
6	放射防护器材与含放射性产品卫生管理办法	卫生部	2002－01－04	卫生部令第 18 号
7	电离辐射防护与辐射源安全基本标准	国家质检总局	2002－10－08 发布、2003－04－01 实施	GB 18871—2002
8	放射性废物管理规定	国家质检总局	2002－08－05 发布、2003－04－01 实施	GB 14500—2002
9	辐射环境监测技术规范	国家环境保护总局	2001－05－28 发布、2001－08－01 实施	HJ/T 61—2001
10	辐射环境保护管理导则 电磁辐射监测仪器和方法		2003－04－01 实施	HJ/T 10.2—1996
11	辐射环境保护管理导则 核技术应用项目环境影响报告书（表）的内容和格式		2003－04－01 实施	HJ/T 10.1—1995

附表（续）

序号	文件名称	发布部门	发布、实施日期	编号
五、实验室结构和布局法律法规和标准				
1	中华人民共和国建筑法	全国人民代表大会常务委员会	2011－04－22	主席令第 11 届第 46 号
2	工程建设标准强制性条文	建设部	2000－04－20	—
3	建设工程安全生产管理条例	国务院	2003－11－24 发布、2004－02－01 实施	国务院令第 393 号
4	工业企业设计卫生标准	卫生部	2010－01－22 发布、2010－08－01 实施	GBZ 1—2010
5	建筑照明设计标准	住房和城乡建设部	2013－11－29 发布、2014－06－01 实施	GB 50034—2013
6	工业建设防腐蚀设计规范	建设部	2008－03－10 发布、2008－08－01 实施	GB 50046—2008
7	办公建筑设计规范	建设部	2006－11－29 发布、2007－05－01 实施	JGJ 67—2006
8	工业企业噪声控制设计规范	住房和城乡建设部	2013－11－29 发布、2014－06－01 实施	GB/T 50087—2013
9	建筑结构荷载规范	住房和城乡建设部	2012－05－28 发布、2012－10－01 实施	GB 50009—2012
六、防雷相关法规和标准				
1	中华人民共和国气象法	全国人民代表大会常务委员会	1999－10－31 发布、2000－01－01 实施	主席令第 9 届第 23 号
2	防雷减灾管理办法	中国气象局	2011－07－21 发布、2011－09－01 实施	中国气象局第 20 号令
3	防雷工程专业资质管理办法	中国气象局	2011－07－29 发布、2011－09－01 实施	中国气象局第 22 号令
4	防雷装置设计审核和竣工验收规定	中国气象局	2011－07－22 发布、2011－09－01 实施	中国气象局第 21 号令
5	建筑物电子信息系统防雷技术规范	住房和城乡建设部	2012－06－11 发布、2012－12－01 实施	GB 50343—2012
6	建筑物防雷设计规范	住房和城乡建设部	2010－11－03 发布、2011－10－01 实施	GB 50057—2010

附表（续）

序号	文件名称	发布部门	发布、实施日期	编号
六、防雷相关法规和标准				
7	雷电电磁脉冲的防护　第1部分：通则	国家质检总、局国家标准化管理委员会	2003－09－01发布、2004－01－01实施	GB/T 19271.1—2003
8	雷电电磁脉冲的防护　第2部分：建筑物的屏蔽、内部等电位连接及接地	国家质检总局国家标准化管理委员会	2005－07－29发布、2006－04－01实施	GB/T 19271.2—2005
9	雷电电磁脉冲的防护　第3部分：对浪涌保护器的要求	国家质检总局、国家标准化管理委员会	2005－07－29发布、2006－04－01实施	GB/T 19271.3—2005
10	雷电电磁脉冲的防护　第4部分：现有建筑物内设备的防护	国家质检总局、国家标准化管理委员会	2005－07－29发布、2006－04－01实施	GB/T 19271.4—2005
11	安全防范系统雷电浪涌防护技术要求	公安部	2006－12－14发布、2007－06－01实施	GA/T 670—2006
12	应急抢险救援防雷安全技术规范	重庆市质量技术监督局	2009－08－20发布、2009－10－01实施	DB50/T 333—2009
七、电气安全相关法规和标准				
1	中华人民共和国产品质量法	中华人民共和国国务院	2000－07－08发布、2000－09－01实施	主席令第9届第33号
2	中华人民共和国电力法	全国人民代表大会常务委员会	2015－04－24	主席令第12届第24号
3	强制性产品认证管理规定	国家质检总局	2009－07－03发布、2009－09－01实施	国家质检总局第117号令
4	国家电网公司电力安全工作规程（变电部分）、（线路部分）（2013年6月修订）	国家电网公司	2013－06发布、2013－11－06实施	国家电网安监〔2009〕664号
5	电气安全工作规程	原电子工业部	1987－01－02	(87)电生字8号文
6	电气安全管理规程	原机械工业部	1986－10－07发布、1987－01－01实施	机械工业部（86）机生字76号文
7	漏电保护器安全监察规定	原劳动部	1990－06－01发布、1990－06－01实施	劳安字〔1990〕16号
8	检测实验室安全　第2部分：电气因素	国家质检总局、国家标准化管理委员会	2014－12－05发布、2014－12－15实施	GB/T 27476.2—2014

附表（续）

序号	文件名称	发布部门	发布、实施日期	编号
七、电气安全相关法规和标准				
9	标准电压	国家质检总局、国家标准化管理委员会	2007－04－30发布、2008－03－01实施	GB/T 156—2007
10	标准电流等级	国家质检总局	2002－03－26发布、2002－12－01实施	GB/T 762—2002
11	电能质量 供电电压偏差	国家质检总局、国家标准化管理委员会	2008－06－18发布、2009－05－01实施	GB/T 12325—2008
12	电能质量 电压波动和闪变	国家标准化管理委员会	2008－06－18发布、2009－05－01实施	GB/T 12326—2008
13	电能质量 电力系统频率偏差	国家质检总局、国家标准化管理委员会	2008－06－18发布、2009－05－01实施	GB/T 15945—2008
14	特低电压（ELV）限值	国家标准化管理委员会	2008－01－22发布、2008－09－01实施	GB/T 3805—2008
15	低压电气装置第1部分：基本原则、一般特性评估和定义	国家质检总局、国家标准化管理委员会	2008－06－19发布、2009－04－01实施	GB/T 16895.1—2008
16	建筑物电气装置 第5部分：电气设备的选择和安装 第53章：开关设备和控制设备	国家技术监督局	1997－12－26发布、1998－12－01实施	GB 16895.4—1997
17	低压电气装置 第4－43部分：安全防护 过电流保护	国家质检总局、国家标准化管理委员会	2012－06－29发布、2013－05－01实施	GB 16895.5—2012
18	低压电气装置 第5－52部分：电气设备的选择和安装 布线系统	国家质检总局、国家标准化管理委员会	2014－12－22发布、2015－06－01实施	GB 16895.6—2014
19	低压电气装置 第7－706部分：特殊装置或场所的要求 活动受限制的可导电场所	国家质检总局、国家标准化管理委员会	2010－11－10发布、2011－09－01实施	GB 16895.8—2010
20	建筑物电气装置 第7部分：特殊装置或场所的要求 第707节：数据处理设备用电气装置的接地要求	国家质量技术监督局	2000－12－11发布、2001－10－01实施	GB 16895.9—2000

附表（续）

序号	文件名称	发布部门	发布、实施日期	编号
七、电气安全相关法规和标准				
21	低压电气装置　第 4 - 44 部分：安全防护 电压骚扰和电磁骚扰防护	国家质检总局、国家标准化管理委员会	2011 - 01 - 14 发布、2011 - 07 - 01 实施	GB/T 16895.10—2010
22	建筑物电气装置 第 5 - 51 部分：电气设备的选择和安装通用规则	国家质检总局、国家标准化管理委员会	2011 - 01 - 14 发布、2011 - 07 - 01 实施	GB/T 16895.18—2010
23	低压电气装置　第 4 - 41 部分：安全防护电击防护	国家质检总局、国家标准化管理委员会	2011 - 12 - 30 发布、2012 - 12 - 01 实施	GB 16895.21—2011
24	建筑物电气装置 第 5 - 53 部分：电气设备的选择和安装-隔离、开关和控制设备 第 534 节：过电压保护电器	国家质检总局、国家标准化管理委员会	2004 - 12 - 13 发布、2005 - 06 - 01 实施	GB 16895.22—2004
25	测量、控制和实验室用电气设备的安全要求　第 1 部分：通用要求	国家质检总局	2007 - 06 - 07 发布、2007 - 09 - 01 实施	GB 4793.1—2007
26	测量、控制和实验室用电气设备的安全要求　第 2 部分：电工测量和试验用手持和手操电流传感器的特殊要求	国家质检总局、国家标准化管理委员会	2008 - 08 - 30 发布、2009 - 09 - 01 实施	GB 4793.2—2008
27	测量、控制和实验室用电气设备的安全要求　第 6 部分：实验室用材料加热设备的特殊要求	国家质检总局、国家标准化管理委员会	2008 - 08 - 30 发布、2009 - 09 - 01 实施	GB 4793.6—2008
28	防止静电事故通用导则	国家质检总局、国家标准化管理委员会	2006 - 06 - 22 发布、2006 - 12 - 01 实施	GB 12158—2006

附表（续）

序号	文件名称	发布部门	发布、实施日期	编号
七、电气安全相关法规和标准				
29	人机界面标志标识的基本和安全规则 指示器和操作器件的编码规则	国家质检总局、国家标准化管理委员会	2011－01－14 发布、2011－07－01 实施	GB/T 4025—2010
30	人机界面标志标识的基本和安全规则 设备端子和导体终端的标识	国家质检总局、国家标准化管理委员会	2011－01－14 发布、2011－07－01 实施	GB/T 4026—2010
31	人机界面标志标识的基本和安全规则 导体颜色或字母数字标识	国家质检总局、国家标准化管理委员会	2011－01－14 发布、2011－12－01 实施	GB 7947—2010
32	电气设备的安全 风险评估和风险降低 第 1 部分：总则	国家质检总局、国家标准化管理委员会	2008－12－31 发布、2009－11－01 实施	GB/T 22696.1—2008
33	电气设备的安全 风险评估和风险降低 第 2 部分：风险分析和风险评价	国家质检总局、国家标准化管理委员会	2008－12－31 发布、2009－11－01 实施	GB/T 22696.2—2008
34	电气设备的安全 风险评估和风险降低 第 3 部分：危险、危险处境和危险事件的示例	国家质检总局、国家标准化管理委员会	2008－12－31 发布、2009－11－01 实施	GB/T 22696.3—2008
35	电气设备的安全 风险评估和风险降低 第 4 部分：风险降低	国家质检总局、国家标准化管理委员会	2011－07－29 发布、2011－12－01 实施	GB/T 22696.4—2011
36	电气设备的安全 风险评估和风险降低 第 5 部分：风险评估和降低风险的方法示例	国家质检总局、国家标准化管理委员会	2011－07－29 发布、2011－12－01 实施	GB/T 22696.5—2011
八、机械安全相关法规和标准				
1	特种设备目录	国家质量监督检验检疫总局	2004－01－19	国质检锅〔2004〕31 号

附表（续）

序号	文件名称	发布部门	发布、实施日期	编号
八、机械安全相关法规和标准				
2	特种设备安全监察条例	国务院	2009－01－24 发布、2009－05－01 实施	国务院第 549 号令
3	特种设备质量监督与安全监察规定	国家质量技术监督局	2000－06－27 发布、2000－10－01 实施	局第 13 号令
4	特种设备作业人员监督管理办法	国家质检总局	2011－05－03 发布、2011－07－01 实施	质检总局第 140 号令
5	气瓶安全监察规定	国家质检总局	2003－04－24 发布、2003－06－01 实施	质检总局第 46 号令
6	起重机械安全监察规定	国家质检总局	2006－12－29 发布、2007－06－01 实施	质检总局第 92 号令
7	特种作业人员安全技术培训考核管理规定	国家安全生产监督管理总局	2010－05－24 发布、2010－07－01 实施	安全监管总局第 30 号令
8	压力管道安全管理与监察规定	劳动部	1996－04－23	劳动部 140 号
9	热水锅炉安全技术监察规程	劳动部	1997－03－14	劳动部 74 号
10	广东省特种设备安全监察规定	广东省人大常委会	2003－05－28 发布、2003－09－01 实施	第 5 号
11	检测实验室安全第 3 部分：机械因素	国家质检总局、国家标准化管理委员会	2014－12－05 发布、2014－12－15 实施	GB/T 27476.3—2014
12	机械安全 设计通则风险评估与风险减小	国家标准化管理委员会	2012－11－05 发布、2013－03－01 实施	GB/T 15706—2012
13	机械安全 风险评价第 2 部分：实施指南和方法举例	国家标准化管理委员会	2008－12－29 发布、2009－07－01 实施	GB/T 16856.2—2008
14	机械安全 机械安全标准的理解和使用指南	国家质检总局、国家标准化管理委员会	2007－03－02 发布、2007－09－01 实施	GB/T 20850—2007
15	机械电气安全指示、标志和操作第 1 部分：关于视觉、听觉和触觉信号的要求	国家质检总局、国家标准化管理委员会	2011－01－14 发布、2011－12－01 实施	GB 18209.1—2010

附表（续）

序号	文件名称	发布部门	发布、实施日期	编号
八、机械安全相关法规和标准				
16	机械电气安全指示、标志和操作 第 2 部分：标志要求	国家质检总局、国家标准化管理委员会	2011 – 01 – 14 发布、2011 – 12 – 01 实施	GB 18209.2—2010
17	机械电气安全指示、标志和操作 第 3 部分：操动器的位置和操作的要求	国家质检总局、国家标准化管理委员会	2011 – 01 – 14 发布、2011 – 12 – 01 实施	GB 18209.3—2010
18	机械安全减小由机械排放的危害性物质对健康的风险 第 1 部分：用于机械制造商的原则和规范	国家质检总局、国家标准化管理委员会	2001 – 12 – 13 发布、2002 – 08 – 01 实施	GB/T 18569.1—2001
19	机械安全 减小由机械排放的危害性物质对健康的风险 第 2 部分：产生验证程序的方法学	国家质检总局、国家标准化管理委员会	2001 – 12 – 13 发布、2002 – 08 – 01 实施	GB/T 18569.2—2001
20	机械电气安全 机械电气设备 第 1 部分：通用技术条件	国家质检总局、国家标准化管理委员会	2008 – 12 – 30 发布、2010 – 02 – 01 实施	GB 5226.1—2008
21	瓶装气体分类	国家质检总局、国家标准化管理委员会	2012 – 05 – 11 发布、2012 – 09 – 01 实施	GB 16163—2012
九、消防相关法规和标准				
1	中华人民共和国消防法	全国人民代表大会常务委员会	2008 – 10 – 28 发布、2009 – 05 – 01 实施	主席令第 11 届第 6 号
2	中华人民共和国突发事件应对法	全国人民代表大会常务委员会	07 – 08 – 30 发布、07 – 11 – 01 实施	主席令第 10 届第 69 号
3	劳动防护用品管理规定	劳动部	2005 – 09 – 01	—
4	生产安全事故报告和调查处理条例	国务院	2007 – 04 – 09 发布、2007 – 06 – 01 实施	国务院第 493 号令
5	锅炉压力容器制造监督管理办法	国家质检总局	2002 – 07 – 12 发布、2003 – 01 – 01 实施	质检总局第 22 号令
6	锅炉压力容器压力管道特种设备安全监察行政处罚规定	国家质检总局	2001 – 12 – 29 发布、2002 – 03 – 01 实施	质检总局第 14 号令

附表（续）

序号	文件名称	发布部门	发布、实施日期	编号
九、消防相关法规和标准				
7	安全评价通则	国家安全生产监督管理总局	2007 - 01 - 04 发布、2007 - 04 - 01 实施	AQ8001—2007
8	安全验收评价导则	国家安全生产监督管理局	2007 - 01 - 04 发布、2007 - 04 - 01 实施	AQ8003—2007
9	国家计量检定规程管理办法	国家质检总局	2002 - 12 - 31 发布、2003 - 02 - 01 实施	质检总局第 36 号令
10	安全生产事故隐患排查治理暂行规定	国家安全生产监督管理总局	2007 - 12 - 28 发布、2008 - 02 - 01 实施	安全监管总局第 16 号令
11	机关、团体、企业、事业单位消防安全管理规定	公安局	2001 - 11 - 14 发布、2002 - 05 - 01 实施	公安部第 61 号令
12	安全色	国家标准化管理委员会	2008 - 12 - 11 发布、2009 - 10 - 01 实施	GB 2893—2008
13	安全标志及其使用导则	国家标准化管理委员会	2008 - 12 - 11 发布、2009 - 10 - 01 实施	GB 2894—2008
14	消防安全标志设置要求	国家标准化管理委员会	1995 - 07 - 19 发布、1996 - 02 - 01 实施	GB 15630—1995
15	消防安全标志	国家标准化管理委员会	1992 - 06 - 12 发布、1993 - 03 - 01 实施	GB 13495—1992

参 考 文 献

［1］ Standard Australia/Standard New Zealand. AS/NZS 2243. 1：2005 Safety in laboratories − Part 1：Planning and operational aspects ［S］. Standard Australia，GPO Box 5420，Sydney，NSW 2001 and Standard New Zealand，Private Bag 2439，Wellington 6020，2005.

［2］ Standard Australia/Standard New Zealand. AS/NZS 2982：2010 Laboratory design and construction Part 1：General requirements ［S］.

［3］ ISO/IEC. ISO/IEC 17025：2005 General requirements for the competence of testing and calibration laboratories ［S］. Switzerland，2005.

［4］ IECEE Committee of testing laboratories. IECEE/CTL/092/CD Safety of testing laboratory staff. Helsinki：1999.

［5］ American National Standards Institute，Inc. ANSI Z358. 1：2004 American National Standard for Emergency Eyewash and Shower Equipment ［S］. American：International Safety Equipment Association，2004.

［6］ The International Organization for Standardization. ISO 11014：2009 Safety data sheet for chemical products − Content and order of sections ［S］. Switzerland，2009.

［7］ The International Organization for Standardization. ISO 31000：2009 Risk management − Principles and guidelines ［S］. Switzerland，2009.

［8］ GB/T 27476. 1—2014《检测实验室安全　第 1 部分：总则》.

［9］ GB/T 28001—2011《职业健康安全管理体系 要求》.

［10］ GB 19489—2008《实验室 生物安全通用要求》.

［11］ GB 19781—2005《医学实验室 安全要求》.

［12］ GB/T 24777—2009《化学品理化及其危险性检测实验室安全要求》.

［13］ GB/T 27476. 2—2014《检测实验室安全　第 2 部分：电气因素》.

［14］ GB/T 27476. 3—2014《检测实验室安全　第 3 部分：机械因素》.

［15］ GB/T 27476. 4—2014《检测实验室安全　第 4 部分：非电离辐射因素》.

［16］ GB/T 27476. 5—2014《检测实验室安全　第 5 部分：化学因素》.

［17］ GB/T 13861—2009《生产过程危险和有害因素分类与代码》.

［18］ GB/T 15706—2012《机械安全 设计通则 风险评估与风险减小》.

［19］ GB/T 16856. 2—2008《机械安全 风险评价　第 2 部分：实施指南和方法举例》.

［20］ GB/T 28002—2011《职业健康安全管理体系　实施指南》.

［21］ GB/T 16483—2008《化学品安全技术说明书　内容和项目顺序》.

［22］ GBZ 2.1—2007《工作场所有害因素职业接触限值　第 1 部分：化学有害因素》.

［23］ GBZ 2.2—2007《工作场所有害因素职业接触限值　第 2 部分：物理因素》.

［24］ GB/T 11651—2008《个体防护装备选用规范》.

［25］ GB 6944—2012《危险货物分类和品名编号》.

［26］ GB 13690—2009《化学品分类和危险性公示　通则》.

［27］ GB 18218—2009《危险化学品重大危险源辨识》.

［28］ GB/T 20975.16—2008《铝及铝合金化学分析方法　第16部分：镁含量的测定》.

［29］ GB/T 28164—2011《含碱性或其他非酸性电解质的蓄电池和蓄电池组 便携式密封蓄电池和蓄电池组的安全性要求》.

［30］ GB/T 13861—2009《生产过程危险和有害因素分类与代码》.

［31］ GB 15603—1995《常用危险化学品储存通则》.

［32］ GB 50348—2004《安全防范工程技术规范》.

［33］ GB 2894—2008《安全标志及其使用导则》.

［34］ GB 13495—1992《消防安全标志》.

［35］ GB 15630—1995《消防安全标志设置要求》.

［36］ GB 7144—1999《气瓶颜色标志》.

［37］ GB 7231—2003《工业管道的基本识别色、识别符号和安全标识》.

［38］ GB 30000.23—2013《化学品分类和标签规范 第23部分：致癌性》.

［39］ GA/T 367—2001《视频安防监控系统技术要求》.

［40］ GA/T 368—2001《入侵报警系统技术要求》.

［41］ GA/T 394—2002《出入口控制系统技术要求》.

［42］ GB 17565—2007《防盗安全门通用技术条件》.

［43］ GA/T 72—2013《楼寓对讲电控防盗门通用技术条件》.

［44］ GA/T 678—2007《联网型可视对讲系统技术要求》.

［45］ GB/T 12801—2008《生产过程安全卫生要求总则》.

［46］ GB 50140—2005《建筑灭火器配置设计规范》.

［47］ GA 95—2007《灭火器维修与报废规程》.

［48］ GB/T 11651—2008《个体防护装备选用规范》.

［49］ GB/T 18664—2002《呼吸防护用品的选择、使用与维护》.

［50］ GB 14866—2006《个人用眼护具技术要求》.

［51］ GB/T 3609.1—2008《职业眼面部防护 焊接防护　第1部分：焊接防护具》.

［52］ GB/T 3609.2—2009《职业眼面部防护 焊接防护　第2部分：自动变光焊接防护滤光镜》.

［53］ GB 2890—2009《呼吸防护 自吸过滤式防毒面具》.

［54］ GB 30864—2014《呼吸防护 动力送风过滤式呼吸器》.

［55］ GB/T 16556—2007《自给开路式压缩空气呼吸器》.

［56］ GB 4706.1—2005《家用和类似用途电器的安全 通用要求》.

［57］ GB 15258—2009《化学品安全标签编写规定》

［58］ GB 13690—2009《化学品分类和危险性公示 通则》.

［59］ GB 50016—2014《建筑设计防火规范》.

［60］ GB 50034—2013《建筑照明设计标准》.

［61］ 中华人民共和国安全生产法［主席令第十三号］.2014.08.31.

[62] 国务院. 质量发展纲要（2011—2020年）[国发〔2012〕9号]. 2012.2.6.

[63] 欧盟议会和欧盟理事会. 电气、电子设备中限制使用某些有害物质指令［第2002/95/EC号］. 2003.1.23.

[64] 中华人民共和国危险化学品安全管理条例.［国务院令第591号］. 北京：2011-3-2.

[65] 国家安全生产监督管理总局. 危险化学品登记管理办法［安全监督总局令第53号］. 2012.7.1.

[66] 中华人民共和国特种设备安全监察条例［国务院第549号令］. 2009.1.24.

[67] 中华人民共和国信息产业部. 电子信息产品污染控制管理办法［信息产业部令第39号］. 2006.2.28.

[68] 国家安全生产监督管理总局. 劳动防护用品管理规定［安全监督总局令第1号］. 2005.7.22.

[69] 国家安全生产监督管理总局. 特种劳动防护用品目录. 2005.10.21.

[70] 国家安全生产监督管理总局. 危险化学品名录.［安全监督总局公告2015年第5号］. 北京：2015-2-27.

[71] 中华人民共和国卫生部. 高毒物品目录（2003年）［卫法监发〔2003〕142号］. 2003-6-11.

[72] 中华人民共和国全国人民代表大会常务委员会. 中华人民共和国劳动合同法［主席令第七十三号］. 2012.12.28.

[73] 广东省第十届人大常委会. 广东省特种设备安全监察规定. 2003.5.28.

[74] 作业场所安全使用化学品公约. 国际劳工组织第170号公约. 1994.10.27.

[75] 中华人民共和国国家安全生产监督管理总局. 危险化学品登记管理办法. 安全监督总局第53号令. 2012.7.1.

[76] 国家卫生计生委，人力资源社会保障部，安全监管总局，全国总工会. 职业病分类和目录［国卫疾控发〔2013〕48号］. 2013.12.23.

[77] 国家安全生产监督管理总局. 用人单位职业健康监护监督管理办法. 总局第49号令. 2012.04.27.

[78] 中华人民共和国标准化法［主席令第11号］. 北京：1988-12-29.

[79] 第八届全国人民代表大会常务委员会. 作业场所安全使用化学品公约. 1994.10.27.

[80] 国家安全生产监督管理总局. 劳动防护用品监督管理规定［安全监督总局第1号令］. 2005.7.22.